JN293251

# 大学新入生のための
# やさしい力学

中野 友裕 著

森北出版株式会社

● 本書のサポート情報を当社Webサイトに掲載する場合があります．下記のURLにアクセスし，サポートの案内をご覧ください．

https://www.morikita.co.jp/support/

● 本書の内容に関するご質問は，森北出版 出版部「(書名を明記)」係宛に書面にて，もしくは下記のe-mailアドレスまでお願いします．なお，電話でのご質問には応じかねますので，あらかじめご了承ください．

editor@morikita.co.jp

● 本書により得られた情報の使用から生じるいかなる損害についても，当社および本書の著者は責任を負わないものとします．

■ 本書に記載している製品名，商標および登録商標は，各権利者に帰属します．

■ 本書を無断で複写複製（電子化を含む）することは，著作権法上での例外を除き，禁じられています．複写される場合は，そのつど事前に(一社)出版者著作権管理機構（電話03-5244-5088, FAX03-5244-5089, e-mail:info@jcopy.or.jp）の許諾を得てください．また本書を代行業者等の第三者に依頼してスキャンやデジタル化することは，たとえ個人や家庭内での利用であっても一切認められておりません．

# まえがき

　力は目に見えないので，その影響を見ることで力の存在を把握しなければなりません．力学はそのような目に見えない力のはたらきを，さまざまな面から説明するための学問です．

　力学を学ぶ際には，数学と実験と経験をもとに説明されることが多いわけですが，ほとんどの教科書類で数学に重点が偏り過ぎていることに，著者は違和感を覚えていました．力学現象を体験することなしに，数学を前面に出して力学を説明するということは，実現象を見たことがないのに「教科書の上だけで想像せよ」といっているようなものであり，簡単な力学問題さえも非常に難しく考えさせてしまう原因であるように思えるわけです．

　そこで本書は，①だれもが経験・体験したことのあることがらを述べ，②それを力学の面から解説し，③実際の現象を支配する法則を，実験をとおして理解してもらう，という方向性で執筆しました．③の実験は，本書を理解する助けになるような簡単にできるものを用意して，無味乾燥に見える物理法則を，実現象とつなげて考えられるようになってほしいと願ったものです．これらの実験は，本で読んだり，だれかが実演したりするのを見てもある程度経験できますが，やはり自分で手を動かして行うのがみなさんのためになると思います．たとえば，1Nの力というのは中学理科で習いましたが，自分の感覚として体験したことのある人はどれだけいるでしょうか？　著者は，本書を通じてそういったところにも目を向けてほしいと思っています．

　理解するうえで必要な知識や経験というのは確かに存在します．しかし，どのような順序で学ぶかによって，勉強が楽しくなるか苦しくなるか，あるいは理解できるか丸暗記になるか，という違いになって現れることも少なくないと思います．

　そういった意味で，本書では数学的な記述を極力避け，現象の解釈に重点をおいた説明に力を入れました．力学を理解するうえで必要な最低限の数学の知識については，「数学の知識」というコラムで説明しています．本書では力学現象を理解してもらうことに重点をおいていますが，本書を理解したうえで数学に重点をおいた力学の教科書に取り組めば，数学がみなさんを苦しめるためのものではなく，力学現象を説明するうえで最高の道具であると認識してもらえると思っています．本書がみなさんの力学の理解のうえで役に立ってくれることを願うものです．

　なお，本書の執筆にあたっては，森北出版の塚田真弓氏に大変お世話になりました．また，森北出版の千先治樹氏・二宮惇氏には，内容の確認から校正まで多くの労を割いていただきました．ここに記して謝意を表します．

2012 年 1 月

著　者

# 目 次

実験の紹介 ................................................................. iv
学習のガイド ............................................................... 1

## ■第1章　力と質量・密度 ................................................ 2
**1-1**・力のはたらきと表現　2　　　**1-2**・質　量　4
**1-3**・密　度　5　　　　　　　　　**1-4**・重力加速度と重力　6
**1-5**・重力の単位　7　　　　　　　演習問題　8

## ■第2章　力のつりあい ................................................. 10
**2-1**・同一作用線上にある力の合成　10　　**2-2**・異なる作用線上にある力の合成　12
**2-3**・作図による力の分解　14　　　　　　**2-4**・力の成分表示　16
**2-5**・力のつりあい　18　　　　　　　　　**2-6**・力の成分を利用した合力の計算　20
演習問題　22

## ■第3章　剛体と重心 ................................................... 24
**3-1**・重　心　24　　　　　　　　　**3-2**・剛体と質点　25
**3-3**・力のモーメント　26　　　　　**3-4**・力のモーメントの加減と偶力　28
**3-5**・剛体が静止する条件　30　　　**3-6**・複合図形の重心　32
演習問題　34

## ■第4章　弾性力 ....................................................... 36
**4-1**・弾性と塑性　36　　　　　　　　　　　**4-2**・作用・反作用の法則　37
**4-3**・フックの法則　38
**4-4**・接触する物体間に作用する力の見方　40
**4-5**・ばねの組合せ　42　　　　　　　　　　**4-6**・張力と滑車　44
演習問題　46

## ■第5章　摩　擦 ....................................................... 48
**5-1**・抗　力　48　　　　　　　　　**5-2**・静止摩擦力　49
**5-3**・最大静止摩擦力の性質　50　　**5-4**・斜面上の物体　52
**5-5**・摩擦角　54　　　　　　　　　**5-6**・動摩擦力　55
演習問題　56

## ■第6章　圧力と浮力 ................................................... 58
**6-1**・圧力とは　58　　　　　　　　　　　　**6-2**・圧力の単位　60
**6-3**・水　圧　61　　　　　　　　　　　　　**6-4**・浮力とアルキメデスの法則　62
**6-5**・水以外の液体による圧力　64　　　　　演習問題　66

## 第7章　運動の表し方　　68

- 7-1・位置と時間の表し方　68
- 7-2・速度と速さ　69
- 7-3・速度の合成と分解　70
- 7-4・相対速度　72
- 7-5・加速度　74
- 演習問題　76

## 第8章　直線上の運動の種類　　78

- 8-1・等速直線運動　78
- 8-2・等加速度直線運動　80
- 8-3・負の等加速度直線運動　82
- 8-4・自由落下運動　84
- 8-5・投げ上げ・投げおろし　85
- 演習問題　86

## 第9章　運動の法則　　88

- 9-1・慣性の法則　88
- 9-2・運動方程式　89
- 9-3・複数の力による等加速度直線運動①　90
- 9-4・複数の力による等加速度直線運動②　92
- 9-5・放物運動　94
- 演習問題　96

## 第10章　仕事と力学的エネルギー　　98

- 10-1・仕事　98
- 10-2・仕事の原理と仕事率　100
- 10-3・運動エネルギー　102
- 10-4・重力による位置エネルギー　104
- 10-5・弾性力による位置エネルギー（弾性エネルギー）　105
- 10-6・力学的エネルギー保存の法則　106
- 演習問題　108

## 第11章　円運動と万有引力　　110

- 11-1・等速円運動　110
- 11-2・等速円運動の加速度　112
- 11-3・向心力と遠心力　114
- 11-4・万有引力の法則　116
- 11-5・人工天体の運動　118
- 演習問題　120

## 第12章　単振動　　122

- 12-1・単振動　122
- 12-2・単振動の変位・速度・加速度　124
- 12-3・単振動のグラフ　126
- 12-4・復元力とばね振り子　128
- 12-5・単振り子　130
- 12-6・単振動のエネルギー　132
- 演習問題　134

## 第13章　運動量と力積　　136

- 13-1・運動量の定義　136
- 13-2・力積　138
- 13-3・運動量保存の法則　140
- 13-4・平面上の2物体の衝突　142
- 13-5・はねかえり係数（反発係数）　144
- 演習問題　146

---

- 確認問題・演習問題解答　148
- 索引　173

# 実験の紹介

　力学を理解するために一番よい方法は，実現象を見て考えることです．

　本書の内容をより深く理解するために，各章に関連した実験を行うことをお勧めします．その章を理解するための実験を各章のはじめにアイコンで示しています．実験の頁は，森北出版のホームページ http://www.morikita.co.jp/soft/15461/ からダウンロードすることができます．

　これらの実験を行うのに，いくつか材料や工具を使用しますが，実験の頁に記載されている材料の種類や寸法などは，あくまでも参考であり，空き箱や空き瓶などを利用すれば，ごくわずかな費用でできる内容になっています．そのあたりは実験の本質を理解して，各自で工夫されたらよいと思います．

　当初は本書にこれらの頁も含めようと思いましたが，写真や図が小さく不鮮明になりがちであるとのことから，インターネットでのダウンロードという形にしました．手間をおかけしますが，ぜひご利用いただきたいと思います．

---

## 実験 A　密度の測定

目　的　｜　さまざまな形をした，均質な物体の密度を算出する
関連節　｜　1-2　1-3　6-2　6-3

**使用道具**
- 千枚通し（またはキリ）
- はかり：1g 単位で測定できるもの
- はさみ（またはカッターナイフ）
- ノギス（または定規）

**使用材料**
- 500ml ペットボトル：2 個
- 太いストロー：1 本
- 塩ビ用接着剤（A-1）
- アルミ塊：30mm×30mm×30mm 程度：1 個（A-1）
- 六角ボルト：M16，長さ 30mm 程度：5 個（A-1）

A-1

# 学習のガイド

　力学を理解するには，頭で考えると同時に，さまざまな形で手を動かすことが重要です．力学をマスターするために，実験をとおして理解することに加え，現象をイメージできるようになってもらうための演習問題などを適宜配置してあります．

　本書を用いるうえで，いくつかのアドバイスを記します．

① 解説を読みながら，解説の図を描いてみる：本ではどうしても完成した図を掲載することしかできませんが，その図を理解するには，順を追って矢印を描き加えたり，何個かに図を分割したりする必要があります．

② じっくりメモをしながら取り組む：力学の教科書を読み物のように読んでも，まず実力はつきません．

③ 演習問題を解いてみる：実験では実物を目で見て現象や法則を理解しますが，大きなものや小さすぎるものを考えるうえでは，イメージする力も重要です．問題を解くことによってそれらの訓練ができます．

　なお，本書は理解度に応じた学習ができるように，例題・問題を以下のようにレベル分けしています．学習計画の参考にしてください．

**基本例題** 解説の内容を適用するうえで，具体的な計算手法などを示す場合に，適宜配置しました．

**確認問題** 解説に対応する練習問題を，各節に配置してあります．最低限できるようになる必要のある内容です．

**基本 A 問題** 確認問題をさらに確実に身につける目的の演習問題です．できればここまでは完全にマスターしてください．

**実力 B 問題** その章の内容について，深い理解を必要とするもの，あるいは発展した内容を扱っています．

**応用 C 問題** ほかの章の内容も含めたものや，力学法則の根本に立ち返る必要のあるものなど，深い洞察力が必要になる問題です．

---

### 🖩 関数電卓について

　本書は，大学生を対象にしているので，必要に応じて関数電卓を利用します．電卓を使用する問題には，🖩マークがつけてあります．簡単なキーの操作なども説明していますが，それらのキーは

　　　　　SHARP　スタンダード関数電卓　EL-509F-X

に沿って説明しています．ほかの電卓の場合，それぞれの説明書を参照してください（三角関数の入力方法が，`sin 4 5` のものと `4 5 sin` のものがあります）．

# 第1章 力と質量・密度

この章では,「力」と「質量」の意味と表現方法を学習します.力は矢印で表しますが,質量は数字だけで表します.なぜそのように表現するのか,これから考えていきましょう.

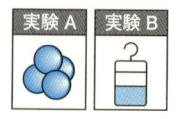

## 1-1 力のはたらきと表現

**力のはたらき** はじめに,次の三つの現象を考えてみましょう.

(a) トランポリンに乗ると,その人の体重によって下がる.
(b) 段ボール箱が落下しないように支える.
(c) ボールが壁にあたるとはねかえる.

このように,物体の位置や状態を変化させたり維持したりする作用をもつものを,力といいます.

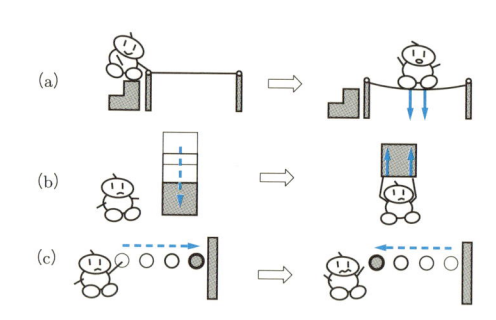

力を目で確認することはできません.しかし,ある物体に力がはたらくと,その力の**影響**や**作用する様子**を観察することができます.力のはたらきは,次のどれかになって現れることになります.

(a′) 物体が変形する.
(b′) 物体が支えられる(支持されるという).
(c′) 運動が変化する.

上の図では,実線の青色矢印が**力**,破線の矢印が**運動**を表しています.

**力の表現** 目に見えない力をイメージする方法を考えてみましょう.いま,ある人が段ボール1個を支える状態を考えると(下図(d)),この人が段ボールを支える力を表すには,次の三つのことを明らかにしておく必要があります.

- どのくらいの大きさの力か?(力の**大きさ**)
- どの向きか?(力の**方向**)
- どこで支えているか?(力のはたらく場所:力の**作用点**)

このように,大きさ・方向・位置をもつ量を表すには,矢印を利用すると便利です.具体的には

- 力の大きさは,矢印の長さで表す.
- 力の方向は,矢印の向きで表す.
- 力の作用点は,矢印の始まる点(始点)で示す.

すると,この人が支えている力は,同図(e)のように表現すればよいことになります.この人が同じ段ボールを

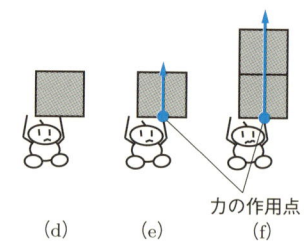

2個支えている力を表す場合には，同図(f)のように矢印の長さを(e)の2倍とします．

**力の矢印**　これまでの例では，上向きの力だけを考えてきました．しかし，一般に力はさまざまな方向に発生するので，その大きさと方向を右図のような矢印で表すとイメージしやすくなります．この図中の用語については，正確に理解しておきましょう．ここで，力の作用線というのは，矢印の始点と終点を結んだ直線のことです．

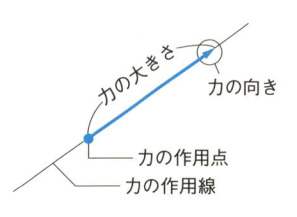

なお，力を表す矢印のことを，本書では力の矢印とよぶことにします．力の矢印を記号で表すときには，大きさ・方向・位置をもっているという意味で，$\vec{F}$ のように，文字の上に矢印をつけることにします．また，力 $\vec{F}$ の大きさを表したいときは，$|\vec{F}|$ のように絶対値記号をつけて区別することにします．

---

**基本例題●1-1**　右図の $x$-$y$ 座標において，1目盛の長さが大きさ1の力を表すとする．このとき，力 $\vec{F}$ の作用点の座標と，力 $\vec{F}$ の大きさ $|\vec{F}|$ を求めよ．

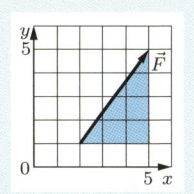

**解答**　力 $\vec{F}$ の作用点の座標は矢印の始点であるから，

$$(x, y) = (2, 1)$$

となる．力 $\vec{F}$ の大きさは，三平方の定理（数学の知識①）により，

$$|\vec{F}| = \sqrt{3^2 + 4^2} = \sqrt{25} = 5$$

となる．

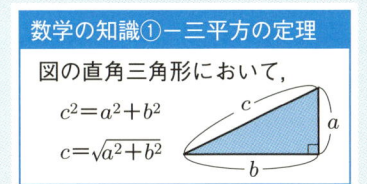

**数学の知識①－三平方の定理**

図の直角三角形において，

$$c^2 = a^2 + b^2$$
$$c = \sqrt{a^2 + b^2}$$

---

**確認問題●1-01**　[1]右図において，1目盛の長さが大きさ1の力を表すものとする．このとき，Aを力の作用点として，
① B方向に大きさ2の力が作用する
② C方向に大きさ3の力が作用する
場合の力を，力の矢印で描け．

[2]右図の $x$-$y$ 座標において，1目盛の長さが大きさ1の力を表すとする．このとき，力 $\vec{F_1}$ および $\vec{F_2}$ について，力の作用点の座標と力の大きさ $|\vec{F_1}|$，$|\vec{F_2}|$ をそれぞれ求めよ．

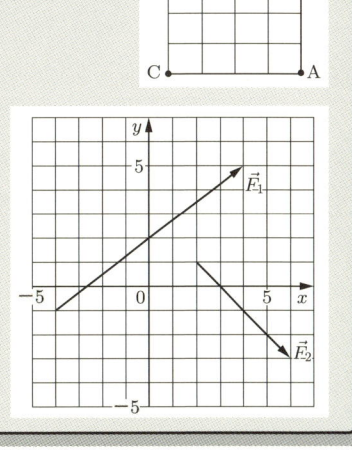

1-1　力のはたらきと表現

## 1-2 質量

**質 量**　ある宇宙飛行士 A さんが地球上で体重計に乗ったときに，60 という数値を示したとします．この場合，日常生活では「A さんの体重（重量）は 60 キログラムです」と表現しますが，この表現が力学でも同じ意味で使えるとは限りません．

宇宙空間にいる人が，プカプカ浮いてしまっている様子をテレビなどで見ますが，このとき宇宙空間で体重計を足の裏にくっつけても，体重計は 60 を示さないと予想できます．しかし，それは A さんの体が宇宙空間ではスポンジのようにスカスカになったということではないはずです．A さんは宇宙空間でも同じ 60 という量をもっているはずであり，地球上に戻れば，やはり同じ体重計で 60 を示すはずです．

このように，地球上であろうと宇宙空間であろうと不変である量を質量といいます．この例では，A さんの質量は 60 です．

**質量の単位**　質量の単位には，[kg]，[g]，[mg] などが用いられます．いまの例に単位をつけると，

「A さんの質量は，地球上でも宇宙空間でも同じで 60 kg」

となります．力学の表現を使うと，

▶物体の重さや動かしにくさを決定する物体固有の量のことを，質量という．

となります．

質量は，地球上で体重計に乗ったときに示す値をそのまま用いることが約束されています．なお，質量と似ているものに**重量**がありますが，これは質量とはまったく異なるものです．この点については 1-4 で扱うことにします．

**質量の扱い**　よく混乱するところですが，質量は方向をもっていません．そのため，質量の大きさを表すときには矢印を使うことはできません．文字または数値のみで表します．イメージとして，質量の扱いというのは，（方向や位置の情報をもたない）面積や体積を扱うのに近いということを覚えておきましょう．

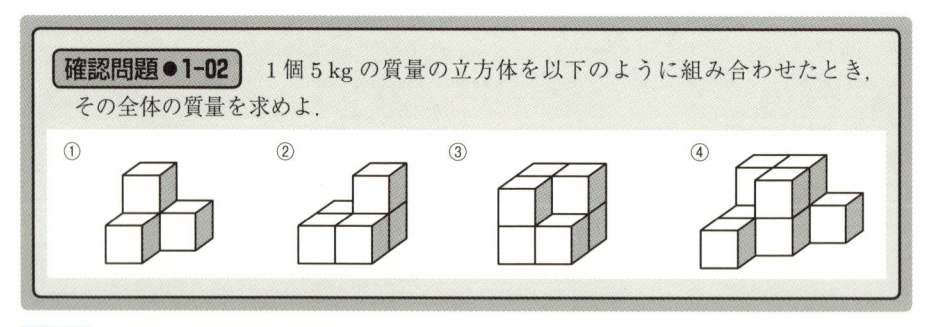

---

**確認問題●1-02**　1 個 5 kg の質量の立方体を以下のように組み合わせたとき，その全体の質量を求めよ．

① ② ③ ④

## 1-3 密度

**物体と密度** ある物体を比較するとき，まずはその**大きさ(体積)**を見て大きい・小さいといった判断をすることが多いと思います．しかし，体積の考え方だけでは不便な場合があることを考えてみましょう．

いま，体積の考え方しか知らないBさんに，水を10 L (10 000 cm³)と鉛10 Lを持ってくるように頼まれたとします．Bさんは「両方とも同じ体積だから，10 Lぐらい持てるだろう」と考えたわけですが，この場合，実際には水は10 kg，鉛は114 kgなので，水を持っていくことはできても鉛を持っていくことはできません．つまり，同じ体積でも，その質量が異なる結果，鉛は非常に重くなるわけです．

こうした問題を避けるには，1 cm³あたりの質量を知っていれば10 Lの質量も計算できるはずです．この1 cm³あたりの質量のことを**密度(単位体積質量)**といいます．主な物質の密度は右表のとおりです．

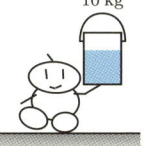

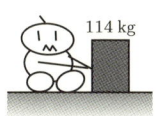

| 物質 | 密度[g/cm³] |
|---|---|
| 水(4°C) | 1.00 |
| 金 | 19.32 |
| 銀 | 10.49 |
| 銅 | 8.96 |
| 鉛 | 11.36 |
| アルミニウム | 2.70 |
| ニッケル | 8.90 |

密度は単位体積(1 m³，1 cm³など)あたりの質量のことですから，その単位は，[kg/m³]，[g/cm³]のように，質量の単位を体積の単位で割ったものとなります．

**密度・質量・体積の関係** 体積を$V$ [cm³]，密度を$\rho$ (ロー) [g/cm³] とします．密度$\rho$は1 cm³あたりの質量なので，質量$m$ [g] は$\rho$を$V$倍すると得られます．

▶質量　$m = \rho V$　　密度　$\rho = m/V$

---

**基本例題●1-3** 一辺が30 cmの正方形で厚さが5 mmの金の板がある．この板の質量[g]を整数で求めよ．

**解答** この板の体積は，$30 \times 30 \times 0.5 = 450 \text{ cm}^3$である．
上の表から金の密度を用いると，板の質量は次式となる．
$$19.32 \text{ g/cm}^3 \times 450 \text{ cm}^3 = 8694 \text{ g}$$

---

**確認問題●1-03** 以下を[ ]内の単位で小数第2位まで求めよ．物質の密度は上の表を用いよ．
(1) 銀25 cm³の質量[g]　(2) 鉛40 cm³の質量[g]
(3) アルミニウム2 cm³の質量[g]　(4) 一辺が5 cmの銅でできた立方体の質量[kg]
(5) 質量445 gのニッケルの体積[cm³]

## 1-4 重力加速度と重力

**重力**　1-2 で考えた，質量 60 kg の A さんが体重計に乗ったときのことを再び考えてみましょう．このとき，体重計は A さんが乗ることで押されていますが，60 という目盛を示すということは，何らかの力が体重計を押していることになります．このとき，この**何らかの力**のことを**重力**とよびます．このことを考えると，宇宙空間で体重計を足の裏にくっつけても目盛が変化しないのは，宇宙空間では重力が作用していないからだと考えることができます．

**重力加速度**　ここで，高い鉄棒に腕 1 本でぶら下がっている状態を想像してください．このとき，腕には，自分一人分の重力が作用していることになります．その状態でもう一方の腕にだれかがぶら下がったとします．すると鉄棒につかまっている腕は，さらに大きな力で引っ張られることになり，腕には二人分の重力が作用します．

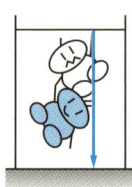

このことは，重力が質量に応じて変化することを示していますが，重力は質量に比例することが確かめられています．このときの比例定数は 9.8 という定数ですが，これを**重力加速度**とよび，記号 $g$ で表します．地球上ではおおむね $g = 9.8\,\text{m/s}^2$ という比例定数です（詳しくは 8-4 で学びます．なお，本書ではこの値を用います）が，これは星によって異なります．たとえば月の重力加速度は，$g_{\text{moon}} = 1.618\,\text{m/s}^2$ です．

したがって，体重計に質量 60 kg の A さんが乗ったとき，体重計は

$$60\,\text{kg} \times 9.8\,\text{m/s}^2 = 588\,\text{kg}\cdot\text{m/s}^2$$

という力で押されることになります．これが月の上では

$$60\,\text{kg} \times 1.618\,\text{m/s}^2 = 97\,\text{kg}\cdot\text{m/s}^2$$

となります．この例からわかるように，質量はどこでも変わりませんが，押す力は重力加速度によって変わります．重力とは，このときに地球が A さんを引っ張っている力であると考えればよいでしょう．1-2 で出た体重や重量というのは，この重力のことです．なお，ここでは重力の単位を，とりあえず $[\text{kg}\cdot\text{m/s}^2]$ としておきます．

▶地球上の質量 $m\,[\text{kg}]$ の物体が受ける重力は，地球の中心方向に $m \times g\,[\text{kg}\cdot\text{m/s}^2]$．

---

**確認問題●1-04**　地球上の以下の物体にはたらく重力 $[\text{kg}\cdot\text{m/s}^2]$ を小数第 1 位まで求めよ．重力加速度は $g = 9.8\,\text{m/s}^2$ とする．
(1) 質量 1 kg のラジコン　(2) 質量 2 kg の金の延べ棒
(3) 500 cm³ の鉛（密度 11.36 g/cm³）の球
(4) 一辺が 30 cm のアルミニウム（密度 2.70 g/cm³）でできた立方体

## 1-5 重力の単位

**N(ニュートン)**　1-4 の単位 [kg·m/s²] が重力の単位ですが，この単位を書くのはなかなか面倒ですね．そこで同じ単位を，別の記号 [N]（**ニュートン**と読みます）をあてがって表すことにします．もちろん [kg·m/s²] と書いてもかまいません．

すると，質量 1 kg の物体に作用する重力は，次式のようになります．

$$1\,\text{kg} \times 9.8\,\text{m/s}^2 = 9.8\,\text{kg·m/s}^2 = 9.8\,\text{N}$$

▶地球上で質量 1 kg の物体に作用する重力は 9.8 N．

▶ [kg·m/s²] = [N]

**慣例的な力の表記**　[N] という単位は少しイメージしにくいことから，質量の単位 [kg] をそのまま力の基準にする場合があります．そのときには kg の後ろに f あるいは重とつけて，[kgf] あるいは [kg重] と書きます（読み方は両方「キログラムじゅう」）．
すると，1-2 の A さんの場合には，

$$\begin{cases} \text{A さんの質量は 60 kg} \\ \text{A さんに作用する重力は } 60 \times 9.8 = 588\,\text{N} \\ \text{A さんに作用する重力は 60 kgf} \end{cases}$$

と表現できます．少し前まで日本では [kgf] が主流でしたが，現在は世界標準である [N] を用います．本書でも力の単位を [N] で統一することにします．古い本では [kgf] を使っている場合も多いので，違いを理解しておくとよいでしょう．

---

**基本例題●1-5**　椅子の上に，ある質量の物体を載せた．このとき椅子は 80 N の力で押されたという．この物体の質量 [kg] を小数第 2 位まで求めよ．

**解答**　質量を $m$ [kg] とおくと，重力は $m \times g$ となる．
重力が 80 N であるから，$m\,[\text{kg}] \times 9.8\,\text{m/s}^2 = 80\,\text{N}$ となる．
よって，$m\,[\text{kg}] \times 9.8\,\text{m/s}^2 = 80\,\text{kg·m/s}^2$ ＊

∴ $m = 8.16$ より，8.16 kg．

＊力学では単位付きで計算をしていくと便利なことが多い．その場合，[N] = [kg·m/s²] であることを覚えておいて，必要に応じて変換すると，間違いが少なくなる．

---

**確認問題●1-05**　次の物体に作用する重力を [N] の単位で小数第 1 位まで求めよ．重力加速度は $g = 9.8\,\text{m/s}^2$ とする．🖩
(1) 質量 12 kg のガラス板　(2) 質量 500 g の本
(3) アルミニウム（密度 2.70 g/cm³）でできた一辺 50 cm の立方体

## 基本 |A| 問題

**1-06** 質量が 10 kg の立方体 6 個を右の図のように接着剤でくっつけた．接着剤の質量を無視できるとき，
(1) 地球上での質量を求めよ．
(2) 月面上での質量を求めよ．
(3) 重力の作用しない宇宙空間での質量を求めよ．

**1-07** アルミニウムの密度は $2.70\,\mathrm{g/cm^3}$ である．以下の問いに答えよ．
(1) $1\,\mathrm{m^3}$ は何 $[\mathrm{cm^3}]$ であるか．
(2) アルミニウム $1\,\mathrm{m^3}$ の質量は何 $[\mathrm{ton}]$ であるか．

**1-08** 長方形の 2 辺の長さが 30 cm，40 cm，厚さが 3 mm の銅の板がある．銅の密度を $8.96\,\mathrm{g/cm^3}$ として，この銅板の質量 [g] を整数で求めよ．

**1-09** 以下に示す現象のうち，重力の作用を受けたものはどれであるか．
① 電車が線路のカーブに来たところで，中にいる人がカーブの外向きに倒れそうになった．
② ボールを上に投げたら落ちてきた．
③ トランポリンから降りたら，トランポリンがもとに戻った．

**1-10** 質量が 3 kg である立方体を図のように接着剤でくっつけて，さまざまな形状の物体を作った．接着剤の質量を無視できるとき，それぞれの物体に作用する重力 [N] を小数第 1 位まで求めよ．重力加速度は $g = 9.8\,\mathrm{m/s^2}$ とする．

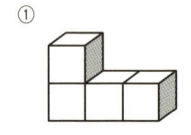

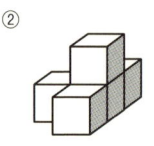

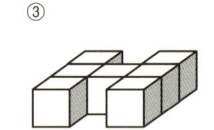

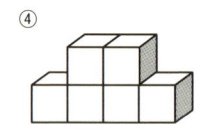

① ② ③ ④

**1-11** 以下の物理量を [N] 単位に変換せよ．
(1) $20\,\mathrm{kg\cdot m/s^2}$ (2) $3200\,\mathrm{g\cdot m/s^2}$ (3) $4500\,\mathrm{kg\cdot cm/s^2}$

**1-12** 密度 $3\,\mathrm{g/cm^3}$，質量が 255 g の物体がある．この物体の体積を求めよ．

## 実力 |B| 問題

**1-13** 内径（内部の直径）が 5 cm であるメスシリンダーに水を入れ，質量 50 g の物体を水中に完全に沈めて空気をすべて追い出したところ，水面が 1 cm 上昇したという．このとき，この物体の密度 $[\mathrm{g/cm^3}]$ を小数第 2 位まで求めよ．円周率は $\pi = 3.14$ とする．

**1-14** 氷の密度は $0.92\,\mathrm{g/cm^3}$ である．水を凍らせて氷を $1\,\mathrm{m^3}$ 作ろうとするとき，水は何 $\mathrm{m^3}$ 必要であるか．水の密度は $1.00\,\mathrm{g/cm^3}$ とする．

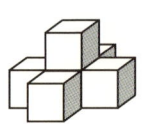

**1-15** 密度の異なる三つの物質 a, b, c があり，密度はそれぞれ $1.5\,\mathrm{g/cm^3}$, $2.0\,\mathrm{g/cm^3}$, $3.0\,\mathrm{g/cm^3}$ である．いま，物質 a, b, c でできた三つの物体 A, B, C の質量が等しいという．このとき，物体 A, B, C の体積の比 $V_A : V_B : V_C$ を最も簡単な整数の比で求めよ．

**1-16** 異なる物質でできた物体 A, B がある．A の体積は $V_A$ であり，B の体積は $V_B$ である．いま，これらの物体を上皿天秤に載せたらつりあったという．物体 A と B の密度が $\rho_A$, $\rho_B$ であるとき，$V_A$ を $V_B$, $\rho_A$, $\rho_B$ の式で表せ．

## 応用 C 問題

**1-17** 大きさ，形状，性質がともに等しい上下面が平らな二つの岩石があるとする．いま，地球上でこの岩石の上におもりを載せて徐々におもりの質量を増加させたところ，10 ton になったところで，岩石が破壊されたという．もう一つの岩石を月の上で破壊させるためには，何 [ton] のおもりを載せる必要があるか，小数第 2 位までの数値で求めよ．なお，地球の重力加速度は $g = 9.8\,\mathrm{m/s^2}$, 月の重力加速度は $g_\mathrm{moon} = 1.618\,\mathrm{m/s^2}$ とする．

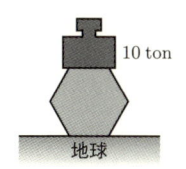

**1-18** 金の純度は 24 分率で表される．24 金というときには全質量の $24/24 = 100\,\%$ が金であることを示している．18 金というときには全質量の $18/24$ が金で，残りがほかの金属である．金・銀・銅の密度はそれぞれ，$19.32\,\mathrm{g/cm^3}$, $10.49\,\mathrm{g/cm^3}$, $8.96\,\mathrm{g/cm^3}$ である．

いま，18 金を 100 g 作ろうと思うが，その際に混ぜる金属として銀と銅を同じ質量だけ使うことにする．このとき，
(1) 金・銀・銅は何 [g] ずつ必要か．
(2) でき上がった 18 金の密度 $[\mathrm{g/cm^3}]$ を小数第 2 位まで求めよ．

---

**ヒント▶ 1-07** (1) $1\,\mathrm{m} = 100\,\mathrm{cm}$ だから，$1\,\mathrm{m^3} = 1\,\mathrm{m} \times 1\,\mathrm{m} \times 1\,\mathrm{m} = (100\,\mathrm{cm})^3$ となる．
**▶ 1-12** 密度 ＝ 質量／体積だから，体積について解けばよい． **▶ 1-13** 上昇した水面までの体積と物体の体積は等しい． **▶ 1-14** 凍らせる前と凍らせたあとで質量は等しい．
**▶ 1-15** 物体 A, B, C の質量がすべて等しいので $m$ [g] とおくと，A の体積は $m/1.5$ と表される． **▶ 1-17** 岩石が破壊されるとき，岩石を上から押す力は地球上でも月面上でも等しい．月面上で $m$ [kg] のおもりを載せると，岩石を押す力は $m \cdot g_\mathrm{moon}$ [N] となる．

# 第2章 力のつりあい

この章では，二つ以上の力をひとつにまとめる方法や，一つの力を二つの力に分解する方法を学びます．力を考える際に必要となる基本的な考え方を理解しましょう．

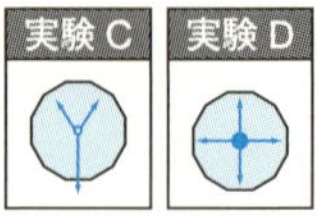

## 2-1 同一作用線上にある力の合成

**1 [N] の力**　力を表現する場合には，その大きさ・方向・作用点を明確にする必要があります．ここで，方向と作用点は比較的容易に表現できますが，大きさを表すためには何かの基準が必要となります．

ここで，質量1 kgの物体に作用する下向きの力（重力）の大きさが9.8 Nであることを思い出してみましょう（→ 1-5 ）．

右の図の(a)は，質量1 kgの物体に作用する重力（9.8 N）を力の矢印で表したものです．矢印の長さは力の大きさになりますから，9.8 Nと同じ縮尺で1 Nの重力を並べて描くと，図の(b)のようになるはずです．つまり1 Nの下向きの力の大きさは，1 kgの質量に作用する重力の大きさの1/9.8倍と考えることができます（厳密な定義は 9-2 参照）．

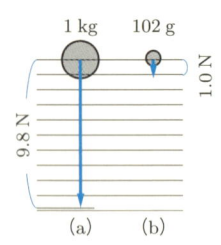

**力の合成**　これまでに考えてきた重力は下向きの力でしたが，物体に力を作用させるときには，右向きや左向きなどさまざまな方向があります．このような場合，複数の力を一つの力で表すことを考えてみます．

いま，右図のようにAさんがある物体を100 Nの力で押し，Bさんが200 Nの力で押した場合を考えてみましょう．すると，それぞれの力の作用点が同一で，押す方向が同一であるならば，Cさんが300 Nの力で同じ作用点を同じ方向に押したときにも，力の効果は同じになります．このように，二つ（以上）の力を一つの力で表すことを，**力の合成**といいます．なお，このときに合成した力のことを**合力**とよびます．

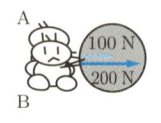

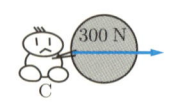

**作用線と力の合成**　上の例では，AさんとBさんは同じ位置を押しているのと同時に，同じ方向を押していました．このとき，力の作用する方向を表す直線を力の作用線ということは 1-1 で学びましたが，同じ作用線上にあって作用点が同じである二つの力を合成する場合には，矢印を足したり引いたりすればよいことになります．

同じ作用線上にあって，作用点も同じである二つの力は，2力の方向が同じであれば足し，逆向きであれば差し引きすることによって合成することができます．この具体例を，次の例題でみてみましょう．

**基本例題●2-1** 下図に示す二つの力の合力をそれぞれ図示せよ．

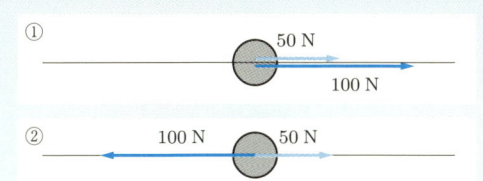

① 50 N / 100 N

② 100 N / 50 N

**解答** ①二つの力の作用点が同一で，力の方向が同一の作用線上にあるから，合力は右向きに 150 N となる．

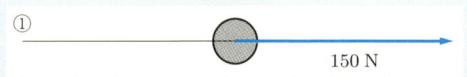

① 150 N

②二つの力の作用点が同一で，力の方向が同一の作用線上にある．しかし，力の向きが逆向きなので，差し引き左側に 50 N の力となる．

② 50 N

---

**確認問題●2-01** [1]以下の複数の力の合力を，**基本例題●2-1** にならって図示せよ．

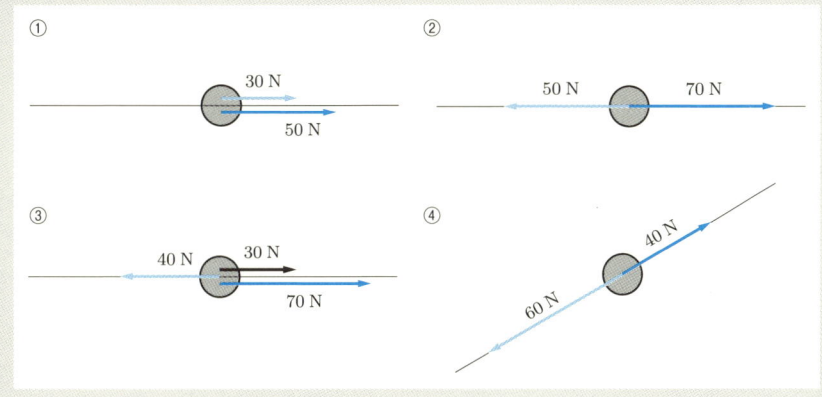

① 30 N / 50 N

② 50 N / 70 N

③ 40 N / 30 N / 70 N

④ 40 N / 60 N

[2]一辺が 20 cm，密度が $800\,\mathrm{kg/m^3}$ の立方体がある．
(1)この立方体の質量 [kg] を求めよ．
(2)この立方体に作用する重力の大きさは何 [N] か．重力加速度 $g = 9.8\,\mathrm{m/s^2}$ とする．
(3)この立方体を支えるのに必要な力は，どちら向きに何 [N] であるか．

2-1 同一作用線上にある力の合成

## 2-2 異なる作用線上にある力の合成

**異なる作用線を有する2力の合成** 力の合成とは力と力の足し算のようなものです．ここで気をつけないといけないのは，力は**大きさ**だけではなく**方向**も含んでいる量なので，大きさだけを足し算することはできないということです．**2-1** では複数の力が同じ作用線上にあったので，方向を意識せずに扱えたということです．

いま，一つの物体の同一点に，$\vec{a}$ と $\vec{b}$ というそれぞれ作用線の異なる2力が加わったときの合力を求めてみましょう．このような場合，力の矢印を利用して，以下の手順を行うと，二つの力の合力を作図できます．

i) $\vec{b}$ の先端を通って $\vec{a}$ に平行な線を引く．
ii) $\vec{a}$ の先端を通って $\vec{b}$ に平行な線を引く．
iii) 2力の作用点と i, ii の交点を結んだ対角線が，$\vec{a}$ と $\vec{b}$ の合力となる．

これは要するに，$\vec{a}$ と $\vec{b}$ の力の矢印を2辺とする平行四辺形を描いていることになります．このときにできる平行四辺形を**力の平行四辺形**とよぶことにします．

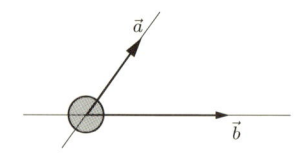

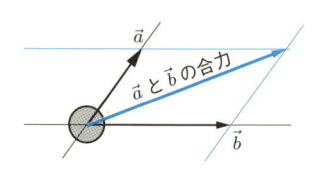

平行線を用いる方法

さて，合力を作図するには力の平行四辺形を作図できればよいことになります．すると，力の平行四辺形の描き方として，もう一つ考えることができます．

i) $\vec{a}$ の長さ $|\vec{a}|$ を半径とする円弧を $\vec{b}$ の先端を中心として描く．
ii) $\vec{b}$ の長さ $|\vec{b}|$ を半径とする円弧を $\vec{a}$ の先端を中心として描く．
iii) 作用点から二つの円弧の交点に矢印を引いたものが $\vec{a}$ と $\vec{b}$ の合力となる．

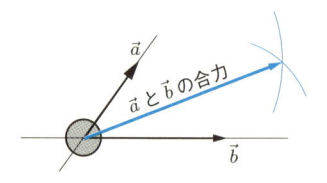

コンパスを用いる方法

したがって，異なる作用線を有する二つの力の合力は，二つの三角定規，あるいはコンパスと定規があれば作図できます．ここで，力の矢印の記号 $\vec{a}$ や $\vec{b}$ に絶対値記号をつけた $|\vec{a}|$ や $|\vec{b}|$ は，矢印の長さを表現したいときに使いますが，**1-1** でも述べたように，これは**力の大きさ**を表すことになります．

**三つ以上の力の合成** 作用点が同一で，作用線の異なる三つ以上の力を合成したければ，上に示した力の合成を繰り返し行えばよいことになります．その場合注意したいのは，たとえば，三つの $\vec{a}$，$\vec{b}$，$\vec{c}$ の力において，最初に $\vec{a}$ と $\vec{b}$ を合成した $\vec{d}$ という力が得られたら，次は $\vec{c}$ と $\vec{d}$ を合成するということです．

この具体例を以下の例題でみることにします．

**基本例題 ● 2-2**　次の三つの力 $\vec{a}$, $\vec{b}$, $\vec{c}$ を合成せよ．

**解答**　$\vec{a}$ と $\vec{b}$ の合力 $\vec{d}$ を描き，次に $\vec{c}$ と $\vec{d}$ の合力 $\vec{e}$ を描く．

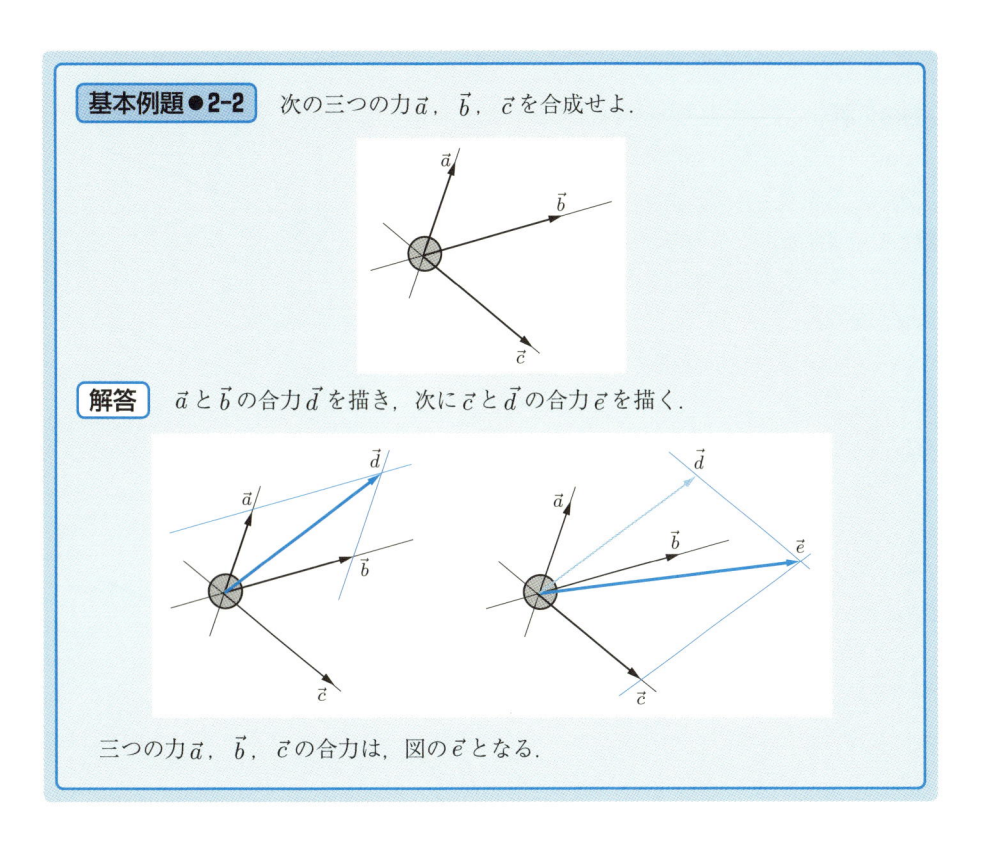

三つの力 $\vec{a}$, $\vec{b}$, $\vec{c}$ の合力は，図の $\vec{e}$ となる．

**確認問題 ● 2-02**　[1] 次の二つの力の合力を，三角定規を用いて作図せよ．

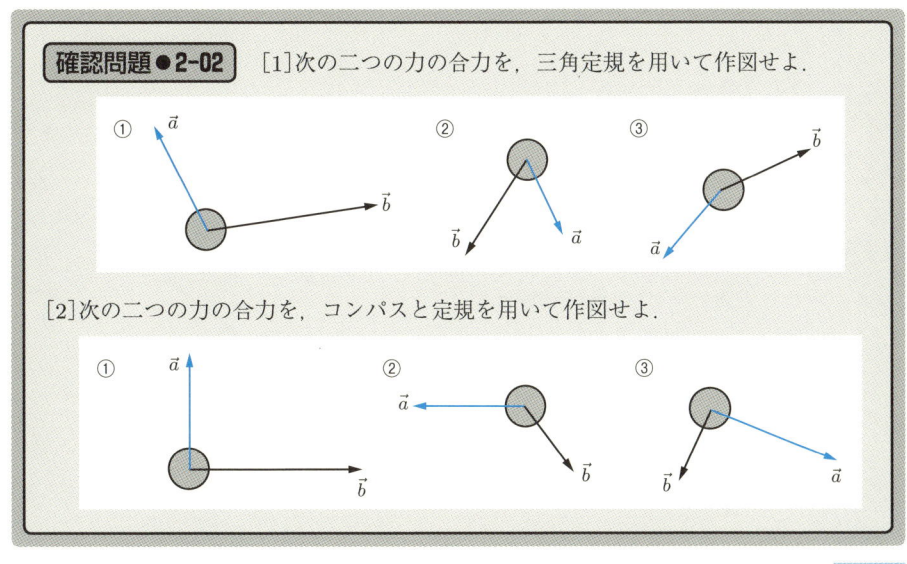

[2] 次の二つの力の合力を，コンパスと定規を用いて作図せよ．

2-2　異なる作用線上にある力の合成

## 2-3　作図による力の分解

**力の分解**　二つの力を一つの力に合成できるならば，一つの力を二つの力に分けることも可能であると想像できるでしょう．このことを**力の分解**といいますが，一つの力を二つに分解する方法は無数にあります．このことを次のように考えてみましょう．

いま，力 $\vec{c}$ を A 方向と B 方向の力 $\vec{a}$，$\vec{b}$ に分解することを考えます．力の合成では平行四辺形を作ったわけですから，分解した 2 力を合成すると $\vec{c}$ が対角線になるような平行四辺形を作図すればよいことになります．そのときに作図される 2 辺上の矢印が，分解された力（**分力**）です（右上図(a)の $\vec{a}$，$\vec{b}$）．

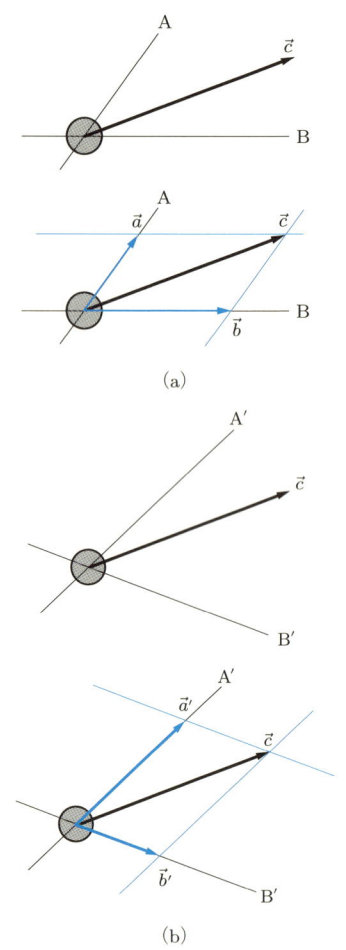

ところで，2 方向が A′，B′ のような場合には，分力は $\vec{a}'$，$\vec{b}'$ のようになり，前の $\vec{a}$，$\vec{b}$ とは異なった分力となります（右図(b)）．これは，$\vec{c}$ を対角線とする平行四辺形がいくつでも作れるためです．このことからわかるように，力を分解するときには，最初にどの方向の 2 力に分解したいかを明確にしておく必要があります．実際には解くべき問題に応じて考えやすいように設定することになります．

なお，力の分解はコンパスを使用してもできます．コンパスを使う場合の作図の方法は，次の例題で説明しますが，広く用いられている方法ではないので，こんな方法もあるのだな，程度に知っておけばよいでしょう．

---

**基本例題●2-3**　右の力 $\vec{c}$ について，A 方向と B 方向の分力 $\vec{a}$，$\vec{b}$ を作図せよ．

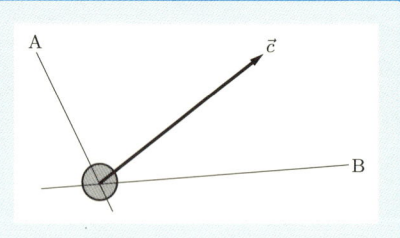

**考え方**　力 $\vec{c}$ の矢印を対角線とする平行四辺形を作図すればよい．作図には三角定規かコンパスを用いる．

**解答1** 三角定規で，$\vec{c}$ の先端を通る直線 A と B に平行な 2 直線を引く．そのときにできる平行四辺形の 2 辺が分力 $\vec{a}$，$\vec{b}$ になる（右図）．

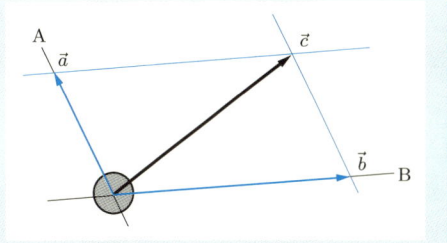

**解答2** コンパスを用いる場合，平行線をコンパスで引くことになる．その手順は次のようになる．
①直線 B 上の適当な位置に点 D をとる．
②コンパスを DC の長さに開き，その半径の円弧を O を中心として描く．
③コンパスを OC の長さに開き，その半径の円弧を D を中心として描く．
④二つの円弧の交点 E と力 $\vec{c}$ の先端 C を通る直線が，直線 B と平行になる．

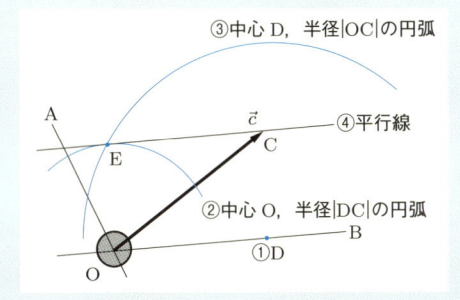

この手順を繰り返し，直線 A に平行な直線を描くと，**解答1** と同じ $\vec{a}$，$\vec{b}$ を作図できる．

＊この平行線の作図の方法は，$\triangle ODC \equiv \triangle DOE$ となる二つの三角形を描いていると考える．

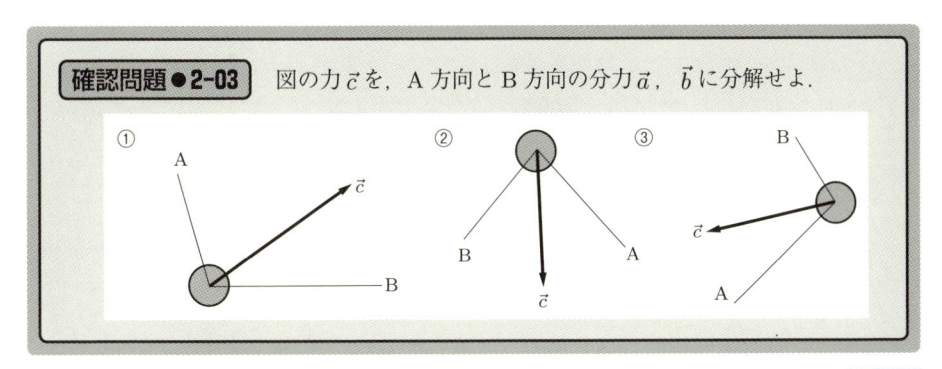

**確認問題●2-03** 図の力 $\vec{c}$ を，A 方向と B 方向の分力 $\vec{a}$，$\vec{b}$ に分解せよ．

2-3 作図による力の分解

## 2-4 力の成分表示

**同一作用線上の力の表示法**　力は大きさと方向と位置をもつ量ですが，このことを表現するために，これまでは力の矢印を用いてきました．ここで別の表現ができるか考えてみましょう．

**2-1**のように，作用線が一直線上にある複数の力を考える場合には，力の向きは2方向しかありませんから，どちらかの向きを正の方向と決めておけば，反対向きの力は負の方向と決めることができます．すなわち，符号によって方向を表すことができます．右の図では，$\vec{P_x} = +50\,\mathrm{N}$，$\vec{Q_x} = -50\,\mathrm{N}$ということになります．

ところで，このような場合，$x$軸上の力ということがわかっていれば，正負の符号だけで向きを判断できます．よって，このような場合には，下添字に軸の名称をつけることで，上に矢印を書かないことにします．すなわち $P_x = +50\,\mathrm{N}$，$Q_x = -50\,\mathrm{N}$ と書くことにします．

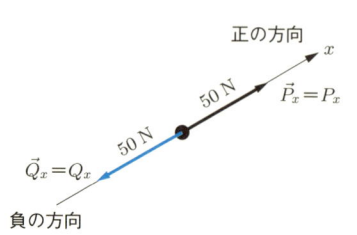

**平面上の任意の方向の力の表示法**　次に，**2-2**や**2-3**で扱ったような力について考えてみます．図の$\vec{P}$と$\vec{Q}$の作用線は同一直線上にありませんから，上記の方法は使えません．

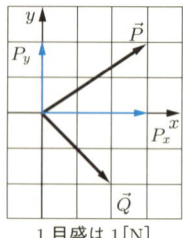

そこで，$\vec{P}$を$x$方向分力$P_x$と$y$方向分力$P_y$で表してみると，$P_x = +3\,\mathrm{N}$，$P_y = +2\,\mathrm{N}$ となります．この二つがわかると，$\vec{P} = (+3, +2)$ と表示することで，力の大きさは $|\vec{P}| = \sqrt{(+3)^2 + (+2)^2} = \sqrt{13}$，方向は$(x, y) = (+3, +2)$の点の向きであることがわかります．

同様に，$\vec{Q} = (+2, -2)$，$|\vec{Q}| = 2\sqrt{2}$ となります．

このように，直交する2方向を事前に決めて，$x$方向分力と$y$方向分力で力を表示することを，**力の成分表示**といいます．このとき，力の大きさは次のようになります．

▶ $\vec{F} = (F_x, F_y)$ **であるとき，** $|\vec{F}| = \sqrt{|F_x|^2 + |F_y|^2}$

**三角比を用いた力の分解**　任意の方向の力の$x$方向・$y$方向分力は，力の大きさと$x$軸からの角度で計算できます．この方法を用いると，どのような方向の力も分解できます．

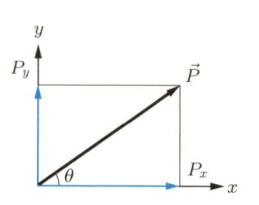

その場合，三角比の定義（**数学の知識②**）から，右図の力$\vec{P}$の$x$方向，$y$方向分力$P_x$，$P_y$と三角比の関係が，

$$\sin\theta = \frac{P_y}{|\vec{P}|}, \quad \cos\theta = \frac{P_x}{|\vec{P}|}$$

と得られます．このことから，

▶ $P_x = |\vec{P}| \cdot \cos\theta$, $P_y = |\vec{P}| \cdot \sin\theta$

のように，直交2方向の分力の大きさを決定できます．この方法を使えば，任意の方向の力を成分表示できます．

$P_x$，$P_y$ については，$x$ 軸上，$y$ 軸上の力であることがわかるので，方向は符号をつければ明確にわかります．今後，$x$ 方向，$y$ 方向分力については下添字と正負符号によって方向を明確にし，分力の大きさを表すときは符号をつけないことにします．また図中には，数値で力の大きさのみを記載します（→ 2-5 ）．

### 数学の知識②－三角比

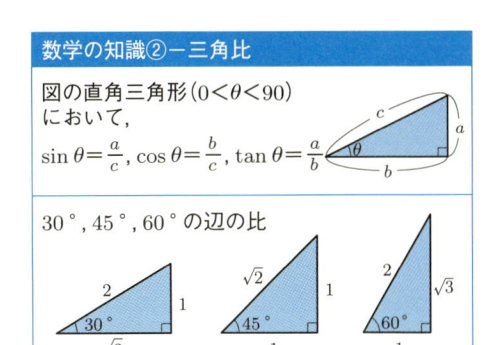

図の直角三角形（0＜θ＜90）において，

$\sin\theta = \dfrac{a}{c}$, $\cos\theta = \dfrac{b}{c}$, $\tan\theta = \dfrac{a}{b}$

30°，45°，60°の辺の比

30°，45°，60°以外の三角比は関数電卓で求める

[sin] [2] [5] [=] ⟹ 0.422618…

---

**基本例題●2-4** 図に示す力 $\vec{P}$ について，その大きさが $|\vec{P}| = 4\,\mathrm{N}$ である．このとき，$\vec{P}$ の $x$ 方向，$y$ 方向分力 $P_x$，$P_y$ を矢印で表し，その値を求めよ．また，$\vec{P}$ を成分表示せよ．

**解答** 分力は右下図．

$P_x = |\vec{P}| \cdot \cos 30° = 4 \times \dfrac{\sqrt{3}}{2} = +2\sqrt{3}\ [\mathrm{N}]$

$P_y = |\vec{P}| \cdot \sin 30° = 4 \times \dfrac{1}{2} = +2\ [\mathrm{N}]$

$\vec{P}$ の成分表示は $(+2\sqrt{3},\ +2)$ となる．

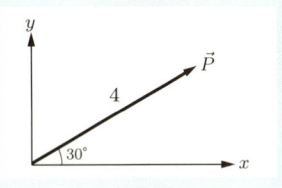

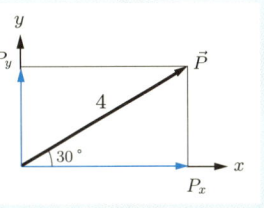

---

**確認問題●2-04** 以下の各図で，$x$ 軸と $y$ 軸は直交している．このとき力 $\vec{P}$ の分力 $P_x$，$P_y$ を矢印で表せ．また，$\vec{P}$ を成分表示せよ．分力の正の方向は $x$，$y$ と表示してある側とする．

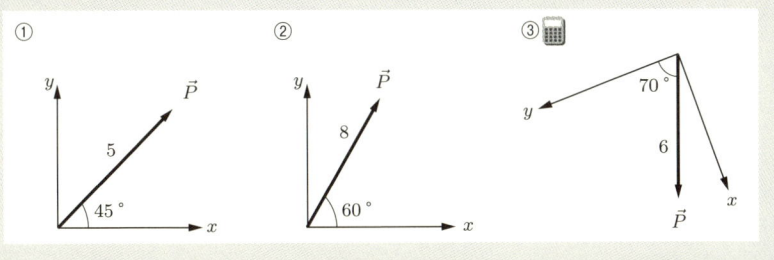

① ② ③

2-4 力の成分表示

## 2-5 力のつりあい

**物体の静止状態と力**　物体が動かずに静止しているとはどういう状態をいうのか，一つの物体が静止している状態を考えて，力の面からみてみましょう．

物体が静止している状態には，次の二つが考えられます．

①力がはたらいていない．

②力が作用しているけれども，すべての力を合成すると，合力の大きさが0になっている

ここで，①は直観的にわかると思います．②は運動会の綱引きで，二つのチームが同じ力で引っ張ったときに，綱の位置が動かないような状態が考えられます（下図）．

②のように，すべての力を合成すると合力が0になって，一見すると力がはたらいていないような状態になるとき，それらの力は**つりあいの状態にある**といいます．

▶同一作用点の複数の力の合力が0になるとき，それらの力はつりあっている．

なお，力が作用している状態で物体が静止しているときには，力はつりあっていますが，その逆は成り立ちません．つまり，力がつりあっていても，物体が静止しない場合もあります．この点については 9-1 で扱います．

---

**基本例題●2-5**　以下の図に力 $\vec{P}$ の矢印を1本だけ加えて，力がつりあうようにせよ．

**解答1**　①合力が0となる矢印を描く．

②まず，2力と等価な合力を作図し，一つの力で表す．その合力とつりあう矢印を描けばよい．

**解答2**　②最初にそれぞれの力とつりあう力を描く．その後，それら二つの力を合成すると，解答1 と同じものが得られる．

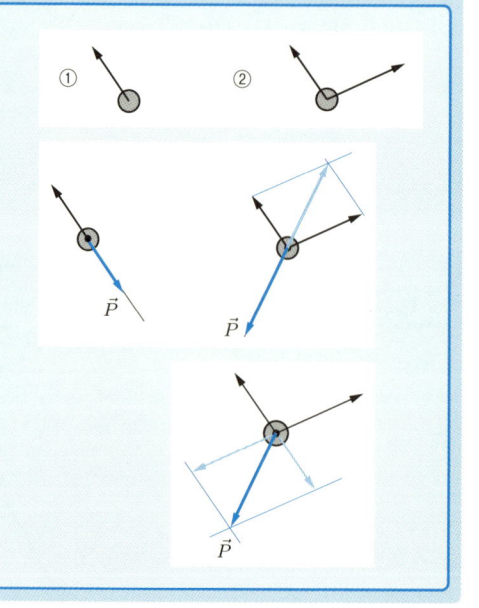

**補足：力の記号・図示の方法について**

力は方向と大きさをもつので，それを記号で表記するときには注意することが必要です．本書での記号表記と図示表記は次のようにします．教科書によって表記は異なります．

①どの直線上にあるかが明確である力の表記

右図の場合

力の記号：下添字と正負で方向を示す．
$$P_x = +10\,\text{N}, \quad Q_x = -10\,\text{N}$$

力の大きさ：絶対値記号をつける
$$|P_x| = 10\,\text{N}, \quad |Q_x| = 10\,\text{N}$$

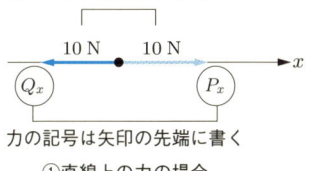

②平面上の力の表記

右図の場合

力の記号：矢印つきの記号を用いて，二つの軸方向の組合せで方向を示す．
$$\vec{F} = (F_x, F_y) = (-5\sqrt{2}, +5\sqrt{2})$$

力の大きさ：絶対値記号をつける．
$$|\vec{F}| = 10\,\text{N}$$

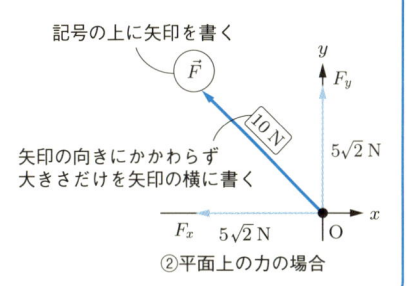

---

**確認問題 ● 2-05**　[1]以下の図に力 $\vec{P}$ の矢印を1本だけ加えて，力がつりあうようにしたい．このとき力 $\vec{P}$ の矢印を作図せよ．なお，描き加える力 $\vec{P}$ の作用点は，ほかの力の作用点と同一の位置とせよ．

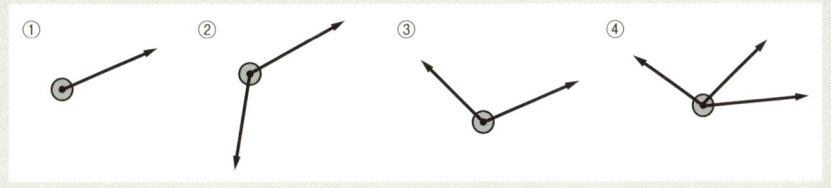

① ② ③ ④

[2]以下の図において，矢印のような力が同時に作用するとき，力がつりあい状態にあるものを A～D からすべて選べ．ただし，1目盛は1Nを表すものとする．

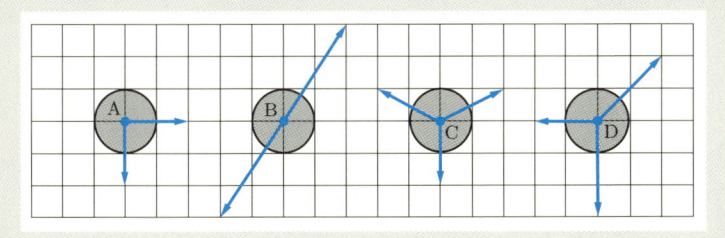

2-5　力のつりあい

## 2-6 力の成分を利用した合力の計算

**力の合力の計算**　2-2 や 2-5 では，合力や力のつりあいを作図によって求めたわけですが，具体的な大きさを数値で定める場合には，2-4 で学んだ直交する 2 方向の分力を利用すると便利です．その方法を考えてみましょう．

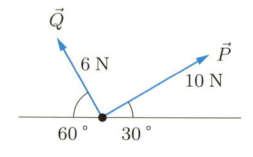

いま，右図に示す 2 力 $\vec{P}$ と $\vec{Q}$ の合力を求めてみるのに，$\vec{P}$ の分力 $P_x$ と $P_y$，$\vec{Q}$ の分力 $Q_x$ と $Q_y$ に分けてみると，次の各事項がわかります．少しややこしいですが，図を見比べながら理解しましょう．

1) $\vec{P}$ と $\vec{Q}$ の合力を $\vec{R}$ とすると，下図の (a) と (b) は同じことを表しています．
2) ここで (a) の状態を分力で表すと，(c) のようになります．
3) また，(b) の状態を分力で表すと，(d) のようになります．
4) (a) = (b)，(a) = (c)，(b) = (d) なので，(c) と (d) の状態は同一のものです．$x$ 方向と $y$ 方向それぞれについて矢印の向きに注意して式を立てれば，

$$|R_x| = |P_x| - |Q_x| = 10\cos 30° - 6\cos 60° = 5\sqrt{3} - 3 = 8.66 - 3.00 = 5.66\,\text{N}$$
$$|R_y| = |P_y| + |Q_y| = 10\sin 30° + 6\sin 60° = 5 + 3\sqrt{3} = 5.00 + 5.20 = 10.20\,\text{N}$$

と得られます（ここでは大きさを比較しやすいように小数まで計算していますが，無理数で解答してもかまいません）．

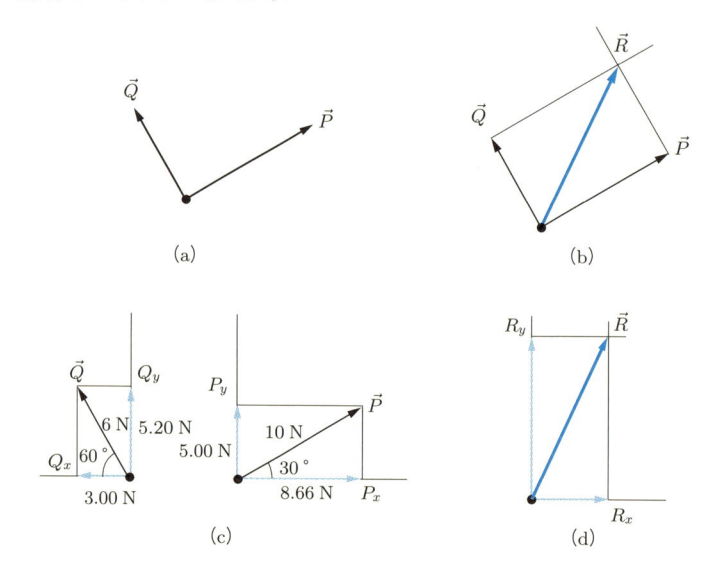

このように直交する 2 方向に分力を分けた場合には，分力どうしで独立して加減ができるので，具体的な合力の大きさや三つ以上の合力を求める場合には非常に有効な方法です．

**基本例題●2-6** 図に示す二つの力 $\vec{P}$, $\vec{Q}$ がある．これらの合力 $\vec{R}$ について，$x$ 方向分力の大きさ $|R_x|$ および $y$ 方向分力の大きさ $|R_y|$ をそれぞれ求めよ．

**解答** 力 $\vec{P}$ と力 $\vec{Q}$ をそれぞれ $x$ 方向，$y$ 方向に分解すると，それらの大きさは次のようになる．

$$|P_x| = 10 \cdot \cos 30° = 10 \times \frac{\sqrt{3}}{2} = 5\sqrt{3}$$

$$|P_y| = 10 \cdot \sin 30° = 10 \times \frac{1}{2} = 5$$

$$|Q_x| = 4\sqrt{2} \cdot \cos 45° = 4\sqrt{2} \times \frac{1}{\sqrt{2}} = 4$$

$$|Q_y| = 4\sqrt{2} \cdot \sin 45° = 4\sqrt{2} \times \frac{1}{\sqrt{2}} = 4$$

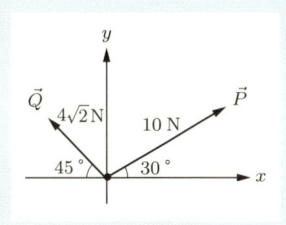

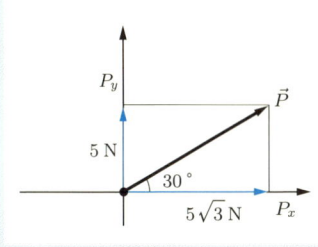

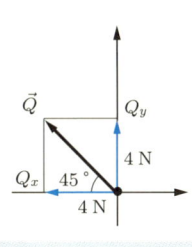

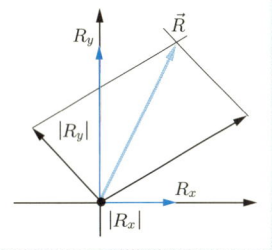

矢印の向きに注意すると，合力 $\vec{R}$ の $x$ 方向分力，$y$ 方向分力の大きさは次のようになる．

$$|R_x| = |P_x| - |Q_x| = 5\sqrt{3} - 4 = 4.66\,\text{N}$$

$$|R_y| = |P_y| + |Q_y| = 9\,\text{N}$$

**確認問題●2-06** 図に示す $\vec{P}$, $\vec{Q}$ の合力 $\vec{R}$ について，$x$ 方向分力の大きさ $R_x$，$y$ 方向分力の大きさ $R_y$ を符号をつけて小数第3位までそれぞれ求めよ．図中の力の単位は [N] である．

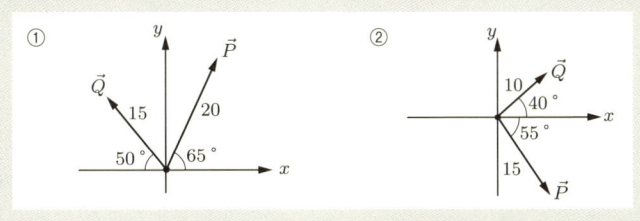

## 基本 A 問題

**2-07** 以下に示す二つまたは三つの力の合力を図示せよ.

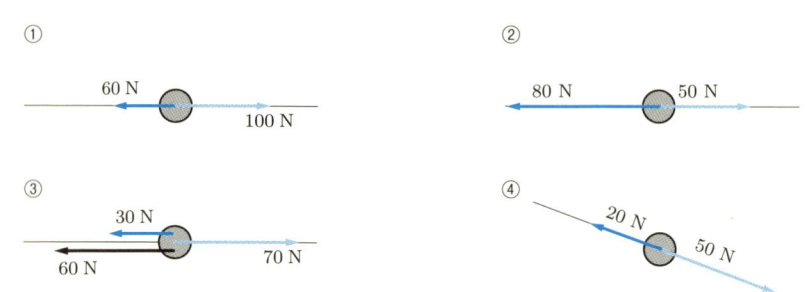

① 60 N, 100 N

② 80 N, 50 N

③ 30 N, 60 N, 70 N

④ 20 N, 50 N

**2-08** 以下に示す二つの力 $\vec{a}$, $\vec{b}$ の合力を作図せよ.

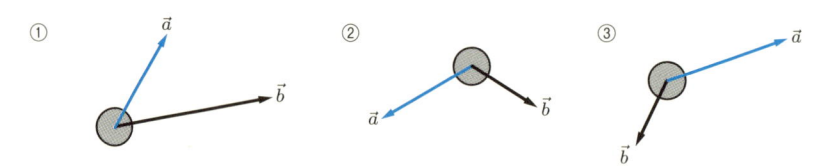

① $\vec{a}$, $\vec{b}$

② $\vec{a}$, $\vec{b}$

③ $\vec{a}$, $\vec{b}$

**2-09** 以下に示す力 $\vec{F}$ の A 方向, B 方向の分力 $\vec{F_A}$, $\vec{F_B}$ を作図せよ.

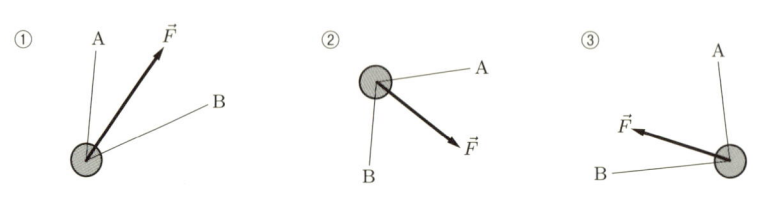

① A, $\vec{F}$, B

② A, B, $\vec{F}$

③ A, $\vec{F}$, B

**2-10** 以下に示す力 $\vec{F}$ を,小数第2位までの数値で成分表示せよ.

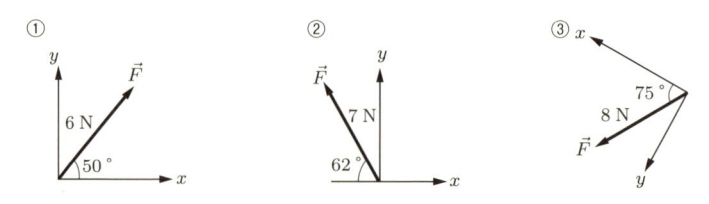

① 6 N, 50°

② 7 N, 62°

③ 8 N, 75°

**2-11** 図に示す2力の合力 $\vec{R}$ について,$x$ 方向,$y$ 方向の分力の大きさ $|R_x|$,$|R_y|$ を小数第3位まで求めよ.

① $\vec{Q}$ 12 N, 40°; $\vec{P}$ 24 N, 35°

② $\vec{Q}$ 15 N, 40°; $\vec{P}$ 25 N, 40°

**2-12** 図のような力が静止している物体に作用するとき，力がつりあいの状態にあるものはどれか．1目盛は1Nを表すものとする．

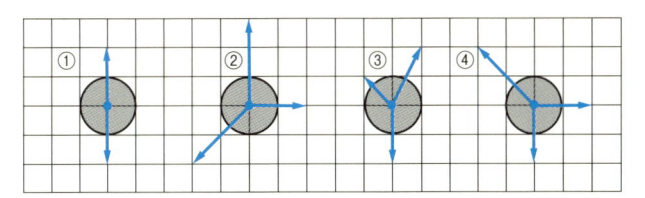

=== 実力 |B| 問題 ===

**2-13** ある物体に図のような二つの力 $\vec{P}$, $\vec{Q}$ が作用することがわかった．しかし，このままだと物体が動いてしまうので，図のA方向，B方向に力を加えて動かないようにしたい．そのとき，A方向，B方向に加える力 $R_A$, $R_B$ を作図せよ．

**2-14** 質量10 kgの物体を，右図のように2方向から引っ張って吊るす．このとき物体が動かないようにするには，A方向，B方向の力の大きさをそれぞれ何[N]にしたらよいか．小数第2位まで求めよ．重力加速度は，$g = 9.8 \text{ m/s}^2$ とする．

=== 応用 |C| 問題 ===

**2-15** $F$[N]で引っ張られると切れる糸がある．この糸を図のように鉛直から $\theta$[°]傾けて鉛直軸に対称となるように設置する．そのうえで，質量 $m$[kg]の物体を吊るす．このとき $\theta$[°]を0[°]から徐々に大きくしていったとき，$\theta$[°]が $\alpha$[°]になったところで糸が切れたという．このとき $\cos\alpha$ を $F$, $m$ および重力加速度 $g$[m/s²]で表せ．

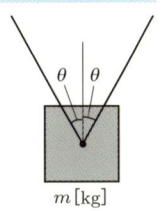

**2-16** 物体を右のような2方向の力で吊るす．このとき，$|\vec{P}| + |\vec{Q}|$ が最小になるのは $\theta = 0$ のときであることを示せ．ただし，$0 \leq \theta < 90$ とする．

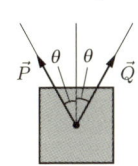

ヒント▶ **2-14** A，B方向に引っ張る力を $\vec{P}$, $\vec{Q}$ としたとき，重力，$\vec{P}$, $\vec{Q}$ について水平方向・鉛直方向の力のつりあいを考える． ▶ **2-15** 重力とつりあう力の平行四辺形を描くと，鉛直軸の左右に二等辺三角形ができる．

# 第3章 剛体と重心

この章では，力を受けた物体が回転するかどうかの判断基準を説明します．静止している物体の満たす条件を知り，力の作用状態を把握できるようにしましょう．

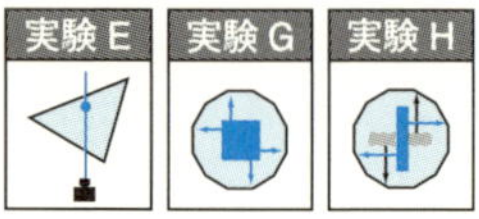

## 3-1 重　心

物体に作用する重力は，厳密には物体の各点に作用しています．たとえば，右の直方体に作用する重力は，物体の各点に作用する重力（各点重力とよぶことにします）の和ということになります．右図でそれぞれの矢印を1Nとすると，直方体に作用する重力は合計で8Nとなります．

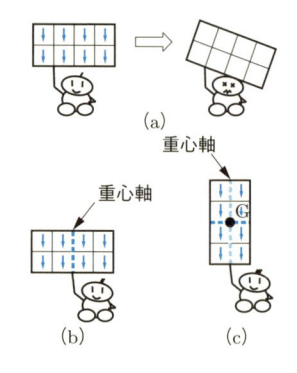

ところで，この物体を図(a)のように支えると右回りに回転してしまうでしょう．これは，(a)の支え方では支える点(**支点**)の左側と右側でバランスがとれないからですが，このときバランスをとるように支点をとると回転しないところがあります((b)の支え方)．すると，各点重力の中心となる位置は，その支点の真上に存在することになります．

次に，直方体の向きを変えてみましょう．このとき(c)のように支えても回転しないわけですから，このときも各点重力の中心はその支点の真上にあることになります．

物体を1個の支点で支えてバランスをとることができるとき，その支点上に各点重力のバランスをとる重心軸が存在します．重心軸は物体の支え方によって何本も引けますが，必ずある一点を通ります．この位置を**重心**とよび，記号 **G** で表します．基本的な図形の重心は以下のとおりです．

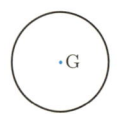

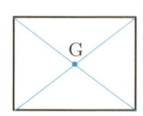

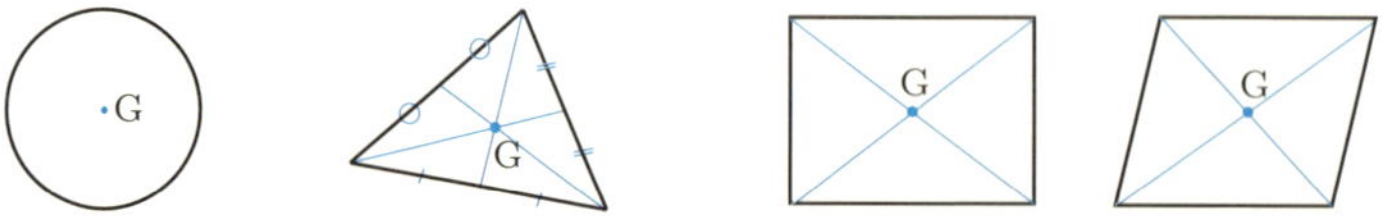

円（中心）　　三角形（中線の交点）　　長方形・平行四辺形（対角線の交点）

**確認問題●3-01**　物体を図の矢印の位置1箇所で支える．このとき，物体が回転しないものはどれか．

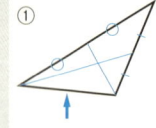

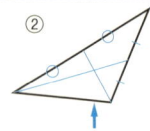

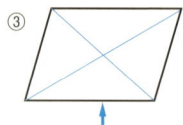

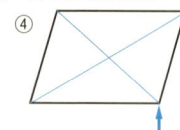

## 3-2 剛体と質点

**剛体** あらゆる物体は，力を受けると大なり小なり変形しますが，物体の硬さが力に対してある程度以上大きい場合，その変形を無視できます．このとき，力は物体の変形には関係せず，運動（動いたり止まったり）にのみ関係すると考えることになります．このように変形しないとして理想化された物体を**剛体**とよびます．

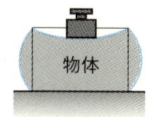

▶物体に力が加わったときの変形を無視する場合，その物体を剛体という．

▶剛体に加わった力は，その剛体の運動のみに関係する．

**質点** 剛体は大きさをもっていますが，それを無視して，剛体を一つの点とみなして差し支えない場合があります．下図(a)の長方形に力$\vec{F}$が作用した場合，その位置は右方向に動きますが，それに伴って重心も同じように動きます．それならば，わざわざ長方形を描かなくても(b)のように重心位置さえわかれば，長方形は(a)のように動いたということがわかるでしょう．このときに剛体を表した重心位置の点を**質点**とよびます．

ただし，剛体は必ずしも質点に置き換えることができるわけではありません．右図(c)において，二つの力が作用すると，この剛体は回転します（携帯電話などで試してみましょう）が，このとき重心位置（質点位置）がわかったとしても，もとの長方形の回転の程度はわかりません．回転運動する剛体を質点に置き換えてしまうとこのような問題が生じるため，質点に置き換えることのできるのは回転運動の生じない剛体に限られます．

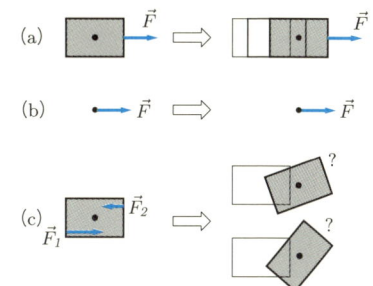

運動を扱う場合（**第7章**以降）にこの質点の考え方を使います．

▶物体を点とみなして力のつりあいを考えるとき，その物体を質点とよぶ．

▶質点は物体の重心位置に存在すると考える．

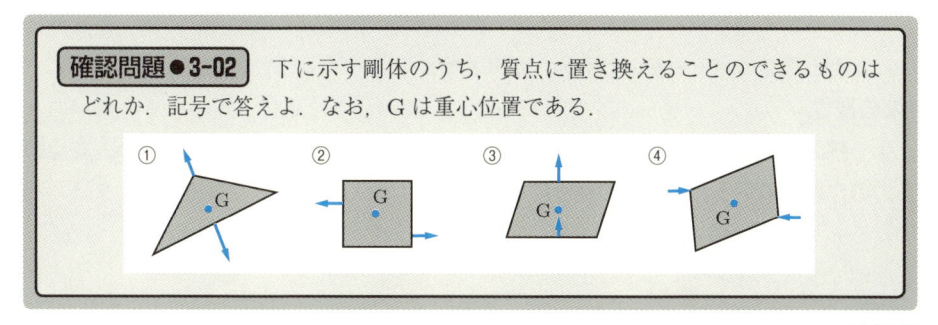

---

**確認問題●3-02** 下に示す剛体のうち，質点に置き換えることのできるものはどれか．記号で答えよ．なお，Gは重心位置である．

## 3-3 力のモーメント

**力のモーメント**　3-1 でみたように，物体の支え方によっては物体に回転運動が生じることになります．このときの状態を考えてみましょう．

ある物体を1点で支えるとき，右図(a)のように重心の真下で支えれば物体は回転しません．しかし，右図(b)のように重心の真下からずれた位置で支えようとしても，物体は支点(この図では手の位置)を中心に回転してしまいます．このとき，物体に作用する重力が回転運動を生じさせるわけですが，この重力のように回転運動を起こす力の作用のことを**力のモーメント**とよびます．

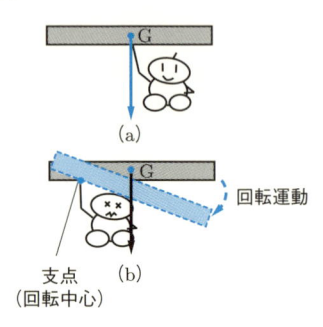

ところで，2-2 で，同一作用点に作用する二つ以上の力は合成できることを学びました．上の例では，重力の作用点と支点(を支える力の作用点)が同一ではないので合成できません．その理由は，作用点の異なる二つの力については，この力のモーメントの効果を考慮しなければならないからです．この点については 3-4 で詳しくみることにします．

**力のモーメントの大きさ**　力のモーメントは，物体を回転させる作用をもつ回転力ですが，力の作用点が同じであっても，力が大きくなれば力のモーメントも大きくなります．また，力の大きさが同じであっても，支点と作用点の距離(**腕の長さ**あるいは**アーム長**)が大きくなるほど，物体を回転させる作用も大きなものになります．

力のモーメントの大きさ $|M|$ は，力の大きさ $|\vec{F}|$ と腕の長さ $a$ のそれぞれに比例するので，

▶力のモーメントの大きさ　　$|M| = |\vec{F}| \cdot a$

という式で定義されます．

右図の場合，力のモーメント $|M|$ は，

$|M| = |\vec{F}| \cdot a$
$= 50\,\text{N} \times 2\,\text{m} = 100\,\text{N} \cdot \text{m}$

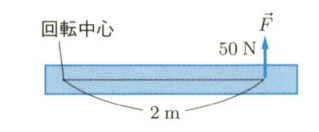

と計算されます．なお，(力の)モーメントの単位は，[N・m]，[kN・m]，[N・mm]のように，力と長さの単位を掛けたものになります．

**腕の長さ**　力のモーメントを算出するとき，腕の長さを正確に判断する必要があります．**腕の長さは，考えている点(回転中心)から力の作用線までの距離であり，支点から力の作用線に下ろした垂線の長さになります**．力のモーメントを算出するときは，腕の長さ $a$ を右頁の図のようにします．腕の長さについては，文章で覚えるのではなく，この図で理解するようにしましょう．

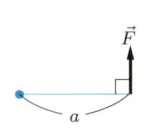

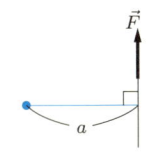

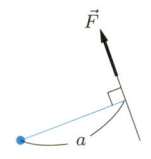

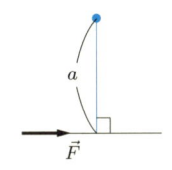

**力のモーメントの正負**　力のモーメントは回転の方向を考える必要があるので，正負の符号で区別します．本書では**左回りの回転を起こさせる力のモーメントを正**とします．したがって，上の図で生じている力のモーメントは，すべて正になります．今後，力のモーメントの回転の向きを考えるときは $M$，大きさのみを考えるときは $|M|$ のように，絶対値記号の有無で区別します．

---

**基本例題●3-3**　右図に示す力 $\vec{F}$ について，点 A まわりおよび点 B まわりの力のモーメント $M_A$, $M_B$ を，符号をつけて求めよ．

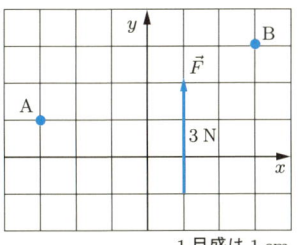

**解答**　点 A から力 $\vec{F}$ までのアーム長は $4\,\mathrm{cm}$．力 $\vec{F}$ によって点 A には左回りのモーメントが生じるから，符号は正．よって，
$$M_A = 3\,\mathrm{N} \times 4\,\mathrm{cm} = +12\,\mathrm{N\cdot cm}$$
となる．

点 B から力 $\vec{F}$ までのアーム長は $2\,\mathrm{cm}$．力 $\vec{F}$ によって点 B には右回りのモーメントが生じるから，符号は負．よって，
$$M_B = -3\,\mathrm{N} \times 2\,\mathrm{cm} = -6\,\mathrm{N\cdot cm}$$
となる．

---

**確認問題●3-03**　右図に示す力 $\vec{F_A}$ から $\vec{F_D}$ について，原点 O まわりの力のモーメント $M_{OA}$, $M_{OB}$, $M_{OC}$, $M_{OD}$ を，符号をつけて求めよ．

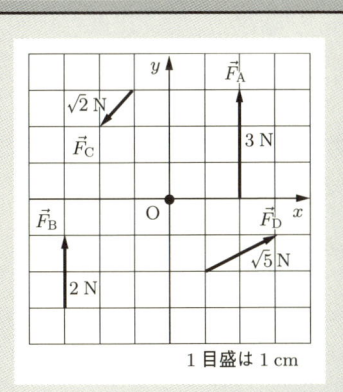

## 3-4 力のモーメントの加減と偶力

**力のモーメントの加減**　地面にある蓋(マンホールの蓋のようなもの)を回転させるために，AさんとBさんが棒を使っている右図のような状況を考えてみましょう．

この状態を上から見たところ，AさんもBさんも100 Nで押していました．ただし，Aさんは蓋の中心Oから2.0 mの位置，BさんはOから1.5 mの位置に力をかけていました．

この場合，二人の力により点Oに生じる力のモーメント$M_A$，$M_B$は，

$$M_A = +(100\,\text{N} \times 2.0\,\text{m}) = +200\,\text{N}\cdot\text{m}\,(\text{左回り})$$
$$M_B = +(100\,\text{N} \times 1.5\,\text{m}) = +150\,\text{N}\cdot\text{m}\,(\text{左回り})$$

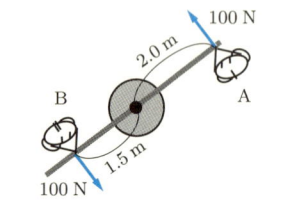

となりますから，二人で同時に力を入れれば，Oには合計左回りに350 N·mの回転力(力のモーメント)が生じることになります．

ところで，AさんとBさんの間についたてがあって，100 Nで押すということだけを考えて，押す方向を打ち合わせていなかったとします．右下図のように押すと蓋への回転力の効果はずいぶん弱まりそうですね．そのことを数字で考えてみましょう．

$$M_A = +(100\,\text{N} \times 2.0\,\text{m}) = +200\,\text{N}\cdot\text{m}\,(\text{左回り})$$
$$M_B = -(100\,\text{N} \times 1.5\,\text{m}) = -150\,\text{N}\cdot\text{m}\,(\text{右回り})$$

すると，差し引き+50 N，つまりOには左回りの50 N·mの力のモーメントしか作用していないことになります．

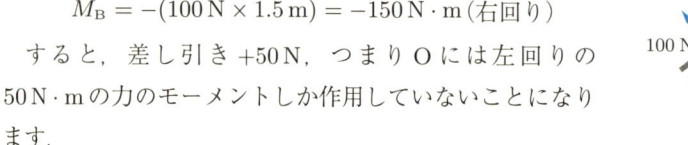

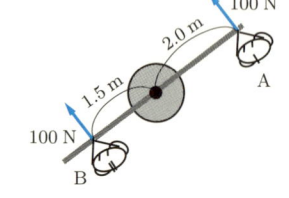

これら二つの例から，二人が同じように力を加えても，力のモーメントによりOに作用する力のモーメントは，+350から+50，つまり1/7にまで減少します．

以上の例は，ある点における複数の力のモーメントを加減して大きさを比較できることを表しています．その場合，回転の方向を考慮して符号をつけて行います．

**偶　力**　力のつりあい(**2-5**)のところで，同一作用点の合力が0になると力がつりあうと述べました．右図は同一作用点に反対向きに50 Nが作用しているものです．

ところで，これらの力の大きさが同一で向きは反対であるが，互いに平行であるようにずれたらどのような現象が起こるでしょうか．

直観的に回転してしまうことはわかると思います．こ

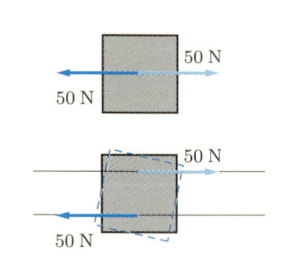

のように，大きさが等しく向きが反対ではあるが，作用線が平行になっている2力がはたらいているとき，この1組の力を**偶力**といいます．

ここで，偶力による力のモーメントを求めてみます．いま，図のように大きさが$F$であり，向きが反対で，さらに作用線が距離$a$だけ離れて平行になっている2力$\vec{F_1}$，$\vec{F_2}$を考えます．右図$O_1$まわりの力のモーメントを求めると

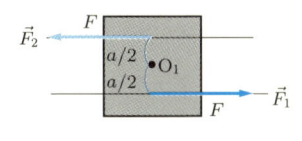

$\vec{F_1}$によるもの：$+F \times a/2$

$\vec{F_2}$によるもの：$+F \times a/2$

となります．したがって，合計は$Fa$となります．

次に，右図$O_2$まわりでは，

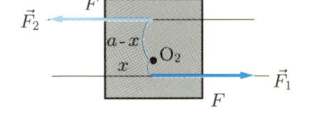

$\vec{F_1}$によるもの：$+Fx$

$\vec{F_2}$によるもの：$+F(a-x)$

となります．したがって，合計はやはり$+Fa$となります．

つまり，偶力による力のモーメントは，力の作用線間の距離によって決まり，回転中心の位置に無関係となります．

▶大きさ$F$，作用線間の距離$a$の偶力による力のモーメントの大きさ　$|M| = Fa$

---

**基本例題●3-4**　右図のように，三角形の3頂点に力$\vec{F_1}$，$\vec{F_2}$，$\vec{F_3}$が作用している．このとき，この三角形の重心位置に生じる力のモーメントの合計を求めよ．

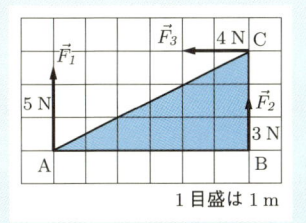

**解答**　三角形の重心位置は**数学の知識③**を参照して求める．それぞれの力の大きさ$F$と腕の長さ$a$，力のモーメント$M$は次表になる．

| 力 | $F$ | $a$ | $M$ |
|---|---|---|---|
| $\vec{F_1}$ | 5 N | 4 m | $-20$ N·m |
| $\vec{F_2}$ | 3 N | 2 m | $+6$ N·m |
| $\vec{F_3}$ | 4 N | 2 m | $+8$ N·m |

よって，重心位置での合計は$-6$ N·mまたは，右回りに$6$ N·mとなる．

**数学の知識③－三角形の重心位置**
三角形の重心Gは，中線（図のAD，BE，CF）の長さを2：1の比に分ける．（AG：GD＝2：1など）

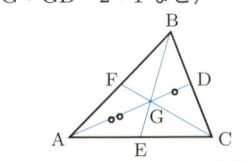

---

**確認問題●3-04**　**基本例題●3-4**において，三つの力$\vec{F_1}$，$\vec{F_2}$，$\vec{F_3}$により頂点A，B，Cに生じる力のモーメントの合計$M_A$，$M_B$，$M_C$をそれぞれ求めよ．

## 3-5 剛体が静止する条件

いま，細長い棒に 10 N の重力が作用し，その棒を二人で支えている状態を考えてみましょう．このとき，重心には下向きに 10 N の力が作用しているので，下からは二人で合計 10 N の力を上向きに作用させることになります．

この二人の支える位置が重心から左右に 2 m 離れた位置であったとすると，右図のような力の関係になります．このときこの棒は回転しません．このことを考えてみましょう．

いま，三つの力それぞれによって点 G まわりに生じる力のモーメントを求めてみると，

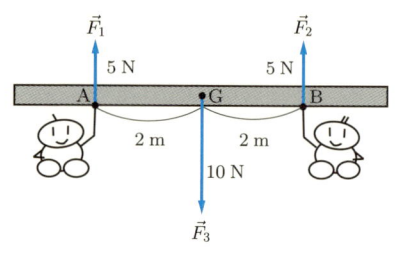

$\vec{F_1}$ による力のモーメント　$M_1 = -(5\,[\text{N}] \times 2\,[\text{m}]) = -10\,\text{N}\cdot\text{m}$（右回り）
$\vec{F_2}$ による力のモーメント　$M_2 = 5\,[\text{N}] \times 2\,[\text{m}] = +10\,\text{N}\cdot\text{m}$（左回り）
$\vec{F_3}$ による力のモーメント　$M_3 = 0$（$\vec{F_3}$ は G を回転させないため）

となります．したがって，これら三つの力のモーメントの合計は 0 となり，G まわりに回転力（モーメント）は生じていないことになります．

ところで，点 A を回転の中心として上記の計算をしてみると，

$\vec{F_1}$ による力のモーメント　$M_1 = 0$（$\vec{F_1}$ は A を回転させないため）
$\vec{F_2}$ による力のモーメント　$M_2 = 5\,[\text{N}] \times 4\,[\text{m}] = +20\,\text{N}\cdot\text{m}$（左回り）
$\vec{F_3}$ による力のモーメント　$M_3 = -(10\,[\text{N}] \times 2\,[\text{m}]) = -20\,\text{N}\cdot\text{m}$（右回り）

となって，やはり合計は 0 になります．

この例では，水平方向の力が含まれていませんが，水平の力の存在する場合まで含めると，剛体に複数の力 $\vec{F_1}(F_{1x}, F_{1y})$，$\vec{F_2}(F_{2x}, F_{2y})$，$\vec{F_3}(F_{3x}, F_{3y})$，…がはたらいているときに，**剛体が静止している条件**は，①水平方向の力がつりあうこと，②鉛直方向の力がつりあうこと，③回転しないこと，という三つになります．つまり，

▶ $F_{1x} + F_{2x} + F_{3x} + \cdots = 0$ … ①
▶ $F_{1y} + F_{2y} + F_{3y} + \cdots = 0$ … ②
▶ 任意の点まわりの力のモーメントの和が 0．　$M_1 + M_2 + M_3 + \cdots = 0$ … ③

が成り立ちます．ここで，③の中で**任意の点**ということの意味は，**自分の好きな位置**という意味です．したがって点 G や点 A のような剛体の内部に限らず，剛体の外の点を回転の中心として力のモーメントの和を求めたときに 0 になっていても，回転しないということがいえます．

もし，このようにしてすべての力のモーメントを足したときに 0 とならないならば，その剛体は回転を生じることになります．実際の問題を解く際には，上の①，②，③を連立させ，連立方程式として解くことになります．その具体例を以下でみてみます．

**基本例題 ● 3-5** 下図に示す剛体が静止している．$X$, $Y$ はいくつか．

**解答 1** 鉛直方向の力のつりあいより， 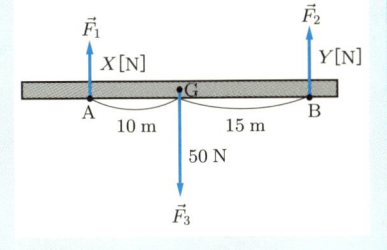
$$X + Y - 50 = 0$$
となる．$\vec{F_1}$, $\vec{F_2}$, $\vec{F_3}$ による点 G まわりの力のモーメント $M_1$, $M_2$, $M_3$ はそれぞれ，
$$M_1 = -(X \times 10) = -10X$$
$$M_2 = Y \times 15 = +15Y$$
$$M_3 = 0$$
となる．この剛体が回転しない条件は，$M_1 + M_2 + M_3 = -10X + 15Y = 0$ であるから，二つの式を連立して解けば，$X = 30\,\text{N}$, $Y = 20\,\text{N}$ となる．

＊この問題のように，水平方向の力が作用していないときのつりあい条件式は，二つになる．

**解答 2** 上下方向の力のつりあいより，
$$X + Y - 50 = 0$$
となる．$\vec{F_1}$, $\vec{F_2}$, $\vec{F_3}$ による点 A まわりの力のモーメント $M_1$, $M_2$, $M_3$ はそれぞれ，
$$M_1 = 0, \quad M_2 = Y \times 25 = +25Y, \quad M_3 = -(50 \times 10) = -500$$
となる．この剛体が回転しない条件は，$M_1 + M_2 + M_3 = 25Y - 500 = 0$ であるから，二つの式を連立して解けば，$X = 30\,\text{N}$, $Y = 20\,\text{N}$ となる．

＊点 B まわりで力のモーメントを考えても同じ解が得られるので，各自解いてみること．

---

**確認問題 ● 3-05** 図に示す剛体が静止しているとき，$X$, $a$, $Y$, $b$ の値を求めよ．

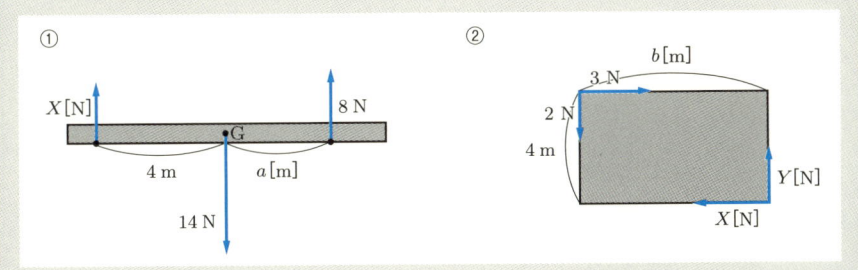

① ②

3-5 剛体が静止する条件

## 3-6 複合図形の重心

**複合図形の重心** 右のような二つの正方形の組み合わさった図形の重心位置を求めてみましょう．

3-1 で，重心軸（重心を通る軸）で物体を支えると回転させずに支えることができることを考えましたが，回転しないということは 3-5 の静止条件を利用できそうです．以下の説明では文字が多いですが，それほど難しくないのでじっくり読み進めてください．

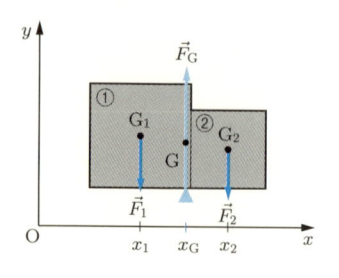

いま，正方形の厚さを $t$，密度を $\rho$ とすると，板①の質量は板の面積を $A_1$ として

質量 ＝ 密度 × 体積 ＝ $\rho t A_1$

となります．②の板も同様にして求めると，$\rho t A_2$ となります．

ところで，①，②の板はいずれも下方向に重力が作用しているので，2枚の板に作用する重力の大きさはそれぞれ，

$|\vec{F_1}| = \rho t A_1 g$

$|\vec{F_2}| = \rho t A_2 g$

となります．ここで，これら二つの力による原点 O まわりの力のモーメントを考えてみましょう．各板の重心の $x$ 座標を $x_1$，$x_2$ とすれば，いずれも右回りなので，

$M_1 = -\rho t A_1 g \cdot x_1$

$M_2 = -\rho t A_2 g \cdot x_2$

となります．

さて，この 2 枚の板を一点で支える方法を考えると，支える力 $\vec{F_G}$ は上向きで，その大きさは，

$|\vec{F_G}| = |\vec{F_1}| + |\vec{F_2}| = \rho t A_1 g + \rho t A_2 g$

となります．支点の $x$ 座標 $x_G$ を用いると，原点 O まわりの力のモーメント $M_G$ は，

$|M_G| = |\vec{F_G}| \times x_G = (\rho t A_1 g + \rho t A_2 g) \cdot x_G$

の大きさで，左回りに生じていることになります．

重心で支えたときには物体は回転しないことを思い出せば，$M_1 + M_2 + M_G$ は 0 になるはずですから，

$-\rho t A_1 g \cdot x_1 - \rho t A_2 g \cdot x_2 + (\rho t A_1 g + \rho t A_2 g) \cdot x_G = 0$

という式が成立します．これから $x_G$ を求めると，

$x_G = \dfrac{A_1 \cdot x_1 + A_2 \cdot x_2}{A_1 + A_2}$

が得られます．

次に，重心の $y$ 座標 $y_G$ については，右図のように最初の

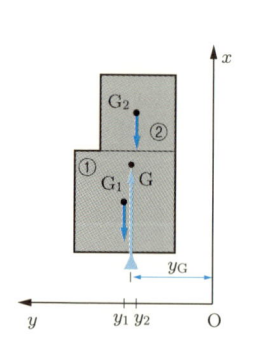

図形を立てて考えればよく，

$$y_G = \frac{A_1 \cdot y_1 + A_2 \cdot y_2}{A_1 + A_2}$$

が得られます．各自で導いてみましょう．

なお，ここではそれぞれの面積の重量から重心を算出したので $\rho t g$ が出てきましたが，最終的には約分できるので，この係数は消えることになります．慣れてきたら最初から省いてよいでしょう．

三つ以上の図形が組み合わさった場合でも，この方法を拡張して容易に重心位置を求めることができます（→**演習問題 3-12** 参照）．

---

**基本例題●3-6** 右図に示す，二つの正方形（ともに厚さ $t$，密度 $\rho$）の組み合わさった複合図形の重心位置を求めよ．

**解答** 上記解説と同じ記号を用いると，

$A_1 = 9\,\mathrm{m}^2$, $A_2 = 1\,\mathrm{m}^2$
$x_1 = 2.5\,\mathrm{m}$, $x_2 = 4.5\,\mathrm{m}$

原点まわりのそれぞれの力のモーメントは，

$M_1 = -9 \cdot \rho t g \times 2.5 = -22.5\,\rho t g$
$M_2 = -1 \cdot \rho t g \times 4.5 = -4.5\,\rho t g$
$M_G = 10 \cdot \rho t g \times x_G$

となり，$M_1 + M_2 + M_G = 0$ だから

$-22.5\,\rho t g - 4.5\,\rho t g + 10 x_G \cdot \rho t g = 0$

となる．これから，$x_G = 2.7\,\mathrm{m}$ となる．

$y_G$ についても同様に求めて，$y_G = 2.4\,\mathrm{m}$ であるから，重心位置は，$(2.7,\ 2.4)$ となる．

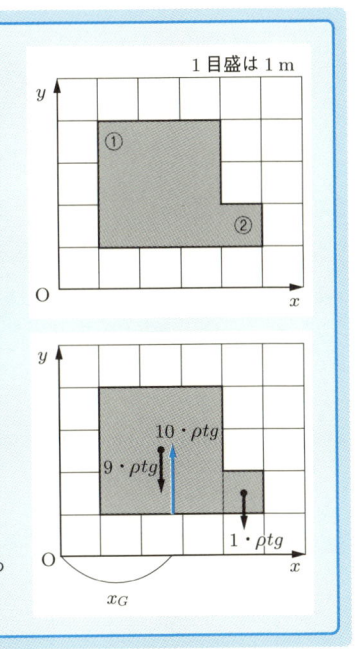

---

**確認問題●3-06** 右図に示す，二つの四角形（ともに厚さ $t$，密度 $\rho$）の組み合わさった複合図形の重心位置を求めよ．

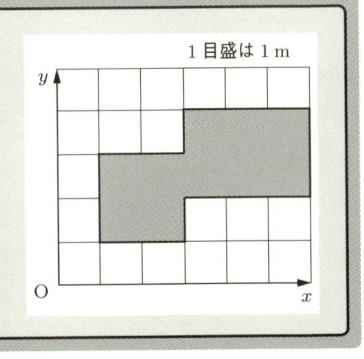

**3-6 複合図形の重心**

## 基本 A 問題

**3-07** 以下に示す図の点 A まわりの力 $\vec{P}$ のモーメントを考えるとき，腕の長さ $a$ として正しいのはどれか．記号で答えよ．1 目盛は 1 cm を表すとする．

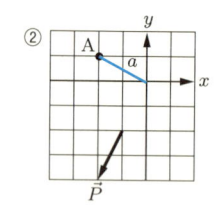

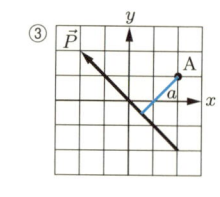

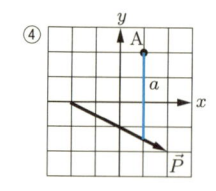

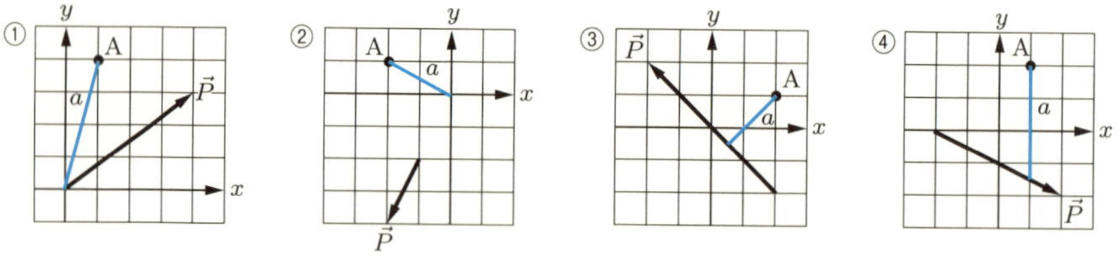

**3-08** 三角形の重心 G の位置を以下の問いに従ってコンパスと定規で作図せよ．
(1) 3 辺が AB = 4 cm，BC = 5 cm，CA = 6 cm の △ABC を描け．
(2) 辺 AC の垂直二等分線を引き，AC の中点 E を示せ．
(3) 辺 AB の垂直二等分線を引き，AB の中点 F を示せ．
(4) 直線 BE，CF を引き，交点 G を示せ．

**3-09** 以下の図において，力 $\vec{F}$ による点 A まわりの力のモーメントを求めよ．図の 1 目盛は 1 m を表しているものとする．

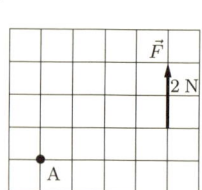

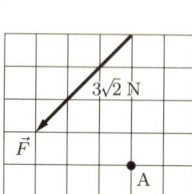

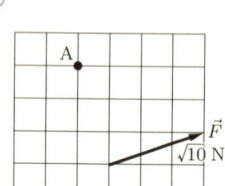

**3-10** 図に示す剛体が静止しているとき，$a$, $b$, $X$, $Y$ の値を求めよ．G は重心を表す．

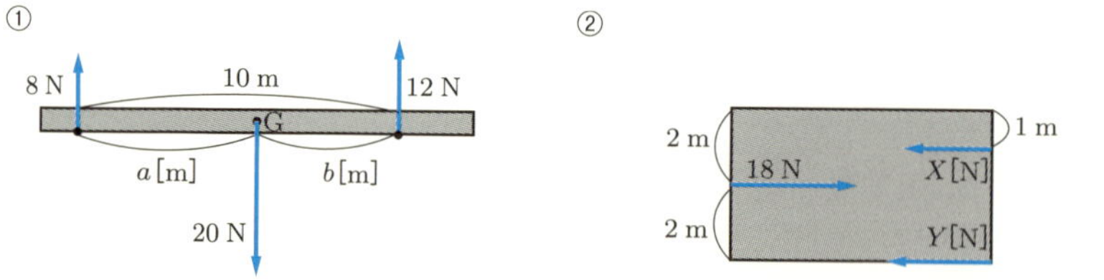

**3-11** 以下の図形は，すべて厚さと密度が均一である．このときそれぞれの重心の座標を小数第 2 位まで求めよ．1 目盛は 1 m である．

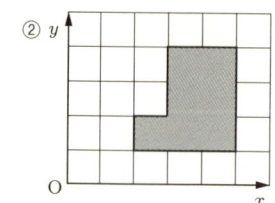

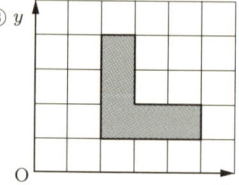

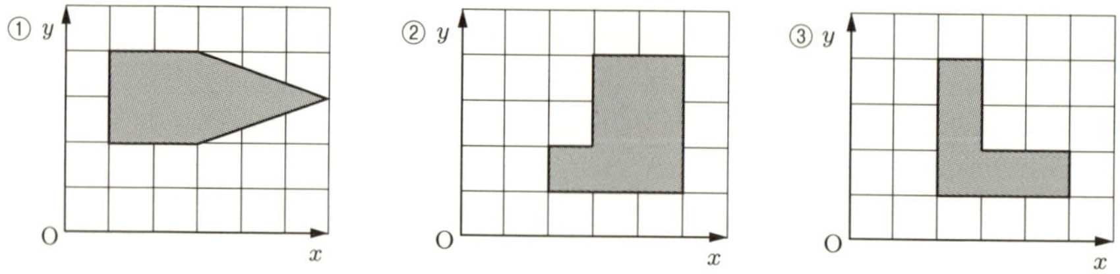

## 実力 B 問題

**3-12** 三つ以上の図形の組み合わさった複合図形の重心($x_G$, $y_G$)は，以下の式で求めることができる．

$$x_G = \frac{(各図形の面積 \times 各図形の重心の x 座標)の和}{図形全体の面積}$$

$$y_G = \frac{(各図形の面積 \times 各図形の重心の y 座標)の和}{図形全体の面積}$$

この式を用いて，右のA，B，Cの組み合わさった複合図形の重心座標を小数第2位まで求めよ．図の1目盛は1 cmを表すものとする．

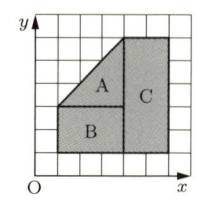

**3-13** 棒の両端に糸を介して二つのバケツAとBを吊るした．バケツAの中に密度 $2.0\,\text{g/cm}^3$ の液体を $V_A\,[\text{cm}^3]$，バケツBの中に密度 $1.5\,\text{g/cm}^3$ の液体を $V_B\,[\text{cm}^3]$ 入れて図の位置で支えたら，静止したという．棒，糸，バケツの質量が無視できるとき，$V_B$ は $V_A$ の何倍か．

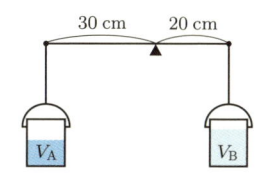

**3-14** 密度 $2.0\,\text{g/cm}^3$ の物質Aと密度 $5.0\,\text{g/cm}^3$ の物質Bを用いて，厚さが均一である右図のような板を作った．このとき，この物体の重心の座標を小数第2位まで求めよ．1目盛は1 cmであるとする．

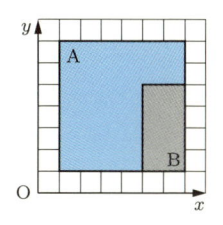

## 応用 C 問題

**3-15** 右のような形状の台形を吊るしたところ，底辺が水平になった．$a$ はいくつか．台形の厚さおよび密度は均一であるとする．

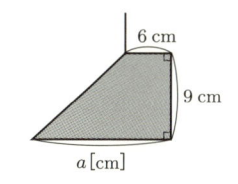

**3-16** 厚さが10 cmで，寸法が右図のような等脚台形の頂点Aを水平な机の上に置き，頂点Cから右方向に力を加えて支えたら，辺ABが机と垂直になった．この物体の密度が $4\,\text{g/cm}^3$ であるとき，頂点Cに加えた力は何[N]か．小数第2位まで求めよ．

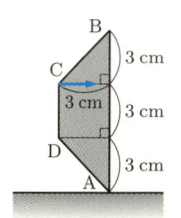

**ヒント ▶ 3-09** 回転方向と符号の対応に注意．　**▶ 3-11** 重心位置は図形の内部とは限らない．三角形の重心位置は，数学の知識③(p.29)を参照．　**▶ 3-14** **3-6** の本文を参照．　**▶ 3-15** 糸の左右にある直角三角形と長方形に分けて考える．　**▶ 3-16** 点Aまわりで考えると，三つの図形の重力および点Cの力による四つの力のモーメントの和が0になっている．

# 第4章 弾性力

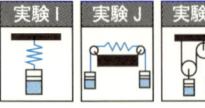

この章では，物体（主にばね）に作用する力とその変形について考えます．接触する物体間に作用する力を考える場合の注意点についても，理解しましょう．

## 4-1 弾性と塑性

消しゴムを指でつまんで両側から押すと，指ではさむ力によって形が少し変化します．そのとき消しゴムがもとの形に戻ろうとする力によって，指は押し戻されるような感じを受けるでしょう．

この**変形をもとに戻そうとする力**のことを**弾性力**といいます．弾性力は物体がもとに戻ろうとする力なので，消しゴムを引っ張った場合に戻ろうとする力も弾性力になります．

(a) 弾性：力を取り除くと元に戻る性質

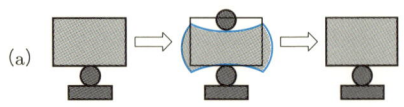

ところで，物体に力を加え過ぎると，力を抜いてももとの形に戻らない場合があります．輪ゴムを切って長さを測っておき，それを伸ばして，切れるぎりぎりまで両端から引っ張り，再び長さを測ると，もとの長さよりも長くなります．このような，力を除いてももとに戻らない性質を**塑性**といいます．ほとんどの物体は，作用する力が小さい間は弾性を示しますが，ある限度を超えると塑性挙動を示すようになります．

(b) 塑性：力を取り除いても元に戻らない性質

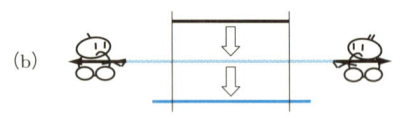

▶弾性：物体に力を加えたときの変形が，力を取り去るともとに戻る性質．
▶塑性：物体に力を加えたときの変形が，力を取り去ってももとに戻らない性質．
▶弾性力：変形した物体が，変形をもとに戻そうとする力．

本書では，上記のうち，弾性の挙動を示すものについてのみ扱うことにします．

---

**確認問題●4-01** 次の変形は弾性挙動・塑性挙動のどちらであるか．
(1) ガードレールに大きな岩がぶつかった結果，ガードレールが曲がってしまったときのガードレールの変形．
(2) 本棚にたくさん本を置いたら，棚板が曲がってしまったが，本を取り除いたらもとに戻ったときの棚板の変形．
(3) 粘土を上から指で押したら粘土がへこみ，指を離してもへこんだままだったときの粘土の変形．

## 4-2 作用・反作用の法則

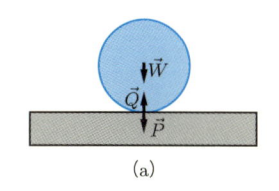

　床に置いたボールを考えてみると，ボールには重力がはたらきます．このとき，ボールと床は接触しているので，ボールは床を押すことになります（図の$\vec{P}$）．ところで，ボールだけをみると，重力だけが作用しているわけではなく，床がボールを押し返そうとする力（$\vec{Q}$）によって静止状態を保っています．

　このとき，力$\vec{P}$と力$\vec{Q}$は**作用・反作用の関係**にあるといいます．ここで注意したいのは，作用・反作用の関係にある二つの力は，必ず別々の物体に作用しているということです．図(a)は図(b)のように描くこともできます．

　ただし，(b)のように描いた場合，ボールの力は確かにつりあっていますが，床は力のつりあい条件を満足していないようにみえます．しかし，床の下には動かない地球があるので，力が作用しても動かないとみればよいでしょう．つまり，地球上の複数の物体の力について作用・反作用の法則を突き詰めていくと必ず地球にぶつかりますから，不動となるところ（ここでは床）については力を受けても動かないと考えて差し支えありません（以下，このような面や点を，本書では不動面ないし不動点とよぶことにします）．

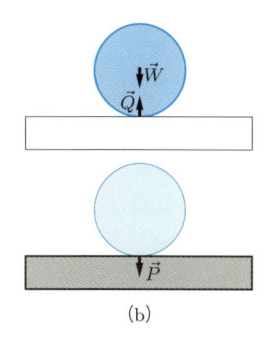

　作用・反作用の関係にある2力は，次の3条件を満たします（**作用・反作用の法則**）．

▶同一作用線上にある．

▶大きさが等しい．

▶互いに逆向きである．

---

**確認問題●4-02**　右図において，以下の問いに答えよ．
(1) 重力を表す力はどれか．
(2) 物体A，Bについて，つりあい状態にある力の組をすべて答えよ（不動面を除く）．
(3) 作用・反作用の関係にある力の組をすべて答えよ．

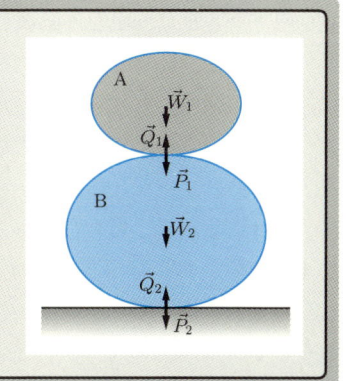

## 4-3 フックの法則

**弾性力の表示**　弾性力を力の矢印で表す方法を考えてみましょう．

　右図のように，ばねの両端 A, B を両側から 5 N で引っ張ると，両端は A′, B′ に移動します．このときに生じる弾性力は，この A′ と B′ 間の長さ $\overline{\text{A}'\text{B}'}$ が，もとの長さ $\overline{\text{AB}}$ に戻ろうとする力のことです．このとき A′ は A に，B′ は B に戻ろうとします．

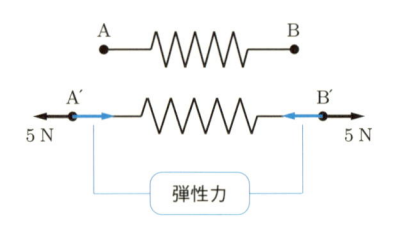

　したがって，弾性力のイメージは，ばねの両端にペアになって出てくる**一組の力**と理解しておくと考えやすいでしょう．この点は本節でさらに後述します．

**フックの法則**　図のように上が固定されたばねに，同じ質量のおもりを一つずつ増やしながら吊るしていくことを考えてみます．このとき，おもりの質量が 2 倍，3 倍，…となると，おもりがばねを引く力の大きさも 2 倍，3 倍，…となり，ばねの伸びも 2 倍，3 倍，…となることが観察されます．

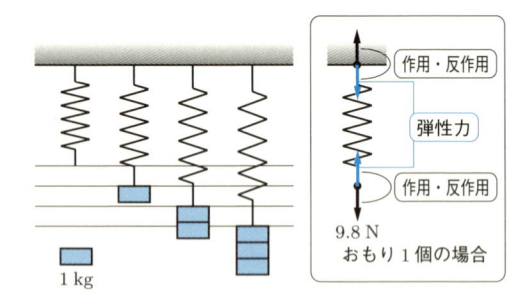

　このように，ばねに作用する力の大きさとばねの伸びが正比例の関係になりますから，ばねに大きさ $F$ の力を加えたとき，$x$ 伸びた（または縮んだ）とすると，

▶ $F = k \cdot x$

が成り立ちます．この関係を**フックの法則**といいます．ここで，比例定数 $k$ を**ばね定数**といいます（注：弾性力を考える場合，伸び縮みによって力の向きが入れ替わることや一組の力としてとらえることが多いので，ふつう文字の上に矢印記号はつけません）．

　さて，上のおもりを吊るす例で，ばねの弾性力を考えてみます．おもりとばねの連結位置，ならびに，上の不動面とばねの接触位置に作用・反作用の法則を適用すると，図の右側のようになります．するとこの場合，9.8 N の大きさの重力が作用したときには，ばねの弾性力も 9.8 N となります．フックの法則では，ばねに加えた力の大きさを $F$ としていますが，これは弾性力の大きさでもあります（ただし，力の向きに注意しましょう．伸びているときに縮もうとする力が弾性力です）．

　フックの法則は，ばねに限らず弾性範囲内で挙動する物体について，広く適用できます．なお，$F = k \cdot x$ を変形すると $k = F/x$ となるので，$k$ の単位は力の単位を伸び（縮み）量の単位で割った単位となります．すなわち，[N/m], [N/cm], [kN/m] などとなります．

**ばねに作用する力と弾性力の関係**　ばねを扱った問題において頻繁にみられる混乱の一つに，下図(a),(b)のような現象があります．このとき，(a)も(b)もばねの伸びは，
$$F = k \cdot x に F = 50, \quad k = 10 を代入して，\quad x = 5\,\text{cm}$$
と得られます．ここでいう混乱とは，(a)は50 Nで引っ張られるが，(b)は100 Nで引っ張られるのではないか，というものです．しかし，これは次のように説明できます．

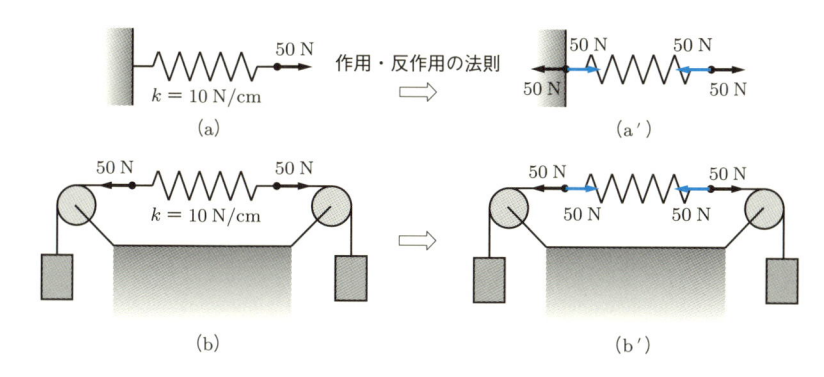

図(a)において，作用反作用の法則を適用して力をすべて描いてみると，(a′)のようになります．また，図(b)については(b′)のようになります．すると，(a′)も(b′)も，ばねには同じ弾性力が発生しています．すなわち，フックの法則 $F = k \cdot x$ の式において $F$ を**ばねを引っ張る力の大きさ**と考える方法だけしか知らないと，このような現象がわからなくなるわけです．**弾性力はばねの両端がもとに戻ろうとする「一組の力」**であることを理解していれば，このような混乱を避けることができます．

この(a)と(b)の違いは，(a)では左端が固定されて動かないので伸びの5 cmがすべて右端に生じるのに対し，(b)では左右端とも動くことができるので，両側に2.5 cmずつ伸びるということです．しかし，ばね全体の伸びとしては，(a)も(b)も5 cmになります．したがって，フックの法則を適用するときには(c)のように考える方法もあります．考える際の参考として覚えておけばよいでしょう．

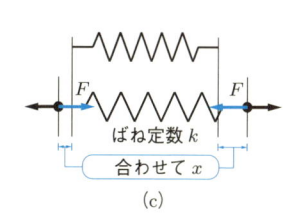

---

**確認問題 ● 4-03**　ばね定数 $k = 8\,\text{N/cm}$，長さ15 cmのばねについて，以下の問いに答えよ．

(1) このばねを両側から引っ張ったところ，18 cmになった．引っ張った力を求めよ．

(2) このばねを両側から4 Nで押したとき，ばねの長さは何 [cm] になるか．

(3) 左端が左に1 cm，右端が右に1 cm 移動したとき，ばねの弾性力は何 [N] か．

## 4-4 接触する物体間に作用する力の見方

**物体に作用する力**　弾性力と作用・反作用の扱いについて，もう少し深く掘り下げて考えてみましょう．ほかの教科書類ではこのあたりを述べていないので，くどいように思えるかもしれませんが，この部分を理解しているかどうかで静力学の理解に雲泥の差が出てきます．

前節で，弾性力はばねの両端がもとの位置に戻ろうとする**一組の力**だと述べました．しかし，弾性力そのものは，ばねの伸び縮みによってばねの内部に発生する力であって，外部からばねに作用する力ではありません．つまり，弾性力は，伸びているばねにつながっている物体にはたらくのであって，ばね自身にはたらくわけではないということです．

これは少しわかりにくいと思いますので，4-3 の例で検討してみます．上から吊るしたばねにおもりをぶら下げた状態について，前節の方法ですべての力を描くと右図のようになります．これを，天井(不動面)，ばね，おもりに分けて，それぞれに**外部から**どのような力が作用しているのかを考えると，次のようにまとめることができます．

・天井
　ばねの弾性力が(天井を)引く力

・ばね
　①天井が(ばねを)引く力
　②おもりが(ばねを)引く力

・おもり
　①ばねの弾性力が(おもりを)引く力
　②重力：地球が(おもりを)引く力

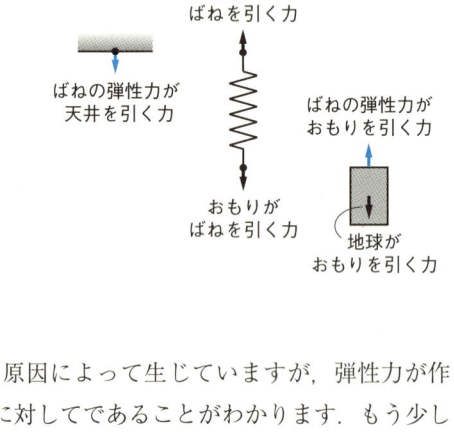

つまり，弾性力は，ばねが伸びるという原因によって生じていますが，弾性力が作用するのはばねの両端に接触している物体に対してであることがわかります．もう少し具体的な例で述べると，**ばねを指でつまんで両側から引っ張る→ばねが伸びることで(ばねの内部に)一組の弾性力が生じる→その弾性力が，ばねの両端でつまんでいる指に作用して，指を引っ張る**，ということになります．

こういった場合の考え方のコツは，**接触している複数の物体を分解したときに，それぞれの物体の外部からの作用だけを選びとる**，ということでしょう．この点について，次の例題でみてみることにしましょう．

**基本例題●4-4** 床(不動面)の上に設置したばねの上におもりを載せたところ，ばねが縮んだ．このときのおもり，ばね，床に作用している力を図示し，それぞれがどのような力であるかを述べよ．

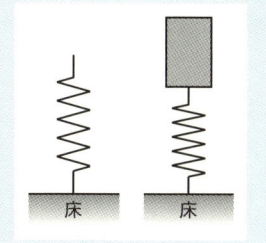

**解答** この問題で注意したいのは，ばねは押されるわけだから，ばねの弾性力(ばねがもとに戻ろうとする力)は，おもりおよび床を押し戻そうとする方向に生じる点である．したがって，弾性力の向きは，前頁の解説の例とは逆になる．

- おもり　①重力：地球が(おもりを)引く力
　　　　　②ばねの弾性力が(おもりを)押す力
- ば　ね　①おもりが(ばねを)押す力
　　　　　②床が(ばねを)押す力
- 床　　　ばねの弾性力が(床を)押す力

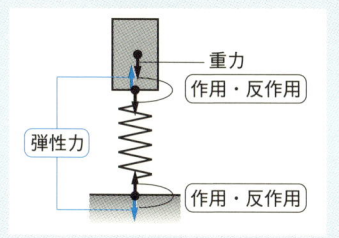

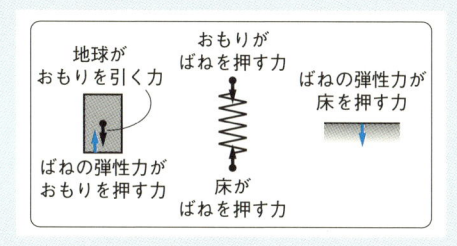

**確認問題●4-04** 右図のようにばねとおもりを設置したときの力の状態について考える．上の例題にならって，おもりa，b，ばねA，B，天井または床(不動面)に作用している力を図示し，それぞれがどのような力であるか述べよ．

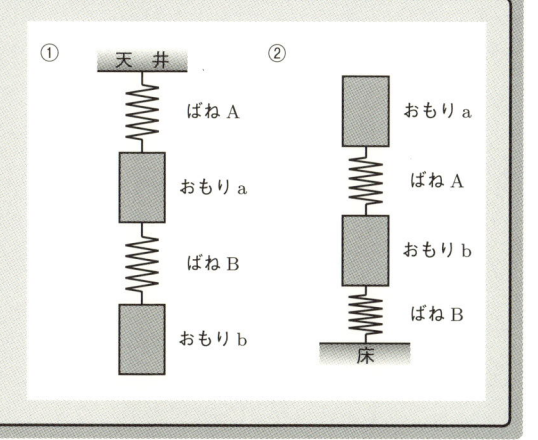

4-4　接触する物体間に作用する力の見方

## 4-5 ばねの組合せ

**ばねの直列つなぎ**　複数のばねを1本の直線上に並べてつなげることを，ばねを**直列**につなぐといいます．いま，2本のばねを直列につないだものに，大きさ $F$ の重力が作用した状態を考えてみましょう．

作用・反作用の法則および弾性力をすべて描き込むと，図のようになります．このとき，$k_1$ のばねには弾性力 $F$ が発生していますから，その伸び $x_1$ は，

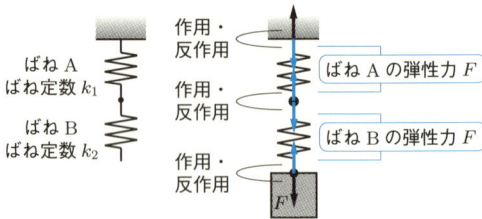

$$x_1 = \frac{F}{k_1}$$

となります．同様に $k_2$ のばねの伸び $x_2$ は，$x_2 = \dfrac{F}{k_2}$ となります．

いま，これら2本のばねと同じ効果をもつ1本のばね(**合成ばね定数** $K_s$)を考えると，力 $F$ を加えたときに

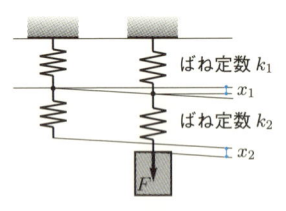

$$X_s = x_1 + x_2$$
$$= \frac{F}{k_1} + \frac{F}{k_2}$$

だけ伸びるので，

$$X_s = \frac{F}{K_s} = \frac{F}{k_1} + \frac{F}{k_2}$$

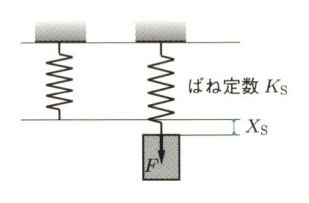

となります．したがって，次の関係式が得られます．

▶ $k_1$，$k_2$ を直列つなぎにしたときの合成ばね定数 $K_s$
$$\frac{1}{K_s} = \frac{1}{k_1} + \frac{1}{k_2}$$

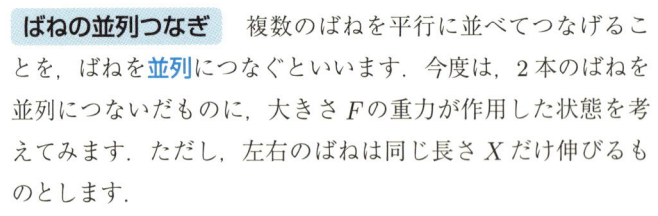

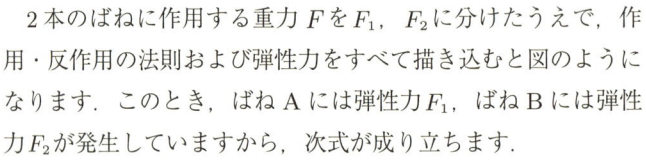

**ばねの並列つなぎ**　複数のばねを平行に並べてつなげることを，ばねを**並列**につなぐといいます．今度は，2本のばねを並列につないだものに，大きさ $F$ の重力が作用した状態を考えてみます．ただし，左右のばねは同じ長さ $X$ だけ伸びるものとします．

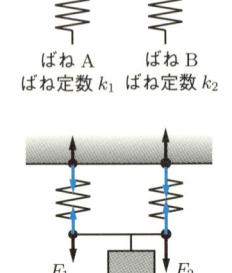

2本のばねに作用する重力 $F$ を $F_1$，$F_2$ に分けたうえで，作用・反作用の法則および弾性力をすべて描き込むと図のようになります．このとき，ばねAには弾性力 $F_1$，ばねBには弾性力 $F_2$ が発生していますから，次式が成り立ちます．

$$F_1 = k_1 \cdot X, \quad F_2 = k_2 \cdot X$$
$$\rightarrow \quad F = F_1 + F_2 = (k_1 + k_2) X$$

いま，これら2本のばねと同じ効果をもつ1本のばね(合成ばね定数 $K_p$)を考えると，力 $F$ を加えたときに $X$ だけ伸びるので，

$$F = K_\mathrm{p} \cdot X$$

となります．これらを比較すると，次式が得られます．

▶ $k_1$，$k_2$ を並列つなぎにしたときの合成ばね定数　$K_\mathrm{p} = k_1 + k_2$

ところで，ばねを並列につなぐと，2本のばねの伸びが同じになるとは限りません．伸びをそろえるためには，力の作用する位置と2本のばねの配置を適切に決定する必要があります．この実例を次の例題でみてみましょう．

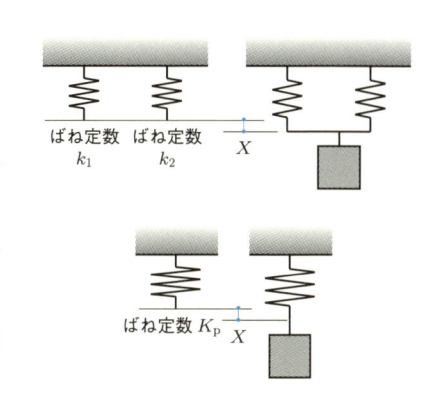

---

**基本例題 ● 4-5**　ばね定数 $k_1 = 10\,\mathrm{N/cm}$ のばね A と，ばね定数 $k_2 = 30\,\mathrm{N/cm}$ のばね B を，右図のように並列につないだ．いま，棒（全長 20 cm）の1点に 200 N の重力が作用したとき，2本のばねはともに $X$ [cm] だけ伸びたという．棒の質量を無視するとき，$X$ の値と $a$，$b$ の長さをそれぞれ求めよ．

**解答**　棒がばね A，B を引く力を $F_\mathrm{A}$，$F_\mathrm{B}$ とすると，力のつりあいは右図のようになる．また，ばねと棒にはたらく力は次式のようになる．

ばね A の弾性力　$F_\mathrm{A} = k_1 \cdot X = 10X$
ばね B の弾性力　$F_\mathrm{B} = k_2 \cdot X = 30X$
棒の鉛直方向のつりあい
$$F_\mathrm{A} + F_\mathrm{B} - 200 = 0$$
棒の左端まわりの力のモーメントのつりあい
$$-200\,a + 20\,F_\mathrm{B} = 0$$

最初の3式より，$X = 5\,\mathrm{cm}$，$F_\mathrm{A} = 50\,\mathrm{N}$，$F_\mathrm{B} = 150\,\mathrm{N}$ が得られる．これを第4式に代入して，$a = 15\,\mathrm{cm}$ となる．よって，$b = 5\,\mathrm{cm}$ となる．

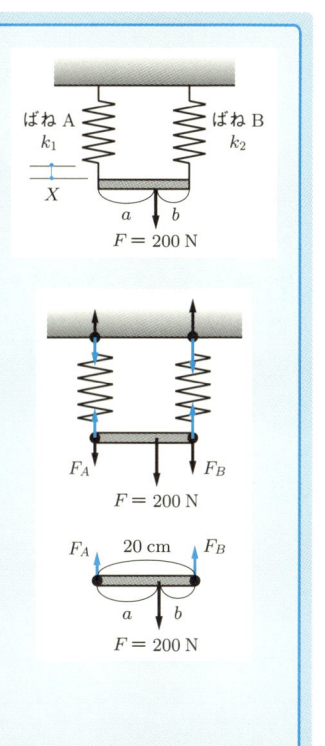

---

**確認問題 ● 4-05**　ばね定数が $k_1 = 20\,\mathrm{N/cm}$，$k_2 = 30\,\mathrm{N/cm}$ の2本のばねを直列につないで両端から 120 N の力で引っ張った．ばね全体で何 [cm] 伸びるか．

4-5　ばねの組合せ

## 4-6 張力と滑車

**張 力** 糸は押されると曲がってしまって力に抵抗できませんが，引っ張るとわずかに伸びます．この現象は，ばねと同じなので弾性力ということになりますが，糸や針金に生じる弾性力のことを張力といいます．ただし，張力を扱うときは，糸の伸びが無視できるほど小さいと考えます．つまり，張力では，弾性力のときの一組の力という考え方だけを用います．

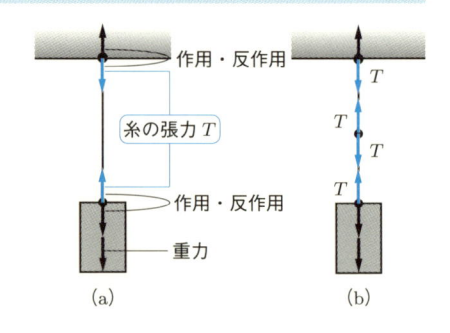

いま，ばねで考えたときと同じようにおもりを吊るしてみると，図(a)のようになります．ここでもし，この1本の糸を，2本の糸を直列につないだものとみると，図(b)のような力のつりあいになっているはずです．これは糸をどのように分割しても同じですから，1本の糸の張力はどの位置においても同じということになります．

▶糸を両端から引っ張るときに生じる一組の力を張力という．

▶張力を考える糸では，糸の伸びを考えない．

**滑 車** 糸や針金の場合，ばねと異なり滑車を使って力の向きを変えることができます．いま，図のように滑車を天井(不動面)に設置しておもりを吊り上げることを考えると，図において$T_1 = T_2 = T_3 = T_4$となります．これは糸が一本でつながっていることと，上の張力はどこでも等しいという理由からです．

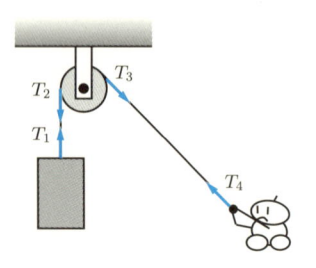

なお，滑車は，その中心位置において自由に回転できる剛体であると考えます．すなわち滑車の円形は変形しないものとして扱います．

▶糸や針金の質量や，接触する滑車との摩擦が小さく無視できるとき，1本の糸や針金の張力はどこでも同じである．

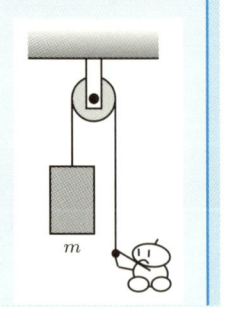

---

**基本例題●4-6** [1]右図のように天井に固定された滑車(定滑車という)を使って質量$m$の物体を上方向に吊り上げて静止させた．このとき，滑車の中心にはどれだけの力が作用するか．なお，重力加速度は$g$とせよ．

**解答** 各点に作用する力をすべて記入すると，1本のロープではどこでも張力が同じなので，右図のようになる．
おもりの力のつりあいから，
$$T - mg = 0$$
となり，また，滑車の力のつりあいから，
$$F - 2T = 0$$
となる．したがって，滑車の中心に作用する力は，上向きに $F = 2mg$ となる．

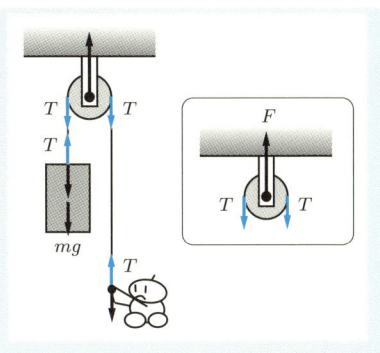

[2] 右図のような二つの滑車がある．滑車 A は定滑車であり，B は上下に自由に移動できる滑車(**動滑車**という)である．いま，図の位置に二つのおもり C と D を設置したところ静止した．C の質量が 8 kg であるとき，D の質量は何 [kg] か．

**解答** 重力加速度を $g$ とすると，C に作用する重力は $8g$ [N] になる．おもり C の力のつりあいを考えると，張力 $T$ は $T = 8g$ [N] となる．このとき，力は右下図のようになっているから，おもり D の質量を $m$ [kg] とすれば，
$$2T - mg = 0$$
となる．ここで，$T = 8g$ を代入すると $m = 16$ となる．
よって，16 kg．

＊右図の黒矢印の $2T$ は糸を引く力なので，おもりに着目するときは無視する．

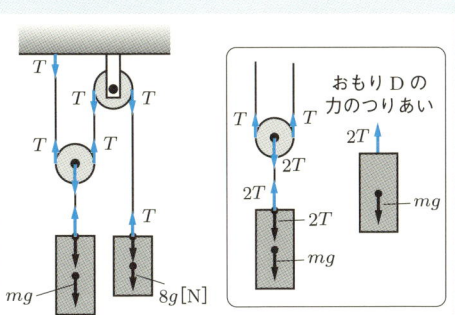

おもり D の力のつりあい

**確認問題●4-06** 以下の図において物体がそれぞれ静止しているとき，糸の張力 [N] を求めよ．ただし，重力加速度を $g$ [m/s$^2$] とする．

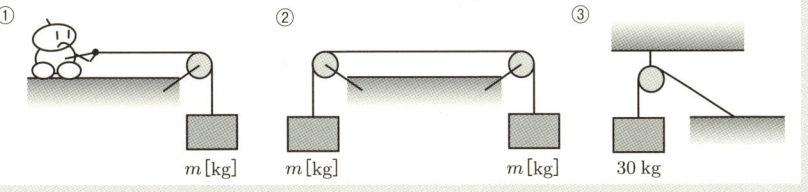

① $m$ [kg]　② $m$ [kg]　$m$ [kg]　③ 30 kg

4-6 張力と滑車

## 基本 A 問題

**4-07** 右図のように三つの物体 A, B, C を不動面上に積み上げた．このとき，以下の問いに答えよ．
(1) 重力を表す力をすべて挙げよ．
(2) 物体 B について，つりあい状態にある力の組を答えよ．
(3) 作用・反作用の関係にある力の組をすべて挙げよ．

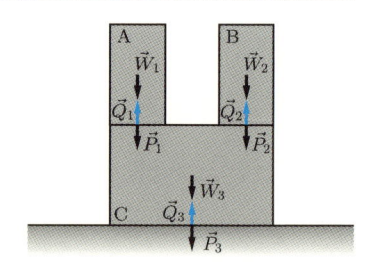

**4-08** 自然長（力を加えない状態での長さ）が 10 cm であるばねがある．このとき，
(1) 一端を壁に固定し，他端を 3 N の力で引っ張ったら 1.5 cm 伸びた．ばね定数を求めよ．
(2) 一端を壁に固定したまま他端を 2 N の力で押す．全長は何 [cm] になるか．
(3) ばねを取り外し，両端から 2 N の力で引っ張る．全長は何 [cm] になるか．

**4-09** 二つの立方体（一辺 5 cm）形状の剛体と，自然長 15 cm のばね（ばね定数 5 N/cm）2 本を，机の上で図のようにつなげる．点 A を 10 N の力で押すとき，AB 間は何 [cm] になるか．剛体と机との間には摩擦ははたらかないものとする．

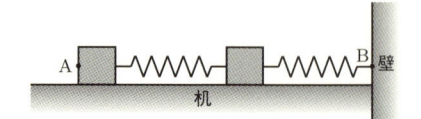

**4-10** ばね定数 $k = 4$ N/cm のばねがある．これを 3 本直列につないだものにおもりを吊るしたときの全体の伸び $x_3$ は，同じおもりを 1 本のばねに吊るしたときの伸び $x_1$ の何倍になるか．

**4-11** ばね定数 $k = 4$ N/cm のばねがある．これを 3 本並列につないだものにおもりを吊るしたときの全体の伸び $x_3$ は，同じおもりを 1 本のばねに吊るしたときの伸び $x_1$ の何倍になるか．ただし，ばねは 3 本とも同じ長さだけ伸びるものとする．

**4-12** ばね定数 10 N/cm のばね A とばね定数 50 N/cm のばね B を並列につなぐ．図のように質量 $m$ [kg] の物体を吊るしたとき，A と B のばねの伸びが等しくなるようにするには，$a$ と $b$ の比をどのようにすればよいか．棒と糸の重さは無視できるものとする．

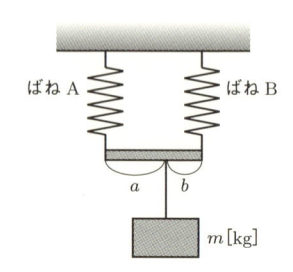

第 4 章　弾性力

**4-13** 定滑車二つの間に動滑車のある図のような装置を考える。動滑車に質量 20 kg の物体を吊るし，さらに左右のロープの先端に質量 $m$ [kg] の物体を吊るしたところ，静止したという。このとき $m$ の値を求めよ。ただし，滑車とロープの摩擦および質量は無視する。

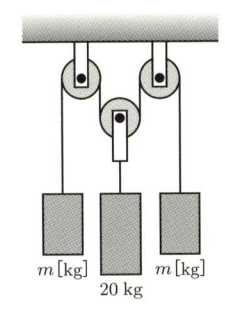

---

### 実力 |B| 問題

**4-14** 40 cm 離れた二つの不動面の間に，自然長 17 cm，ばね定数 5 N/cm のばね 3 本を図のように設置したところ，左の 2 本のばねは同じ長さになった。このとき，右側のばねの全長は何 [cm] であるか。

**4-15** 図のような密度が均一で奥行きが一定である立体を，ばね定数の異なるばね A，B（ばね定数 $k_1$ [N/cm]，$k_2$ [N/cm]）によって支える。このとき，底面を水平にするには，$k_1$ と $k_2$ の比をどのようにしたらよいか。

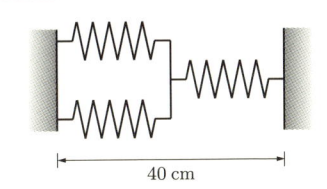

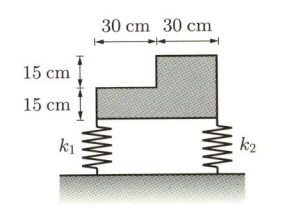

---

### 応用 |C| 問題

**4-16** 机の上で，自然長 $a$ [cm] のばね 3 本（ばね定数 $k$ [N/cm]）と一辺 $a$ [cm] の立方体（質量 $m$ [kg]）を図のように組み立てる。これを立てて，上下の間隔が $3a$ [cm] である二つの不動面に接続するとき，(a)のようにしたときと(b)のようにしたときの立方体の底面の高さ $h_A$，$h_B$ は等しくなることを示せ。

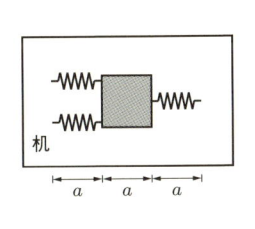

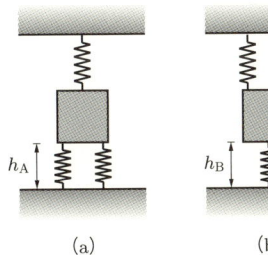

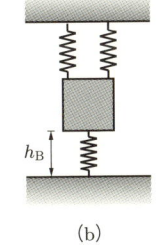

(a)　　(b)

---

**ヒント▶ 4-08** (3) **4-3** 参照． ▶**4-12** ばねの伸びを $X$ などとおいて式を立てる．$a/b$ の値を求めればよい． ▶**4-15** 複合図形の重心を考えるか，あるいは，二つの長方形に二つの重力が作用していると考えればよい．

# 第5章 摩擦

この章では，二つの物体が接触することで生じる摩擦力について学習します．摩擦を考える際に必要となる視点を身につけ，力学現象の理解を深めてください．

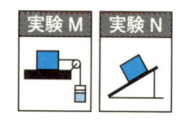

実験M　実験N

## 5-1 抗力

**抗力**　ある物体が，硬い床に置かれている状態を考えます．物体の各点には重力が作用していますが，その各点の重力によって物体は接触面全体にわたって床を押すことになります．

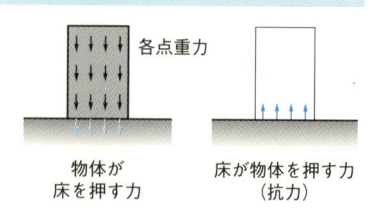

物体が床を押すということは，作用・反作用の法則によって床が物体を押す力も接触面全体にわたって生じていることになります．この床面から物体にはたらく力を**抗力**といいます．

**抗力の表し方**　重心を考えたとき（→ **3-1**），矢印をたくさん描く代わりに1本の矢印で重力の作用を表したように，抗力 $N$ も1本の矢印で表すことが一般的です．このような方法で表すと，水平な床に生じる抗力は右図のようになります．

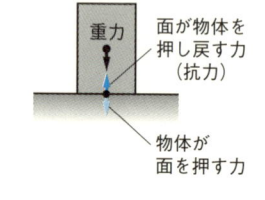

**垂直抗力**　水平から角 $\theta$ 傾いた斜面に物体が載っているときも，物体と斜面の接触面には抗力が生じます．このときの抗力の斜面に垂直な成分 $N'$ のことを**垂直抗力**といいます．垂直抗力は，摩擦を考えるうえで必要になります．

斜面が水平から角 $\theta$ 傾いているとき，垂直抗力は図を参照して，

$$N' = N \cdot \cos\theta = mg \cdot \cos\theta$$

となります．弾性力のときもそうでしたが，抗力を考える場合も力の大きさのみを考えるほうが都合がよいので，$N$ や $N'$ に矢印記号はつけません．

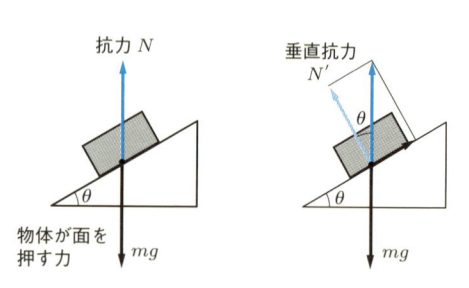

▶力が斜面にはたらくとき，抗力 $N$ の斜面に垂直な成分 $N'$ を垂直抗力という．

---

**確認問題 ● 5-01**　右の図において，物体の質量は 5 kg である．このとき，斜面の角度 $\theta$ が次の値であるときの垂直抗力を小数第1位まで求めよ．重力加速度 $g = 9.8 \, \text{m/s}^2$ とする．
(1) $15°$　　(2) $30°$　　(3) $45°$

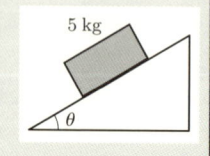

## 5-2 静止摩擦力

**摩擦力**　二つの面が接触すると，その面にある凹凸がぶつかって物体の運動をさまたげます．このように，接触面に生じて物体の運動を妨げる力を**摩擦力**といいます．

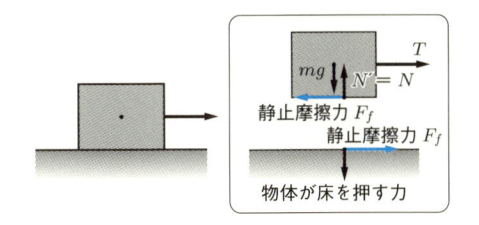

いま，ひものついた物体(携帯電話など)を机の上において横からひもを引っ張ってみましょう．すると，ある程度力を加えるまでは動かないことがわかると思います．このときの力を描いてみると，図のようになります．

ここで，物体の水平方向について力のつりあいを考えると，右向きを正として

$$T - F_f = 0$$

となります．このとき物体が右方向に動こうとするはたらきに抵抗する力 $F_f$ を**静止摩擦力**といいます．

**最大静止摩擦力**　ところで，糸を引く力 $T$ を大きくすると，それにつれて摩擦力 $F_f$ も大きくなります．$F_f$ がある値に達すると $F_f$ は最大値となり，それ以上の増加は見込めなくなって物体は動き出してしまいます．このときの摩擦力を**最大静止摩擦力** $F_0$ といい，垂直抗力 $N'$ に比例することが実験によって確かめられています．

▶**最大静止摩擦力**　$F_0 = \mu \cdot N'$

ここで，$\mu$ は接触する2面の性質で決まる比例定数で，**静止摩擦係数**といいます．

ところで，上の図において $T$ と $F_f$ は向きが反対で大きさが等しいですが，力の作用線が平行にずれているので，物体には偶力による回転運動が生じそうです．しかし，このような場合，垂直抗力 $N'$ と重力 $mg$ は同一作用線上にはありません．上の図では，$T$，$F_f$，$mg$，および $N'$ による力のモーメントがつりあって静止することになります (→ **5-3**).

---

**確認問題●5-02**　以下の図において，物体は静止している．物体の質量が $3\,\text{kg}$ で静止摩擦係数 $\mu$ が $\mu = 0.3$ であるとき，物体と床の間に生じている静止摩擦力 $F_f$ を求めよ．また，それぞれについて最大静止摩擦力 $F_0$ は何 [N] であるか．重力加速度 $g = 9.8\,\text{m/s}^2$ とする．

① $T = 2\,\text{N}$　② $T = 3\,\text{N}$　③ $T = 4\,\text{N}$

## 5-3 最大静止摩擦力の性質

**垂直抗力の作用位置** 5-2 で考えたような，摩擦力を受けて静止している物体を考えてみましょう．このとき，物体には図のような力が作用します．すると抗力の作用点 C まわりの力のモーメントのつりあいから，

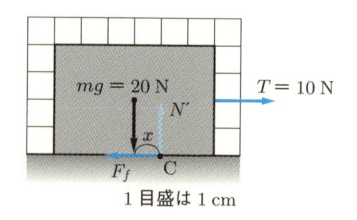

$$20x - 10 \times 2 = 0$$

となります．したがって，$x = 1$ cm となります．すなわち，垂直抗力は重心の真下には来ていないことがわかります．

この現象は一見おかしくみえますが，垂直抗力の本来の姿を考えると正しいことがわかります．5-1 で抗力を矢印で表したときに，抗力の矢印はたくさんありました．すなわち，静止摩擦力の発生していない状態でも，抗力というのは設置面積全体にわたって分布しているわけです（図(a)）．ところで，図(b)のように張力を受けて摩擦力が生じると，前節で考えたように張力と摩擦力とで偶力のモーメントが生じます．すると，垂直抗力の分布が一定でなくなることで，物体を回転させようとするモーメントに抵抗しようとします（図(b)）．この場合，たくさんの矢印を1本の矢印で表そうとすると，その位置は中央にならず，糸の側に寄ることになります．つまり，右に行くにつれ大きくなるたくさんの矢印を，等価な1本の矢印で表したとき，それが中央より1cm右にずれる位置ということです．なお，この矢印の合計と物体の重力が上下方向につりあっているわけですから，垂直抗力の大きさは重力と同じになります．

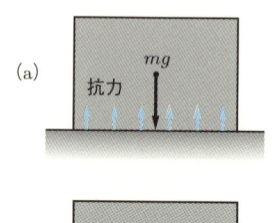

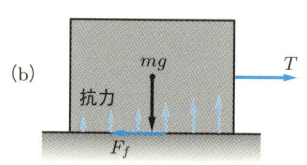

**最大静止摩擦力の性質** いま，糸のついた物体を机の上に置いて引っ張ると，ある力で動き出します．5-2 で摩擦を受ける物体を徐々に引っ張ると，最大静止摩擦力 $F_0$ に達した時点で動き出すことを学びました．その $F_0$ は静止摩擦係数 $\mu$ と垂直抗力 $N'$ で決まります．

ところで，その物体におもりを載せるか，もう一方の手で押さえつけると，動き出すのに必要な力は大きくなります（簡単にできますから，携帯電話などで実際にやってみましょう）．この現象は，垂直抗力 $N'$ が大きくなったことで，最大静止摩擦力 $F_0$ が大きくなったということを示しています．

▶最大静止摩擦力 $F_0$ は，垂直抗力 $N'$ に比例する．すなわち，$F_0 = \mu \cdot N'$．

また，静止摩擦係数 $\mu$ の値は，接触している物体と面の性質によって決まります．すな

わち，最大静止摩擦力は，①静止した物体に作用する重力が大きくなるほど大きくなる，②静止摩擦係数が大きいほど大きくなる，という性質をもつことになります．

**基本例題 ● 5-3** 右図のように質量 10 kg の物体が板の上に載っており，その一端がロープにつながっている．そのロープの他端に滑車を介してバケツを吊るす．いま，バケツの中に水を満たしていくとき，バケツと水の質量の合計が何 [kg] になったときに物体は動き始めるか．静止摩擦係数は $\mu = 0.3$ とし，ロープの質量，および滑車とロープの間の摩擦は無視できるものとする．

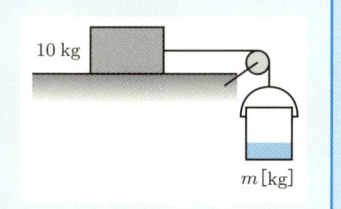

**解答** 重力加速度を $g\,[\mathrm{m/s^2}]$ とする．水とバケツを合わせた質量を $m\,[\mathrm{kg}]$ とおくと，物体に作用するロープの張力 $T$ は，

$$T = mg\,[\mathrm{N}] \quad \cdots ①$$

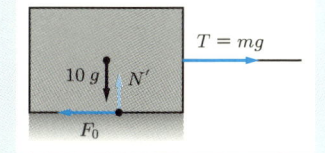

となる．ここで，物体に作用する力を描くと右図のようになる．動き始める瞬間において，静止摩擦力は最大静止摩擦力 $F_0$ となるので，

物体の水平方向の力のつりあい　$T - F_0 = 0$ 　$\cdots ②$

垂直抗力　$N' = 10g$

∴最大静止摩擦力　$F_0 = \mu N' = 3g$ 　$\cdots ③$

が成り立つ．①，②，③より，$T - F_0 = mg - 3g = 0$，ゆえに，$m = 3\,\mathrm{kg}$ となる．

＊摩擦を受ける物体のつりあいを考えるとき，とくに指定のない限り，垂直抗力の位置を考える必要はない．回転の条件は満たしているという前提のもとに解けばよい．

**確認問題 ● 5-03** 右図のような物体を考える．物体に作用する重力は 50 N である．このとき，$T_1$，$T_2$，$T_3$ のいずれかの位置を 100 N で引っ張ったところ，垂直抗力が接触面中央より 2 cm だけ右側になったという．引っ張った位置は $T_1$，$T_2$，$T_3$ のうちのどれであったか．

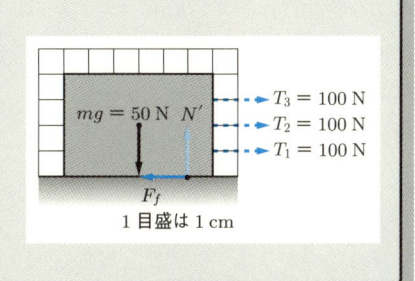

## 5-4 斜面上の物体

**抗力と垂直抗力**　これまでに抗力 $N$ と垂直抗力 $N'$ を学びました．ここで，これら二つの違いを考えてみましょう．

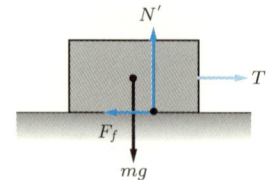

これまでのような，水平面上に物体を置いて引っ張る状況を考えます．物体が動いていなければ，張力に等しい静止摩擦力が生じていますから，物体は**床から**次のような2種類の力を受けているのと等しくなります．

①床が物体を押し返す力（垂直抗力 $N'$）
②床が物体を水平方向に動かないようにする力（静止摩擦力 $F_f$）

さて，これを物体の側からみてみましょう．これら二つの力は合計して物体の動きを制限しますから，物体にしてみれば，$N'$ と $F_f$ が一体となって床から抵抗してくるように感じるでしょう．このときの合計の抵抗力（$N'$ と $F_f$ の合力）のことを抗力というわけです．

したがって，抗力というのは（この例のように物体が静止している条件では），張力 $T$ が大きくなればなるほど傾いてきます（下図の $N_0$，$N_1$，$N_2$）．

一方，垂直抗力 $N'$ は床が物体を押し返す力ですから，張力や静止摩擦力の大きさにかかわらず一定になります．

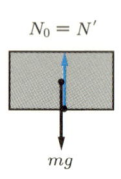

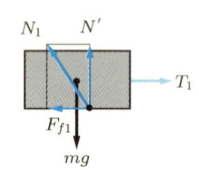

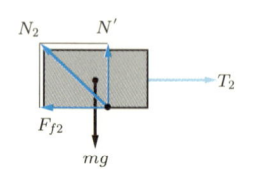

**斜面上の物体の力のつりあい**　水平な床の上に置かれた物体にはたらく力は，重力と床からの抗力であることはすでに学びました．ここでは，斜面上に置かれた場合を考えてみましょう．

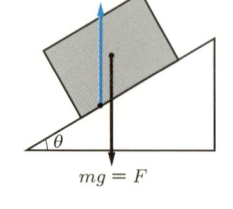

右図に示すような斜面の上に物体が載って静止している状態を考えます．このとき物体に作用するのは，重力と斜面が物体を押し返す抗力だけです．

ところで，上で検討したように，抗力というのは垂直抗力および物体に作用する摩擦力ですから，抗力を垂直抗力と静止摩擦力に分解することができます．右下の図で考えると，これは剛体のつりあいの問題にほかならないわけですから，

$$F_f = F_1$$
$$N' = F_2$$

が容易に導かれます．また，幾何学的な関

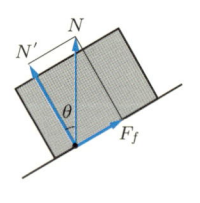

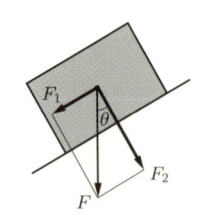

係を考えれば，

　　垂直抗力 $N' = N \cdot \cos \theta$

　　摩擦力 $F_f = N \cdot \sin \theta$

となります．

以上をまとめると，右図において物体が静止しているとき，次のようになります．

▶抗力　$N = mg$

▶垂直抗力　$N' = N \cdot \cos \theta$

▶摩擦力　$F_f = N \cdot \sin \theta$

▶力のつりあい　$F_1 = F_f$，$F_2 = N'$

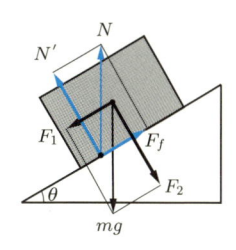

---

**基本例題●5-4**　右図に示す 30° 傾いた斜面上で質量 30 kg の物体が静止している．このとき，物体に作用する抗力を求めよ．また，垂直抗力・静止摩擦力の大きさを求めよ．ただし，重力加速度は $g = 9.8 \, \text{m/s}^2$ とする．

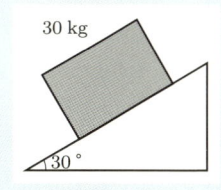

**解答**　抗力は上向きに $N = mg = 30 \times 9.8 = 294 \, \text{N}$ である．

また，下の図で $F_1 = mg \cdot \sin 30°$，$F_2 = mg \cdot \cos 30°$ である．

斜面に垂直・平行な力の成分のつりあいから，

　　垂直抗力の大きさ　：$N' = F_2 = 30 \times 9.8 \times \cos 30° = 147\sqrt{3} = 255 \, \text{N}$

　　静止摩擦力の大きさ：$F_f = F_1 = 30 \times 9.8 \times \sin 30° = 147 \, \text{N}$

となる．

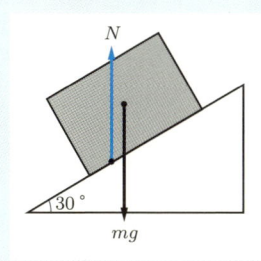

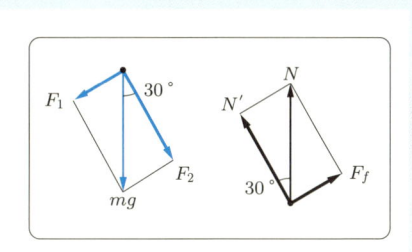

---

**確認問題●5-04**　右図に示す 30° 傾いた斜面上で質量 20 kg の物体が静止している．このとき，垂直抗力・静止摩擦力を求めよ．ただし，重力加速度は $g = 9.8 \, \text{m/s}^2$ とする．

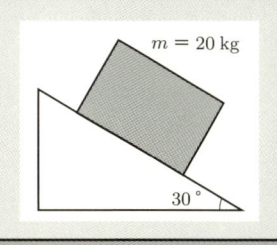

## 5-5 摩擦角

**摩擦角** いま，水平よりも角度 $\alpha$ だけ傾いた斜面上に静止している物体（質量 $m$）を考えてみます．このとき物体に作用する力は，右図の $N$ と $mg$ になります．

このとき，**5-4** の考察により，それぞれを等価な 2 力（斜面に平行・垂直である分力）に分解すると，

$F_f = mg \cdot \sin\alpha$

$N' = mg \cdot \cos\alpha$

が成立します．

ところで，この角度を徐々に大きくしていくと，$\alpha$ がある角度 $\theta$ になったとき，物体は動き始めることになります．動き始める瞬間において，静止摩擦力 $F_f$ は最大静止摩擦力 $F_0$ になるはずですから，

$$\begin{cases} F_0 = mg \cdot \sin\theta \\ N' = mg \cdot \cos\theta \end{cases} \cdots (\mathrm{A})$$

となります．このときの $\theta$ を**摩擦角**といいます．

一方，最大静止摩擦力 $F_0$ は $F_0 = \mu \cdot N'$ とも表されますから（→ **5-2**），この式を $\mu$ について解いて (A) を代入すると，

| 数学の知識④ —三角比の相互関係 |
|---|
| $\tan\theta = \dfrac{\sin\theta}{\cos\theta}$ |

$$\mu = \frac{F_0}{N'} = \frac{mg \cdot \sin\theta}{mg \cdot \cos\theta} = \tan\theta$$

すなわち，摩擦角 $\theta$ の正接 ($\tan\theta$) は静止摩擦係数 $\mu$ に等しくなります．

▶**静止摩擦係数 $\mu$ と摩擦角 $\theta$ の関係** $\quad \mu = \tan\theta$

---

**基本例題●5-5** 静止摩擦係数が $\mu = 1.0$ であるとき，摩擦角 $\theta$ を求めよ．

**解答** $\mu = \tan\theta$ であることを利用して，$1.0 = \tan\theta$ となる．よって，$\theta = 45°$ となる．

---

**確認問題●5-05** 質量 5 kg の物体を板に載せ，板を徐々に傾けていったところ，水平と 30° の角度のときに動き出したという．このとき，以下の問いに答えよ．ただし，重力加速度は $g\,[\mathrm{m/s^2}]$ とする．

(1) 物体と板の間の静止摩擦係数を求めよ．

(2) この物体と板を水平に戻す．その後，物体に糸をつけて水平方向に引っ張る．このとき動き出すのは何 [N] の力を加えたときであるか．

## 5-6 動摩擦力

**面の種類**　摩擦の生じない理想的な面のことを**なめらかな面**といい，摩擦の生じる面のことを**なめらかでない面**といいます．現実には，なめらかな面というのは存在しませんが，非常に摩擦が小さい場合には，なめらかな面とみなして差し支えない場合があります．たとえば，スケート靴で氷の上を滑るようなときは，ほとんど摩擦が生じませんから，なめらかな面として扱ってもほとんど問題は生じません．

**動摩擦力**　摩擦に関連して，物体に作用する静止摩擦力が最大静止摩擦力に達したあとのことを簡単にみてみます．なめらかでない面の上に物体がある状態を考えます．最大静止摩擦力に達すると物体は動き始めますが，動き始めたあとも摩擦力がはたらいて運動を止めようとします．地面の上でボールを転がすと止まってしまうのは，この摩擦力のためです．この，動いている物体に作用する摩擦力を**動摩擦力**とよびます．動摩擦力 $F_f'$ は，比例定数(**動摩擦係数**)を $\mu'$ として，次式で表します．

▶動摩擦力　$F_f' = \mu' \cdot N'$

ここで，$N'$ は垂直抗力です．なお，動摩擦係数 $\mu'$ は，同じ物体と面の間の静止摩擦係数 $\mu$ よりも小さいことがわかっています．

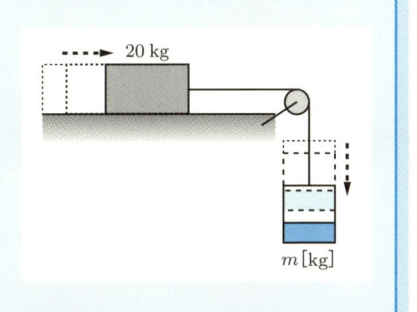

---

**基本例題 ● 5-6**　図のように，質量 20 kg の物体が机の上に載っており，その一端が質量を無視できるロープにつながっている．そのロープの他端になめらかな滑車を介してバケツを吊るし，バケツの中に水を満たしていったところ，物体が動いた．物体が動いているときに作用する動摩擦力を求めよ．動摩擦係数は $\mu' = 0.2$ とせよ．

**解答**　物体に作用する垂直抗力は，$N' = 20 \times 9.8 = 196\,\text{N}$ となる．
よって，動摩擦力は左向きに，$F_f' = \mu' \cdot N' = 0.2 \times 196 = 39.2\,\text{N}$ となる．

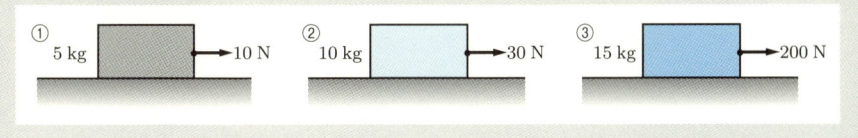

---

**確認問題 ● 5-06**　床に置いた物体に図の力を作用させる．このとき，物体は静止し続けるか，それとも動いてしまうかを判定し，摩擦力(静止摩擦力あるいは動摩擦力)を求めよ．静止摩擦係数は $\mu = 0.3$，動摩擦係数は $\mu' = 0.2$ とし，重力加速度は $g = 9.8\,\text{m/s}^2$ とする．

① 5 kg → 10 N
② 10 kg → 30 N
③ 15 kg → 200 N

## 基本 A 問題

**5-07** 以下のように，質量 3 kg の物体が斜面上に静止している．このとき物体に作用する垂直抗力を小数第 1 位まで求めよ．重力加速度 $g = 9.8\,\mathrm{m/s^2}$ とする．

① 10°　　② 20°　　③ 30°

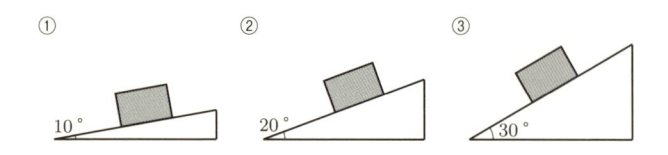

**5-08** 以下の図において，物体は静止している．
(1) 物体と床の間に生じている静止摩擦力 $F_f$ を求めよ． 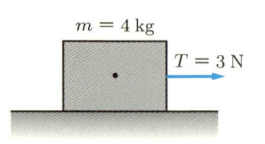
(2) $T$ を増加させると，$T = T_0$ になったところで物体が動き出した．$T_0$ を求めよ．重力加速度 $g = 9.8\,\mathrm{m/s^2}$，静止摩擦係数 $\mu = 0.2$ とする．

$m = 4$ kg，$T = 3$ N

**5-09** 質量 10 kg の物体を床に置く．この物体について以下の問いに答えよ．重力加速度 $g = 9.8\,\mathrm{m/s^2}$，静止摩擦係数 $\mu = 0.25$ とする． 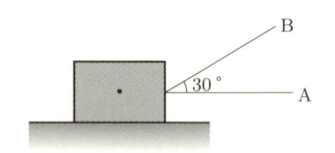
(1) この物体を図の A 方向に大きさ $T_A$ の力で引く．物体が動き始めるのは $T_A$ がいくつになったときか．
(2) この物体を B 方向に大きさ $T_B$ の力で引くとき，垂直抗力を $T_B$ の式で表せ．
(3) B 方向に引くとき，$T_B$ がいくつになったところで物体は動き始めるか．小数第 1 位まで求めよ．

**5-10** 質量 15 kg の物体を，図のような斜面に置いたところ静止した．このとき，垂直抗力・静止摩擦力を小数第 1 位まで求めよ．重力加速度 $g = 9.8\,\mathrm{m/s^2}$ とする．

① 10°　　② 20°　　③ 30°

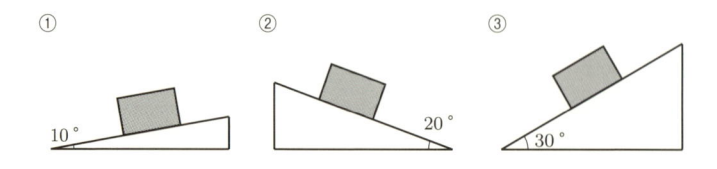

**5-11** 質量 3 kg の物体を板に載せた．板を徐々に傾けていったところ，水平から 20° の角度のときに動き出したという．
(1) 物体と板の間の静止摩擦係数を小数第 3 位まで求めよ． 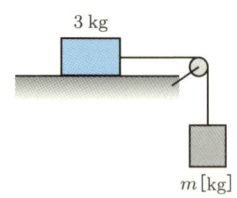
(2) 板を水平に戻し，右のように滑車を介して質量 $m$ [kg] の物体を吊るす．物体が静止し続ける最大の $m$ はいくつであるか．小数第 3 位まで求めよ．滑車とロープの摩擦およびロープの質量は無視する．

## 実力 B 問題

**5-12** 質量 1 kg の板を机の上に置き，水平方向に引く．静止摩擦係数を $\mu = 0.2$ として以下の問いに答えよ．重力加速度は $g\,[\text{m/s}^2]$ で表せ．

(1) 板だけを置いて大きさ $T_1\,[\text{N}]$ の力で引くとき，動き始めるのは $T_1$ がいくつになったときか．

(2) 板の上に 2 kg のおもりを載せたところ，$T_2\,[\text{N}]$ で引っ張ったとき動き始めた．$T_2$ はいくつであるか．板とおもりはずれないものとする．

(3) 板の上に $m\,[\text{kg}]$ のおもりを載せた場合，板が動き始めるときの $T\,[\text{N}]$ を $m$ と $g$ の式で表せ．

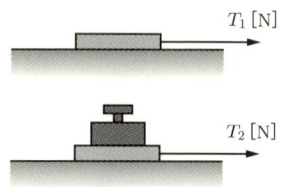

**5-13** 質量 $m$ の物体 A と質量 10 kg の物体 B がある．いま，下図(a)のように水平から $\theta°$ だけ傾いた斜面の上に物体 A をおく．このとき，以下の問いに答えよ．重力加速度は $g\,[\text{m/s}^2]$，静止摩擦係数は $\mu$ とする．

(1) 斜面の上で物体 A は静止した．このときの静止摩擦力を $m$，$g$ および $\theta$ で表せ．

(2) 物体 A と物体 B を，下図(b)のように糸でつなぐ．二つの物体が動かないとき，$m$ の満たす範囲を $\theta$ と $\mu$ を用いた不等式で表せ．糸および滑車の摩擦・質量は無視する．

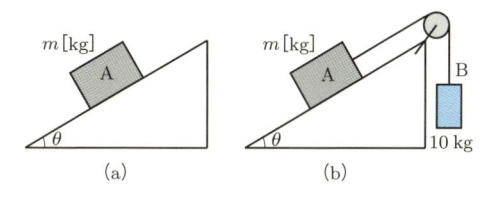

(a)　　(b)

## 応用 C 問題

**5-14** 図のように，面の上に質量 20 kg の物体があり，その両側に滑車を介して同じ質量のバケツを吊るす．重力加速度 $g = 9.8\,\text{m/s}^2$，物体と面との静止摩擦係数 $\mu = 0.1$ である．

(1) 最大静止摩擦力 $F_0$ を求めよ．

(2) 最初，右のバケツに $a\,[\text{L}]$ の水を入れ，次からは左右交互に $2a\,[\text{L}]$ ずつ水を入れていく．糸と滑車の摩擦および質量を無視できるとき，物体が動かない状態を保つには，$a$ は何 [L] 未満でなければならないか．水の密度は $1\,\text{g/cm}^3$ とする．

**ヒント▶ 5-09** (2) B 方向に引っ張ると，水平成分のほかに鉛直成分の力が生じる．

**▶ 5-13** 物体 A に作用する，斜面に平行な力の関係を考える．斜面上の物体が斜面に沿って上向き・下向きに動き始める寸前の状態を考える．　**▶ 5-14** 左右の張力の差と最大静止摩擦力を比較する．

# 第6章 圧力と浮力

この章では，圧力の考え方を学びます．圧力は，ある大きさの面積にどれだけの力が作用しているかを表すものです．力と圧力の違いを説明できるようにしましょう．

実験 ○

## 6-1 圧力とは

**圧力の考え方**　一辺が1cmである6個の立方体を，さまざまな方法で積み上げることを考えます．1個の立方体に作用する重力は1Nであるとします．

ふつうこのような積み木を積み上げる場合には，床や机などの面の上に置くことになりますが，ここではその面の1cm×1cmの面積に一人ずつ，人がいると考えてみましょう．

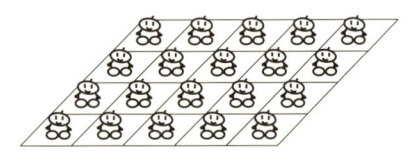

下の図に示す3種類の積み上げ方を考えると，図(a)では6人が6Nを支えるので一人あたり1Nの力で支えていることになります．同様に図(b)では一人あたり2N，図(c)では3Nの力で支えています．結局，一人あたりが支える力を求めたければ，全重量(この場合は6N)を，支えている人数で割ればよいわけです．

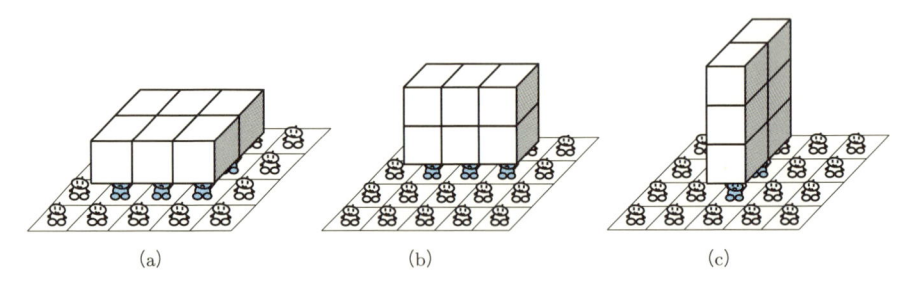

(a)　　　　　　(b)　　　　　　(c)

この例は，同じ物体を床の上に置く場合であっても，その物体の置き方によって，同一面積あたり(この例では1cm²あたり)の力の負担に変化が生じていることを表しています．このように，ある面積を決めて，その面積あたりに作用する力を考えるとき，その力を**圧力**といいます．圧力というときの基準にする面積は，1m²，1cm²，1mm²のような1という数で表される面積(**単位面積**)です．

すると，力$F$が床に垂直に作用しているとき，床に接する面積$S$(以下，接地面積ということにします)と圧力$p$は，

▶圧力 $p = \dfrac{力}{接地面積} = \dfrac{F}{S}$

と計算できます．ここであえて接地面積というよび方にしたのは，床の面積全体とは異なるという意味です．つまり，上記の例では20人が床の上にいましたが，実際に力を負担しているのは，物体の底面の範囲(接地面積内)にいる人だけだからです．

なお，圧力の単位は力の単位を面積の単位で割った形になります．すなわち[N/m$^2$]，[N/mm$^2$]，[kN/m$^2$]などとなります．なお，圧力も弾性力のときと同様，力の矢印はつけないことが一般的です．

**基本例題●6-1** 図のような同じ材料でできた立体(一つのブロックは一辺1 cmの立方体)を床の上に置く．このとき，床に作用する圧力が最も大きくなる置き方はどれか．

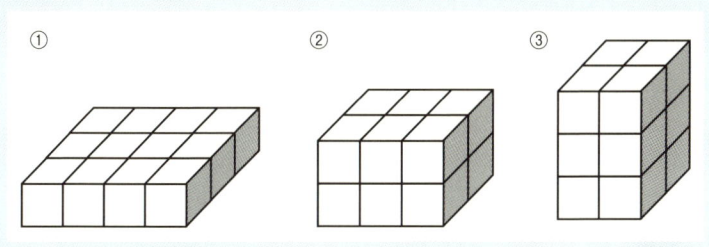

**解答1** 1個の立方体の質量を$m$ [kg]とすると，これらの立体の質量はいずれも$12m$ [kg]となる．よって，立体に作用する重力の大きさは$12mg$ [N]である．それぞれの場合の床に作用する圧力を求めると，

① $\dfrac{12mg\,[\mathrm{N}]}{12\,[\mathrm{cm}^2]} = mg\,[\mathrm{N/cm}^2]$

② $\dfrac{12mg\,[\mathrm{N}]}{6\,[\mathrm{cm}^2]} = 2mg\,[\mathrm{N/cm}^2]$

③ $\dfrac{12mg\,[\mathrm{N}]}{4\,[\mathrm{cm}^2]} = 3mg\,[\mathrm{N/cm}^2]$

となる．よって，圧力が最大になるのは③．

**解答2** これらの立体は，どれも同じ質量であるから，床に作用する重力の大きさも同じになる．圧力の式を参照すると，接地面積が小さいほど圧力は大きくなるので，床に作用する圧力が最も大きくなる立体は③になる．

**確認問題●6-01** 右図のような3辺の長さが40 cm，50 cm，60 cmで密度8.0 g/cm$^3$の直方体がある．図のA，B，Cの面を下にして床に置いたとき，床に作用する圧力[N/cm$^2$]をそれぞれ，小数第3位まで求めよ．重力加速度は$g = 9.8\,\mathrm{N/m}^2$とする．

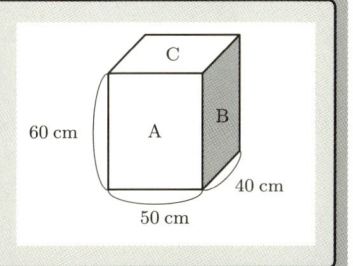

## 6-2 圧力の単位

**パスカル [Pa]**　1-5 で，重力の単位 [kg·m/s²] を [N] と表すことを学びましたが，圧力にも似たような置き換えがあって，[N/m²] のことを **[Pa]（パスカル）**と表します．

▶圧力の単位　[Pa] = [N/m²]

ところで，1 Pa というのは 1 N/m² ですから，1 m² の面積に 1 N の力が分布して作用している状態です．1 N というのは約 0.102 kg（= 102 g）の質量に作用する重力のことなので，1 Pa は 102 g 程度の物体が 1 m² の広さに載っているだけの微小な圧力を意味しています（たとえば，1 m² の広さの薄いフィルムが床に置いてある状態です）．

そのため，[Pa] を使うときには 1000 Pa のまとまりで考えたほうがよい場合も多いので，$10^3 = 1000$ 倍を表す k（キロ）という接頭辞をつけて，[kPa] のように表します．もし，これでも小さければ，$10^6 = 1\,000\,000$ 倍を表す接頭辞 M（メガ）をつけて [MPa] のようにします．

**圧力の単位変換**　もう一度，1 Pa = 1 N/m² の大きさを考えてみます．これは 1 m² の接地面積の上に 1 N の力が作用しているわけですが，もし，面積の単位を cm² にしたければ，

$$1\,\text{Pa} = \frac{1\,\text{N}}{1\,\text{m}^2} = \frac{1\,\text{N}}{10\,000\,\text{cm}^2} = 0.0001\,\text{N/cm}^2$$

と変換できます．ここで問題になるのは，1 m² = 10 000 cm² の変換でしょう．

これは右図のように考えればわかります．一辺 1 cm の正方形のタイルを 1 m × 1 m（= 1 m²）の広さにしきつめるとすると，1 m = 100 cm ですから，縦に 100 枚，横に 100 枚並べることになります．したがって，1 cm² のタイルは 100 × 100 = 10 000 枚必要になります．これと同様にして，m² を mm² に変換したり，cm² を mm² に変換したりできます．

▶1 m² = 10 000 cm²　▶1 m² = 1 000 000 mm²　▶1 cm² = 100 mm²

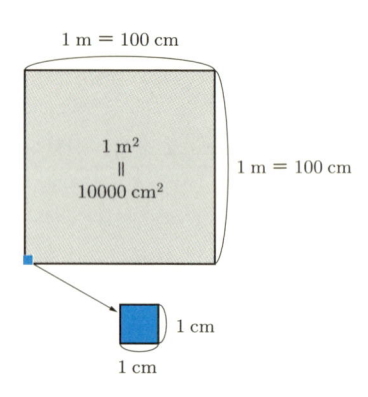

---

**確認問題 ● 6-02**　[1] 30 kPa と等しい圧力を，以下の単位を用いて表せ．
(1) [Pa]　(2) [N/m²]　(3) [N/cm²]　(4) [N/mm²]
[2] 一辺が 2 m である立方体の物体が地面に置かれている．この物体の密度が 2.3 ton/m³ であるとき，地面に作用する圧力を [kPa] の単位で小数第 2 位まで求めよ．重力加速度は $g = 9.8\,\text{m/s}^2$ とする．🖩

## 6-3 水圧

**水圧の大きさ**　水には質量があるので重力がはたらきます．その重力の作用に伴って圧力が生じますが，その圧力のことを<u>水圧</u>といいます．

いま，右図のような底面積 $A\,[\mathrm{m}^2]$ の容器に，密度 $\rho_\mathrm{w}\,[\mathrm{kg/m}^3]$ である水が入っている状態を考えてみましょう．水深 $h\,[\mathrm{m}]$ の位置では，その上の水の体積が $V = Ah\,[\mathrm{m}^3]$ なので，その質量は $m = \rho_\mathrm{w} Ah\,[\mathrm{kg}]$ となります．

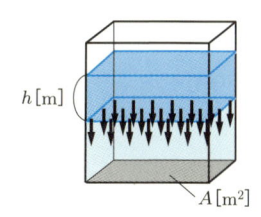

したがって，水深 $h$ よりも上にある水に作用する重力は，$F = \rho_\mathrm{w} Ahg\,[\mathrm{N}]$ となります．よって，水深 $h\,[\mathrm{m}]$ の位置における水圧 $p$ は次のように得られます．

$$p = \frac{F}{A} = \frac{\rho_\mathrm{w} Ahg\,[\mathrm{N}]}{A\,[\mathrm{m}^2]} = \rho_\mathrm{w} hg\,[\mathrm{Pa}]$$

▶水の密度を $\rho_\mathrm{w}\,[\mathrm{kg/m}^3]$ とすると，水深 $h\,[\mathrm{m}]$ の位置における水圧は，重力加速度を $g\,[\mathrm{m/s}^2]$ として $\rho_\mathrm{w} hg\,[\mathrm{Pa}]$ となる．

また，水の密度 $\rho_\mathrm{w}$ は次のとおりですから覚えておきましょう．

▶水 $1\,\mathrm{cm}^3 = 1\,\mathrm{cc}$ の質量は $1\,\mathrm{g}$．$1\,\mathrm{m}^3$ の質量は $1000\,\mathrm{kg} = 1\,\mathrm{ton}$．

**水圧のはたらく向き**　水を机の上にこぼすと，形を保てずに面上に広がります．水にはこのように横方向に広がる性質があるので，容器の中の水は横方向に広がろうとする結果，容器側面を押すことになります．また，蓋のない空缶の底に穴をあけて，水中に少し沈めると，水が穴から上向きに噴き出します．

上で求めた水圧は下方向で考えていましたが，水に接する物体や面はつねに水によって圧力を受けます．したがって，水中の物体に作用する水圧の向きは，右図のようになります．

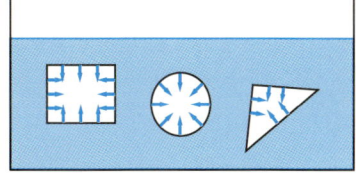

---

**確認問題●6-03**　右の図のように，水中に物体を沈ませる．このとき，点 A～E における水圧の大きさ $[\mathrm{Pa}]$ およびその方向（上向き，左向きなど）を求めよ．重力加速度は $g\,[\mathrm{m/s}^2]$ で表せ．

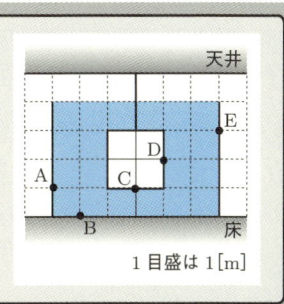

1目盛は $1\,[\mathrm{m}]$

## 6-4 浮力とアルキメデスの法則

右図のように，底面の2辺が $b\,[\mathrm{m}]$，$c\,[\mathrm{m}]$，高さが $a\,[\mathrm{m}]$ の直方体を水中（水の密度 $\rho_\mathrm{w}\,[\mathrm{kg/m^3}]$）に沈め，上面の水深が $h\,[\mathrm{m}]$ になった状態を考えてみましょう．

まず，側面にはたらく水圧ですが，左右の側面で打ち消しあうので考える必要はありません．

次に，上面にはたらく水圧は下向きに $\rho_\mathrm{w} h g\,[\mathrm{Pa}]$ ですから，上面全体にはたらく力は下向きに $\rho_\mathrm{w} h g \cdot bc\,[\mathrm{N}]$ となります．

一方，下面にはたらく水圧は上向きに $\rho_\mathrm{w}(h+a)g$ $[\mathrm{Pa}]$ですから，下面全体にはたらく力は上向きに $\rho_\mathrm{w}(h+a)g \cdot bc\,[\mathrm{N}]$ となります．そうすると，差し引き上向きの力が残ることになります．その大きさは，

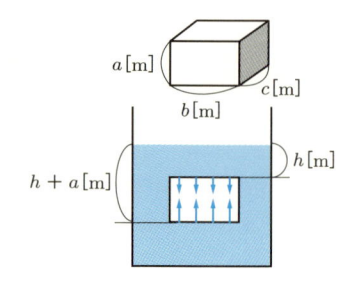

$$\rho_\mathrm{w}(h+a)g \cdot bc - \rho_\mathrm{w} h g \cdot bc = \rho_\mathrm{w} abc \cdot g\,[\mathrm{N}]$$

となります．この大きさで表される上向きの力を**浮力**といいます．

では，この浮力の式を別の角度から考えてみましょう．式中の $abc$ は，物体の体積 $V$ ですが，これは押しのけた水の体積に等しいはずです．そうすると，押しのけた水の質量は $\rho_\mathrm{w} abc\,[\mathrm{kg}]$ ということになります．これに $g$ を掛けたものが浮力になるわけですから，

▶ **水中の物体に作用する浮力の大きさは，物体が押しのけた水に作用する重力の大きさに等しい．**

ということを導くことができます．これを**アルキメデスの法則**といいます．この法則は，水中にある物体すべてに成立する重要な法則です．アルキメデスの法則を上の例で適用してみると，

　　　物体が押しのけた水の体積　　$V = abc\,[\mathrm{m^3}]$
　　　物体が押しのけた水の質量　　$m_\mathrm{w} = \rho_\mathrm{w}\,[\mathrm{kg/m^3}] \times abc\,[\mathrm{m^3}] = \rho_\mathrm{w} abc\,[\mathrm{kg}]$
　　　浮力の大きさ＝押しのけた水に作用する重力の大きさ
　　　　$m_\mathrm{w} g = \rho_\mathrm{w} abc\,[\mathrm{kg}] \times g\,[\mathrm{m/s^2}] = \rho_\mathrm{w} abc \cdot g\,[\mathrm{N}]$

となり，上面・下面の水圧の差から求めた式と一致することがわかります．

▶ **物体の体積を $V\,[\mathrm{m^3}]$，水の密度を $\rho_\mathrm{w}\,[\mathrm{kg/m^3}]$，重力加速度を $g\,[\mathrm{m/s^2}]$ とするとき，水中の物体に作用する浮力の大きさ $F_\mathrm{b}\,[\mathrm{N}]$ は，上向きに，$F_\mathrm{b} = \rho_\mathrm{w} \cdot V \cdot g$ となる．**

**基本例題 ● 6-4** 質量の無視できる上面の開いた容器（底面積 $0.5\,\mathrm{m^2}$）を水に浮かべ，その中におもりを入れたところ，4 cm 沈んだところで静止したという．おもりの重さは何 kg であるか．水の密度は $\rho_\mathrm{w} = 1000\,\mathrm{kg/m^3}$ とする．

**解答1** 重力加速度を $g$ とすると，容器の底面（水深 0.04 m）に作用する水圧は，上向きに，
$$\rho_\mathrm{w} \times 0.04\,g = 40\,g\,[\mathrm{Pa}]$$
である．容器の底面に作用する浮力は，これに面積を掛けて，
$$40\,g \times 0.5 = 20\,g\,[\mathrm{N}]$$
となる．これが，容器が水を押す力（おもりの重力の大きさに等しい）とつりあうはずだから，おもりの質量を $m\,[\mathrm{kg}]$ とすると，$mg = 20\,g$，よって，$m = 20\,\mathrm{kg}$ となる．

**解答2** アルキメデスの法則より，浮力の大きさは押しのけた水の質量に作用する重力に等しいから，

押しのけた水の体積　$0.5 \times 0.04 = 0.02\,\mathrm{m^3}$
押しのけた水の質量　$m_\mathrm{w} = 1000\,\mathrm{kg/m^3} \times 0.02\,\mathrm{m^3} = 20\,\mathrm{kg}$
$m_\mathrm{w}$ に作用する重力の大きさ　$20\,g\,[\mathrm{N}] = $ 浮力の大きさ

となる．$mg = 20\,g$ であるから $m = 20\,\mathrm{kg}$ となる．

---

**確認問題 ● 6-04** 460 kg の氷が水に浮かんで，一部分が水面から出ている．このとき，以下の問いに答えよ．水の密度は $\rho_\mathrm{w} = 1000\,\mathrm{kg/m^3}$ とする．

(1) 鉛直方向の力のつりあいから，氷に作用する浮力 [N] を求めよ．重力加速度は $g\,[\mathrm{m/s^2}]$ とする．
(2) 水面から出た氷の体積を $V_1\,[\mathrm{m^3}]$，水中にある体積を $V_2\,[\mathrm{m^3}]$ とする．氷の密度を $920\,\mathrm{kg/m^3}$ とするとき，$V_1 + V_2$ は何 $[\mathrm{m^3}]$ であるか．
(3) 氷に作用する浮力 [N] を，$V_2$ と $g$ を用いて表せ．
(4) 水から出ている部分と水中に沈んでいる部分の体積 $[\mathrm{m^3}]$ をそれぞれ求めよ．

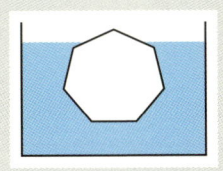

## 6-5 水以外の液体による圧力

**水以外の液体による圧力** 水の代わりに密度 $\rho\,[\mathrm{kg/m^3}]$ の液体について，深さ $h\,[\mathrm{m}]$ の位置における圧力を求めてみましょう．

底面積 $A\,[\mathrm{m^2}]$ の容器に液体が入っているとき，深さ $h\,[\mathrm{m}]$ より上の体積は，$Ah\,[\mathrm{m^3}]$ なので，その質量は $\rho Ah\,[\mathrm{kg}]$ となります．

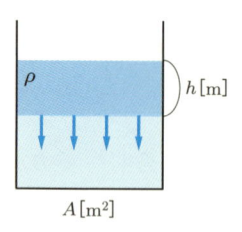

これに作用する重力は，重力加速度を $g\,[\mathrm{m/s^2}]$ とすると，
$$\rho Ah \cdot g\,[\mathrm{kg \cdot m/s^2}] = \rho Ahg\,[\mathrm{N}]$$
となるので，面積で割って圧力 $p$ を求めると
$$p = \rho Ahg\,[\mathrm{N}]/A\,[\mathrm{m^2}] = \rho hg\,[\mathrm{Pa}]$$
となります．ここで，主な液体についての $\rho$ の値を，右表に示します．水以外については，数字まで覚える必要はありませんが，液体の種類によって密度が異なることは覚えておきましょう．

| 液体 | 密度 [g/cm³] |
|---|---|
| 水 | 1.00 |
| エタノール | 0.79 |
| 水銀 | 13.55 |
| 海水 | 1.01 ～ 1.05 |
| 灯油 | 0.80 ～ 0.83 |

**水以外の液体による浮力** 6-4 と同様の方法で，液体内にある物体の上面と下面の圧力差を考えると，浮力として
$$F_s = \rho V g$$
が得られます．これもアルキメデスの法則です．各自で導いてみましょう．

---

**基本例題●6-5** [1] 右の図のように，水（密度 $\rho_w = 1.00\,\mathrm{g/cm^3}$）と灯油（密度 $\rho_p = 0.80\,\mathrm{g/cm^3}$）が容器に入っている．このとき，水の上面 A に作用する圧力 $p_A\,[\mathrm{Pa}]$ と容器の底面 B に作用する圧力 $p_B\,[\mathrm{Pa}]$ を求めよ．

**解答** 圧力を考える場合には，まず単位をきちんとそろえることが重要である．

水の密度を [kg] と [m] の単位に直したとき $x\,[\mathrm{kg/m^3}]$ になるとして方程式を立てると，次式のようになる．

$$1.00\,\frac{[\mathrm{g}]}{[\mathrm{cm^3}]} = x\,\frac{[\mathrm{kg}]}{[\mathrm{m^3}]}$$

$$1.00\,\frac{[\mathrm{g}]}{[\mathrm{cm^3}]} = x\,\frac{1000\,[\mathrm{g}]}{(100\,[\mathrm{cm}])^3}$$

よって，$x = 1000\,\mathrm{kg/m^3}$ と得られるから，$\rho_w = 1000\,\mathrm{kg/m^3}$．同様にして，$\rho_p = 800\,\mathrm{kg/m^3}$ が得られる．

底面の面積を $S\,[\mathrm{m^2}]$ とすると，灯油と水の体積・質量・作用する重力は以下のよ

うになる.

| 物理量 | 灯油 | 水 |
|---|---|---|
| 密度 [kg/m³] | 800 | 1000 |
| 体積 [m³] | $0.5\,S$ | $0.7\,S$ |
| 質量 [kg] | $400\,S$ | $700\,S$ |
| 作用する重力 [N] | $400\,S\cdot g$ | $700\,S\cdot g$ |

A 点には灯油の重力だけが作用するから,その圧力 $p_\mathrm{A}$ は,

$$p_\mathrm{A} = \frac{400\,S\cdot g}{S} = 400\,g = 3920\,\mathrm{Pa}$$

となる.B 点には灯油と水の重力の合計が作用するから,その圧力は

$$p_\mathrm{B} = \frac{(400\,S\cdot g + 700\,S\cdot g)}{S} = 1100\,g = 10\,780\,\mathrm{Pa}$$

となる.

[2] ある物体の質量をばねばかりで量ったところ,500 g であった.この物体を密度 $\rho_\mathrm{p} = 0.80\,\mathrm{g/cm^3}$ の灯油の中にすべて沈めたら,ばねばかりは 400 g を示した.この物体の体積は何 [cm³] であるか.

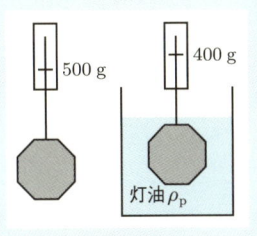

**解答** 題意から,灯油の中に沈めたことで,質量 100 g をもち上げる浮力が生じたことになる.したがって,浮力 $F_\mathrm{b}$ は,

$$F_\mathrm{b} = 0.1\,[\mathrm{kg}] \times g\,[\mathrm{m/s^2}] = 0.1\,g\,[\mathrm{N}]$$

となる.また,物体の体積を $V\,[\mathrm{cm^3}]$ とすると,押しのけた液体の質量は,

$$m = 0.80\,V\,[\mathrm{g}] = 0.0008\,V\,[\mathrm{kg}]$$

となり,押しのけた液体に作用する重力は,$0.0008\,V g\,[\mathrm{N}]$ となる.アルキメデスの法則から $0.1\,g = 0.0008\,V g$,よって,$V = 125\,\mathrm{cm^3}$ となる.

**確認問題●6-05** 体積が 400 cm³ である物体を,密度 1.0 g/cm³ の水の中にすべて沈めたときの浮力を $F_0\,[\mathrm{N}]$ とする.重力加速度は $g\,[\mathrm{m/s^2}]$ として,以下の問いに答えよ.

(1) $F_0$ の値を求めよ.
(2) 同じ物体を密度 1.3 g/cm³ の食塩水の中にすべて沈めたときに作用する浮力 $F_1$ は,$F_0$ の何倍であるか.

## 基本 A 問題

**6-06** 一辺が 1 cm である立方体（密度 2.0 g/cm³）を，以下のように積み上げて机の上に置くとき，机に作用する圧力 [N/cm²] を求めよ．重力加速度は $g$ [m/s²] で表せ．

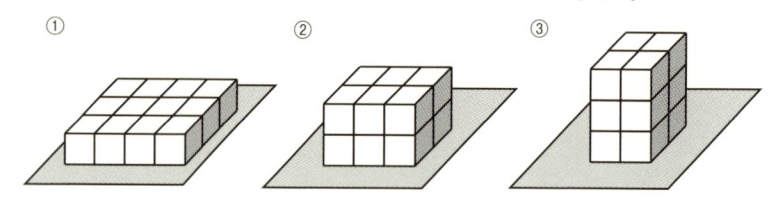

① ② ③

**6-07** 3 辺の長さが 20 cm，30 cm，40 cm である右のような立方体を床の上に置くとき，圧力が最大になる置き方のときの圧力 $p_{max}$ は，圧力が最小になる置き方のときの圧力 $p_{min}$ の何倍であるか．

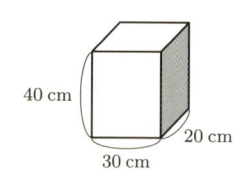

**6-08** 以下の圧力を（　）内の単位に変換せよ．
(1) $25\,\text{kN/m}^2$ (N/mm²)　　(2) $4000\,\text{kN/m}^2$ (MPa)　　(3) $120\,\text{N/mm}^2$ (Pa)

**6-09** 右図のように，物体を水に入れたところ，半分だけ水に沈んで静止した．このとき，点 A～E の水圧の大きさおよびその方向（上向き，左向きなど）を求めよ．水の密度は $\rho_w = 1000\,\text{kg/m}^3$ とし，重力加速度は $g$ [m/s²] で表せ．

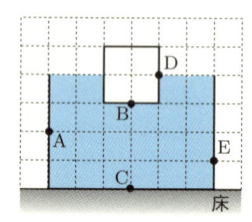

1 目盛は 1 m

**6-10** 密度 0.8 g/cm³ の材料でできた，下図のような直方体がある．この直方体を図の①，②，③の向きで浮かべたとき，下面は水面からどれだけの深さになるか．

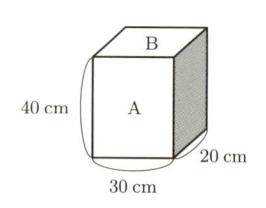

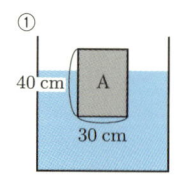

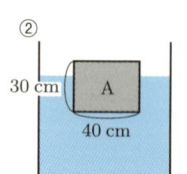

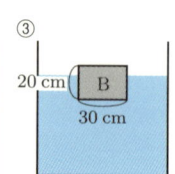

**6-11** 質量の無視できる上面の開いた容器（底面積 0.25 m²）に質量 10 kg のおもりを入れ，水中に浮かべた．このとき，容器の底面は水面から何 [cm] の深さになるか．水の密度は $\rho_w = 1000\,\text{kg/cm}^3$ とする．

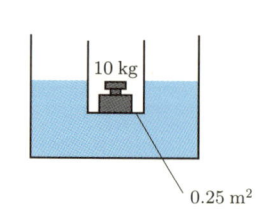

## 実力 B 問題

**6-12** 質量 $m$ [g]，体積 $V$ [cm³]の物体を，糸を介してばね定数 2.45 N/cm，自然長 10 cm のばねにつけたところ，ばねの全長は 15 cm になった．この物体を水の中にすべて沈めたところ，ばねの全長は 12.5 cm になった．ばねの質量・体積が無視できるとき，この物体の密度[g/cm³]を求めよ．重力加速度は $g = 9.8$ m/s²，水の密度は 1 g/cm³ とする．

**6-13** ともに体積が 1 cm³ の二つの球 A と B がある．A の密度は $\rho_A$ [g/cm³]，B の密度は $\rho_B$ [g/cm³] である．いま，これら二つの球を密度が異なる二つの液体の中にすべて沈めたところ，図のように静止した．B を入れた液体の密度が A を入れた液体の密度 $\rho$ [g/cm³] の 2 倍であるとき，$\rho_B$ を $\rho_A$ と $\rho$ で表せ．

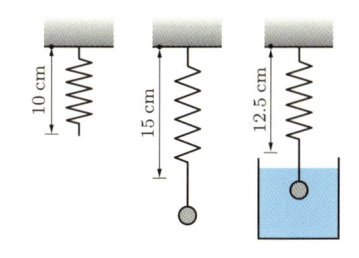

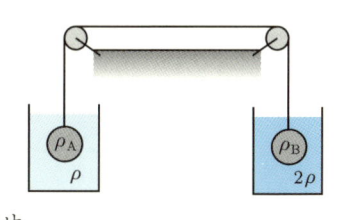

## 応用 C 問題

**6-14** 一辺が 10 cm の立方体がある．外からはわからないが，中には $V$ [cm³] の空洞がある．いま，この立方体を密度 1.0 g/cm³ の水中に入れたところ，立方体の上面と水面が同じ高さとなって浮いたという．この立方体を作ったときの材料の密度は 5 g/cm³ ということがわかっているとき，$V$ の値を求めよ．

**6-15** 底面の 2 辺が 14 cm と 21 cm の長方形で，高さが 20 cm の直方体がある．いま，容器に水（密度 1.0 g/cm³）と灯油（密度 0.8 g/cm³）を入れてこの直方体を沈めたところ，下図のように水と灯油の境目に直方体の高さの中央が来た．このとき，この直方体の密度 [g/cm³] を求めよ．

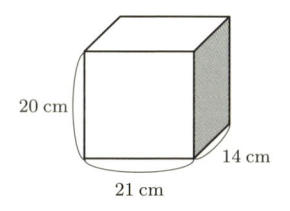

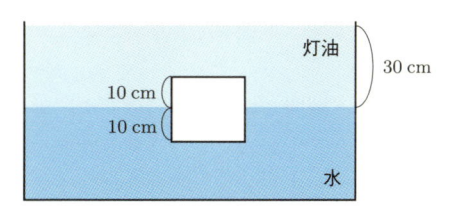

**ヒント▶ 6-13** 球 A，B について，糸の張力を $T$ として力のつりあいを考える．得られる二つの式から $T$ を消去すればよい． ▶ **6-15** 基本例題 ● 6-5 の考え方を参照．

# 第7章 運動の表し方

この章では，移動する物体の運動の表現方法や計算手法を学びます．運動は力と似たような扱い方なので，第2章の内容を思い出しながら学習しましょう．

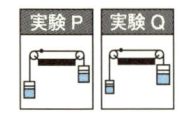

## 7-1 位置と時間の表し方

**位置と変位**　東西に延びる直線道路を，A君とB君が移動する状況を考えてみましょう．A君は 15:00 に大学から 200 m 東側にいましたが，一定の割合で進んで，15:05 には大学から 900 m 東側にいました．このことは，時刻 15:00 における A君の位置は +200 m，時刻 15:05 における A君の位置は +900 m，と表現できます．

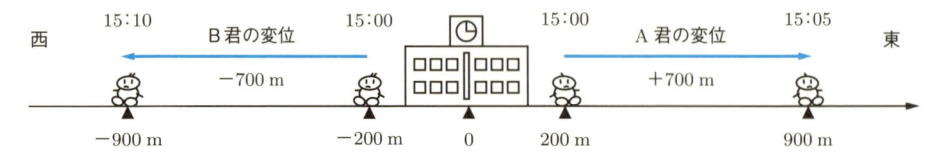

さて，B君は 15:00 に大学から 200 m 西側にいましたが，一定の割合で進んで，15:10 には大学から 900 m 西側にいました．このとき，A君とは反対側の位置なので，時刻 15:00 における B君の位置は −200 m，時刻 15:10 における B君の位置は −900 m，というように，マイナスをつけることで A君とは反対側の位置にいることを表せます（ここでは，大学の位置を基準にして東を正の側と考えています）．

ところで，二人の動きだけを考えると，移動した距離に着目する方法もあります．A君は 5 分間で 700 m 進みましたが，これは位置を表すのではなく，進んだ距離を表しています．この **位置の変化** を表す 700 m を **変位** とよびます．この例で東向きの変位を正とすると，A君の 5 分間における変位は +700 m，B君の 10 分間における変位は −700 m となります．このように，変位は大きさと方向をもっているので，力と同じ表し方をすることになります．本書では変位を $\vec{S}$ あるいは $S_x$ などと表すことにします．

**時刻と時間**　上の例でわかるように，時刻というのは「○時○分○秒」のように時計を読んだもの，時間というのは○秒間や○分間のような時間の長さを表すものです．時刻と時間を正確に区別できるようにしましょう．これらに気をつけて，上の A君について表にすると，右のようになります．

**A君の位置と変位**

| 時刻 | 位置 | 時間 | 変位 |
|---|---|---|---|
| 15:00 | +200 m | 5分間 | +700 m |
| 15:05 | +900 m | | |

---

**確認問題●7-01**　(1) 上記解説の B君について，時刻・位置・時間・変位の表を作成せよ．
(2) B君が大学の西側 900 m の位置で落とし物に気づき，大学の西側 400 m の位置まで戻った．この間の B君の変位を，符号をつけて答えよ．

## 7-2 速度と速さ

**速度** 7-1 の二人の移動について，時間と関連づけて考えてみましょう．A君は 5 分間で +700 m 移動 (変位) したわけですが，その間に一定の割合で進んだので，1 分ごとに $+700 \div 5 = +140$ m 変位したことになります．つまり，1 分あたりの変位は +140 m ということです．

一方，B君は 10 分間で −700 m 変位したわけですから，1 分あたりの変位は $-700 \div 10 = -70$ m となります．

このとき，+140 m も −70 m も 1 分間の変位を表していますが，単位時間 (1 秒 [s]，1 分 [min]，1 時間 [h] など) あたりの変位を**速度**といいます．速度の単位は変位を時間で割ったものなので，上の例では，

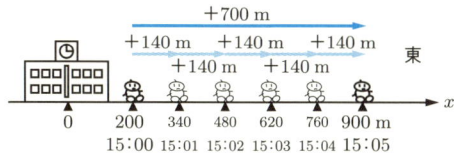

・A君の速度は +140 m/min   ・B君の速度は −70 m/min

ということになります (この例のように，速度が一定の運動を**等速度運動**といいます)．変位を $\vec{S}(S_x)$，時間を $t$，速度を $\vec{v}(v_x)$ と表すと，次のようになります．

▶**速度**  $\vec{v} = \dfrac{\vec{S}}{t}$  $\left( v_x = \dfrac{S_x}{t} : \text{一直線上の運動のとき} \right)$

**速さ** 上の例で，速度の絶対値を**速さ**といいます．速度が $\vec{v}$ のとき，速さは $|\vec{v}|$ のように絶対値記号をつけます．速さを用いると，「A君の速さ (140 m/min) はB君の速さ (70 m/min) の 2 倍である」ということができます．日常生活では速度も速さも同じような意味で使われますが，力学では厳密に区別することを覚えておきましょう．

**速度・速さの単位** 上述のように速度や速さの単位は，変位 (距離) を時間で割った単位になります．変位 (距離) と時間の単位によって，いろいろな単位ができます．

・30 km/h：30 キロメートル毎時，または，時速 30 キロメートル
・120 m/min：120 メートル毎分，または，分速 120 メートル
・3.2 m/s：3.2 メートル毎秒，または，秒速 3.2 メートル

---

**基本例題 ● 7-2**　30 km/h は分速何 m であるか．

**解答**　[km/h] で表された速さを [m/min] に変換すればよい．

$30 \text{ km/h} = 30 \text{ [1000 m/60 min]}$　←　(1 km = 1000 m，1 h = 60 min)
$= 30 \times 1000/60 \text{ [m/min]} = 500 \text{ m/min}$　∴ 分速 500 m

---

**確認問題 ● 7-02**　[1] ある車が 15 分間に 12 km 進んだという．この車の速さは時速何 km か．
[2] 以下の速さを，( ) 内の単位に変換せよ．
　(1) 分速 180 m　(m/s)　(2) 時速 48 km　(m/min)　(3) 時速 18 km　(m/s)

## 7-3 速度の合成と分解

**速度の合成**　2方向の速度について簡単な例を考えてみましょう．いま，大きな机の上に $x$，$y$ 軸を考え，机の上に置いた板の上を亀が $y$ 方向に $v_y = +1\,\mathrm{cm/s}$ の速度で歩いています．次に，亀の載っている板を $x$ 方向に $v_x = +1\,\mathrm{cm/s}$ の速度で動かしたとします．このとき，亀は1秒間にどれだけの距離を移動するか考えてみましょう．

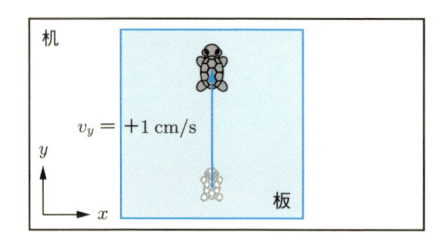

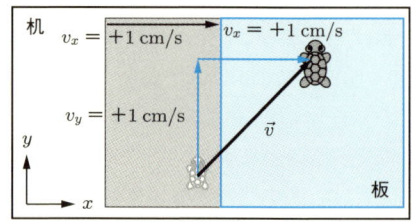

亀は $y$ 方向に $+1\,\mathrm{cm/s}$ で動いていますから，1s間では $y$ 方向に $+1\,\mathrm{cm}$ 変位します．ところで，同じ1s間に板も $x$ 方向に $+1\,\mathrm{cm}$ だけ変位しますから，亀は1s間に $x$ 方向にも $+1\,\mathrm{cm}$ 変位することになります．

したがって，1s間の亀の変位の大きさは，図の AB の長さということになるので，三平方の定理から，

$$|AB| = \sqrt{1^2 + 1^2} = \sqrt{2}$$

となります．1s間の変位のことを速度というわけですから，亀の速度は $x$ 軸から $45°$ の方向に，$\sqrt{2}\,\mathrm{cm/s}$ となります．

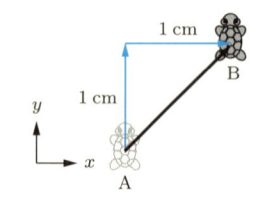

この例で $v_x$ と $v_y$ の組み合わさった速度 $\vec{v}$ を **合成速度**，合成速度を求めることを **速度の合成** といいます．また，$v_x$ と $v_y$ を $\vec{v}$ の **$x$ 成分**，**$y$ 成分** といいます．速度の矢印 $\vec{v}$ も，2-5 で学んだ力の矢印と同様の計算ができます．

一般に，直交する二つの方向の速度を $v_x$，$v_y$ とすると，$v_x$ と $v_y$ の両方の運動をするときの速度 $\vec{v}$ の成分表示と速さ $|\vec{v}|$ は，

▶ $\vec{v} = (v_x, v_y)$　　▶ $|\vec{v}| = \sqrt{|v_x|^2 + |v_y|^2}$

となります．ここで，2-5 を見直して，矢印の意味と成分の表し方を復習しておきましょう．

**速度の分解**　前の例で，合成速度の求め方は力の合成と同じことをやっていることに気づいたでしょうか．そのことに気づけば，任意の方向の速度を $x$ 方向，$y$ 方向に分解することもできそうです．

今度は，机の上を $\sqrt{3}\,\mathrm{cm/s}$ の速さで $x$ 軸から $30°$ の方向に進む青亀のことを考えます．このとき，青亀が1s間に進む距離は $\sqrt{3}\,\mathrm{cm}$ ですから，$x$ 成分 $v_x$，$y$ 成分 $v_y$ は，

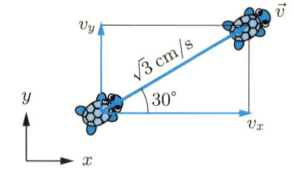

$$v_x = |\vec{v}| \cdot \cos 30° = \sqrt{3} \times \frac{\sqrt{3}}{2} = +\frac{3}{2}$$

$$v_y = |\vec{v}| \cdot \sin 30° = \sqrt{3} \times \frac{1}{2} = +\frac{\sqrt{3}}{2}$$

と求めることができます．このようにして成分を求めることを，**速度の分解**といいます．

▶ $x$ 軸から $\theta$ の方向に速度 $\vec{v}$ で運動する物体の速度の $x$ 成分 $v_x$，$y$ 成分 $v_y$ は
$v_x = |\vec{v}| \cdot \cos\theta$ ， $v_y = |\vec{v}| \cdot \sin\theta$

**基本例題 ●7-3** $x$–$y$ 平面上をボールが転がっている．このとき，ボールは，$x$ 軸から $60°$ の方向に $2\,\text{s}$ 間で $12\,\text{cm}$ 進んだ．このボールの速さ $|\vec{v}|$ および速度 $\vec{v}$ の $x$ 成分 $v_x$，$y$ 成分 $v_y$ を求めよ．

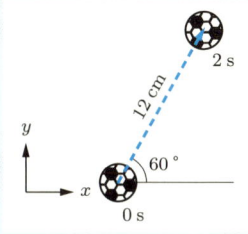

**解答**
$|\vec{v}| = 12\,\text{cm}/2\,\text{s} = 6\,\text{cm/s}$

$v_x = 6 \times \cos 60° = 6 \times \dfrac{1}{2} = +3\,\text{cm/s}$

$v_y = 6 \times \sin 60° = 6 \times \dfrac{\sqrt{3}}{2} = +3\sqrt{3}\,\text{cm/s}$

**確認問題 ●7-03** [1] 右図で，$1\,\text{s}$ 間に矢印のように変位したとき，①～③について，速さ $|\vec{v}|$ および速度 $\vec{v}$ の $x$ 成分 $v_x$，$y$ 成分 $v_y$ を求めよ．
[2] 直線上を時速 $30\,\text{km}$ で走る電車の中を，A さんが分速 $25\,\text{m}$ で電車と同じ方向に歩いている．このとき，A さんは地面に対して分速何 m で移動していることになるか．

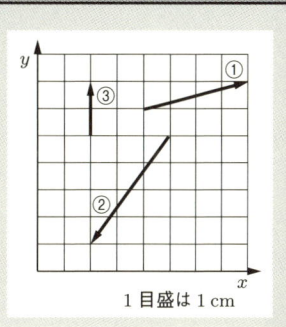

1 目盛は 1 cm

時速 $30\,\text{km}$　　分速 $25\,\text{m}$

## 7-4 相対速度

**運動の基準と相対運動**　私たちはふつう,「大地(地球)の上で止まっているか動いているか」で運動を判断します.しかし,電車に乗っているときに窓の外を見ると,「外の景色が動いている」と表現できるように,止まっているのが自分で,外の景色が動いているように感じます.

このとき,外の景色が動いていると感じるのは,運動の基準を自分においているからですが,**自分の速度を 0 (基準)**とみるか**外の速度を 0 (基準)**とみるかによって,同じ運動がまったく違う運動として認識されます.このように運動している側(ここでは電車に乗っている自分)から見た他方の側(ここでは外の景色)の運動を**相対運動**といいます.

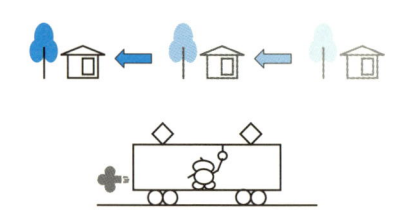

**相対速度**　800 m/min (48 km/h) で正の方向に走っている電車があるとします.ここで,電車の中で座っている A 君と,地面に立って電車を見ている B 君を考えてみましょう.

B 君から A 君を見ると,A 君は 1 分間で正の方向に 800 m 変位しますから,速度は $v_A = +800\,\text{m/min}$ となります.このとき,B から A を見た速度という意味を表す記号として,次のように表すことにします.

$$v_{BA} = +800\,\text{m/min}$$

このように,基準となる側をはっきりさせて表現した速度のことを,**相対速度**といいます.これまで考えてきた速度というのは,大地を基準にした相対速度であるということができます.

次に,A 君から B 君を見たときを考えてみると,B 君は電車の進行方向と反対方向に 1 分間で 800 m 変位することになりますから,上と同じように表すと,

$$v_{AB} = -800\,\text{m/min}$$

となります.

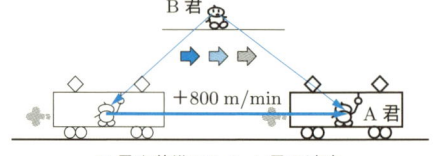

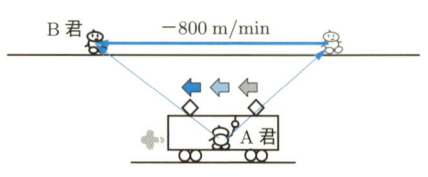

**2 点が移動する場合の相対速度**　では,上の例で B 君が立ち止まっていないで,自転車に乗って電車と同じ方向に $v_B = +200\,\text{m/min}$ (12 km/h) で進んでいたらどうなるでしょうか.

この場合,A 君は 1 分間に +800 m 変位しますが,その間に B 君も +200 m 変位しま

すから，B君を基準にすると，A君は1分間で +600 m 変位したことになります．つまり，

$$v_{BA} = +600 \,\mathrm{m/min}$$

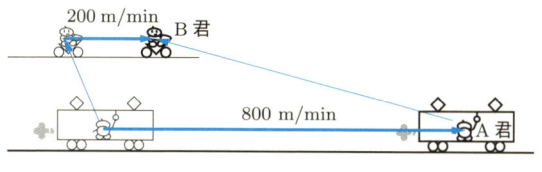

となります．また，A君を基準にすると，B君は1分間で600m後方に変位しますから，

$$v_{AB} = -600 \,\mathrm{m/min}$$

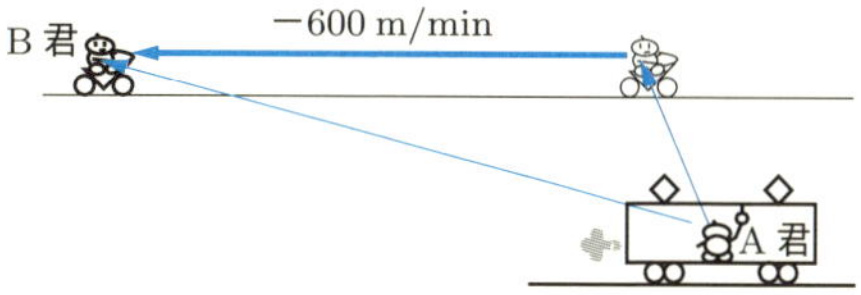

となります．速度 $v_A$ で運動する A と速度 $v_B$ で運動する B があるとき，相対速度は，

▶A から B を見たときの相対速度　$v_{AB} = v_B - v_A$

▶B から A を見たときの相対速度　$v_{BA} = v_A - v_B$

となります．相対速度を求める場合には，**基準となる側の速度を引く**と覚えておけばよいでしょう．

これらの例では，一直線上の相対速度を考えてみましたが，ここで示した相対速度の式は，任意の方向の速度の場合にも使えます．その例を次の例題でみてみましょう．

---

**基本例題●7-4**　雨が鉛直下向きに 15 m/s の速度で落下している．電車に乗ったA君にはこの雨が鉛直から傾いて，速さ $10\sqrt{3}$ m/s で落下しているように見えたという．電車の速さを [m/s] の単位で求めよ．

**解答**　列車の速度 $\vec{v_A}$ の $x$ 成分を $v_{Ax}$，雨の落下速度を $\vec{v_B}$ とし，2方向成分を用いて表すと，

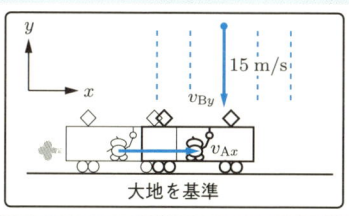

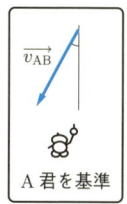

$$\vec{v_A} = (+|v_{Ax}|, 0)$$
$$\vec{v_B} = (0, -15)$$

となる．また，列車から見た雨の相対速度は，$\vec{v_{AB}} = \vec{v_B} - \vec{v_A} = (-|v_{Ax}|, -15)$ であり，$|\vec{v_{AB}}| = 10\sqrt{3}$ だから，$(-|v_{Ax}|)^2 + (-15)^2 = (10\sqrt{3})^2$ となる．
∴ $|v_{Ax}| = 5\sqrt{3}$ m/s

---

**確認問題●7-04**　**基本例題●7-4** で，列車の速度が 20 m/s であるとき，雨が垂直から60°傾いて見えたという．雨が鉛直下向きに落下しているとき，雨の落下速度 [m/s] を求めよ．

## 7-5 加速度

**加速度とは** これまで考えてきた運動（電車の例など）は，つねに一定の動きをしているものでした（等速度運動）．

ところで，ある駅から次の駅に電車が移動（変位）するとき，①最初止まっていて，②出発して速度を上げ，③一定の速度で走り，④減速して，⑤到着駅に止まる，という動きになります．

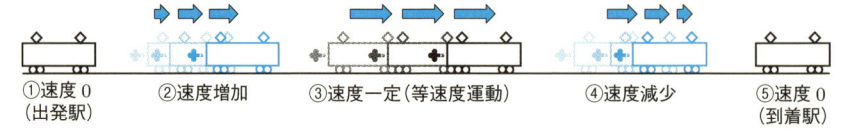

①速度0（出発駅）　②速度増加　③速度一定（等速度運動）　④速度減少　⑤速度0（到着駅）

これまで扱った運動は，③の状態だけを考えたものでしたが，実際の現象を表すには，②や④のように速度の変化することを表す必要があります．このとき，単位時間（1 s，1 min，1 h など）あたりの速度の変化のことを加速度といいます．

**直線運動における加速度** 上の②と④について，加速度を求める方法を考えてみましょう．いま，9時ちょうどに駅に止まっている電車が $x$ 軸上を動き出し，20 s 後に速度 $+3$ m/s，1 min 後に速度 $+12$ m/s になったとします．加速度は 1 s あたりの速度の変化を計算すればよいので，最初の 20 s 間で速度が $+3$ m/s 増えていることから，

$$a_{1x} = \frac{v_{1x} - v_{0x}}{t_1 - t_0} = \frac{(+3) - 0}{20} = +0.150$$

となります．次に 9:00:20 から 9:01:00 の 40 s 間について計算してみると，最初 $+3$ m/s で動いていたので，

$$a_{2x} = \frac{v_{2x} - v_{1x}}{t_2 - t_1} = \frac{(+12) - (+3)}{40} = +0.225$$

という数字が得られます．加速度は，速度の変化÷時間ですから，この例での単位は，

$$[\text{m/s}] \div [\text{s}] = [\text{m/s}^2]$$

となります．つまり，$a_{1x} = +0.150 \,\text{m/s}^2$，$a_{2x} = +0.225 \,\text{m/s}^2$ です．

次に，電車が止まるときを考えてみましょう．この場合は上と同じように考えればよいのですが，この場合は速度が小さくなってくるので，速度の変化はマイナスになります．

$$a_{4x} = \frac{v_{4x} - v_{3x}}{t_4 - t_3} = \frac{(+3) - (+12)}{40} = -0.225 \,\text{m/s}^2$$

$$a_{5x} = \frac{v_{5x} - v_{4x}}{t_5 - t_4} = \frac{(0) - (+3)}{20} = -0.150 \, \text{m/s}^2$$

**加速度の大小の意味**　前項で求めた四つの例で，加速度の正負について考えてみます．$a_{1x}$ と $a_{2x}$ を比較すると，加速度の絶対値が大きいほど速度の変化が大きいことになります（$a_{4x}$ と $a_{5x}$ についても考えてみましょう）．次に，$a_{1x}$ と $a_{5x}$ あるいは $a_{2x}$ と $a_{4x}$ を比較すると，加速度の符号は速度の増加・減少を表しています．

ここで注意したいのは，速度の増加とは**正の方向に速さが増加する**という意味です．たとえば，最初の電車の**速さ**が逆向きに大きくなる場合には（右図），

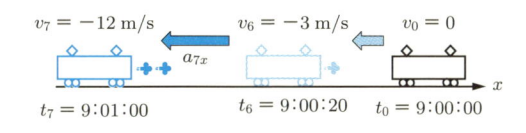

$$a_{7x} = \frac{v_{7x} - v_{6x}}{t_7 - t_6} = \frac{(-12) - (-3)}{40} = -0.225 \, \text{m/s}^2$$

となりますが，これは $t_6$ から $t_7$ の間に，**速度**が $-3$ から $-12$ に減少しているからです（注：この例では，**速さ**は増加しています．**速度**と**速さ**の違いを思い出しましょう）．

**加速度の成分表示**　これまでの例でわかるように，加速度も大きさと向きをもつ量なので，力や速度と同様に成分表示できます．

いま，右のように $x$–$y$ 平面上を動く電車を考えると，$t_1$ における速度 $\vec{v_1}$ と $t_2$ における速度 $\vec{v_2}$ は，それぞれ速度を分解して，

$$\vec{v_1} = (+2\sqrt{3}, +2), \quad \vec{v_2} = (+5\sqrt{3}, +5)$$

となります．すると，加速度 $\vec{a}$ の成分 $(a_x, a_y)$ は，

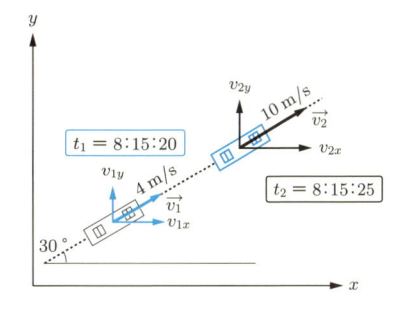

$$\vec{a} = (a_x, a_y) = \frac{\vec{v_2} - \vec{v_1}}{t_2 - t_1} = \frac{1}{5}(+3\sqrt{3}, +3) = (+0.6\sqrt{3}, +0.6) \, [\text{m/s}^2]$$

となります．なお，相対速度と同じような**相対加速度**という概念もありますが，説明は省略します．各自で考えてみるとよいでしょう．

---

**確認問題●7-05**　(1) 静止している電車が 13:18 に出発した．その後，一定の加速度 $a_x$ で $x$ 軸の正の方向に直進し，13:21 に速度が $+90 \, \text{km/h}$ になった．$a_x \, [\text{km/min}^2]$ を求めよ．

(2) 13:25 に $+90 \, \text{km/h}$ で走っていた (1) の電車にブレーキをかけたら，一定の加速度 $a_x = -0.3 \, \text{km/min}^2$ が生じたという．停止した時刻を求めよ．

## 基本 A 問題

**7-06** $x$ 軸上を一定の速さで，それぞれ逆向きに歩く A 君と B 君がいる．9:00 から 9:12 に，A 君の位置は $+200$ m から $+620$ m になり，B 君の位置は $+900$ m から $-120$ m になったという．このとき，以下の問いに答えよ．

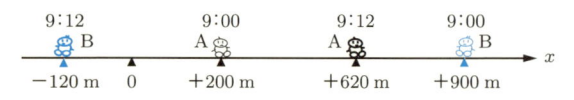

(1) A 君，B 君それぞれの 12 分間の変位 $S_{Ax}$，$S_{Bx}$ [m] を，符号をつけて求めよ．
(2) A 君，B 君それぞれの速度 $v_{Ax}$，$v_{Bx}$ [m/min] を，符号をつけて求めよ．
(3) A 君と B 君の速さの比を求めよ．

**7-07** 次の速さを，( )内の単位に変換せよ．
(1) 36 km/h (m/min)　(2) 40 m/min (km/h)　(3) 3 cm/s (m/min)
(4) 時速 144 km (m/s)　(5) 分速 1.2 m (cm/s)　(6) 秒速 50 cm (km/h)

**7-08** 以下はすべて直線上の運動である．それぞれの速さあるいは時間を，( )内の単位で求めよ．
(1) 自転車が 8 分間に 2 km 進んだときの速さ (km/h)．
(2) 自動車が 12 分間で 18 km 進んだときの速さ (km/h)．
(3) 新幹線が 200 km/h で走っているとき，30 km 進むのに必要な時間 (min)．

**7-09** 右図で，2 s 間に矢印のように変位したとき，①〜③について，速さ $|\vec{v}|$ および速度 $\vec{v}$ の $x$ 成分 $v_x$，$y$ 成分 $v_y$ を [cm/s] の単位で小数第 2 位まで求めよ．

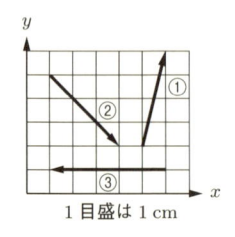

**7-10** $x$-$y$ 平面上を物体が移動している．このとき物体が図に示す変位と時間で移動したとき，それぞれの物体の速度 $\vec{v}$ を成分で表示し，速さ $|\vec{v}|$ を [cm/s] の単位で求めよ．

① ② ③ (小数第 2 位まで)

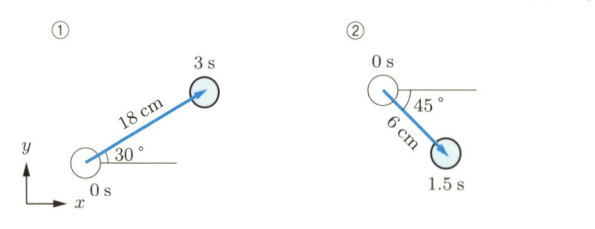

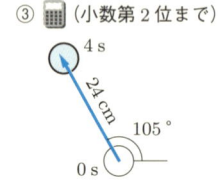

**7-11** 一直線上を運動する物体について，以下のように速度が変化したときの加速度を $[m/s^2]$ の単位で求めよ．
(1) 2.5 s 間に速度が $+20$ m/s から $+70$ m/s に変化したとき．
(2) 2.5 s 間に速度が $+70$ m/s から $+20$ m/s に変化したとき．
(3) 2.5 s 間に速度が $-20$ m/s から $-70$ m/s に変化したとき．

(4) 2.5 s 間に速度が $-70\,\text{m/s}$ から $-20\,\text{m/s}$ に変化したとき．

## 実力 B 問題

**7-12** 直線上を 42 km/h で走る電車がある．この電車の中で A 君は電車の進行方向に 20 m/min，B 君は電車の進行方向と逆向きに 30 m/min で歩いている．また，C 君は電車の外で立っている．このとき，電車の進行方向を正の方向として，以下の問いに [m/min] の単位で答えよ．

(1) C 君は，A 君および B 君がどのような速度で移動しているように見えるか．
(2) A 君は，C 君がどのような速度で移動しているように見えるか．
(3) A 君は，B 君がどのような速度で移動しているように見えるか．

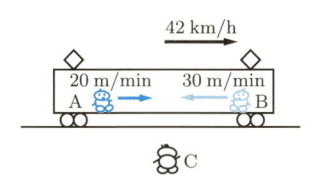

**7-13** $x$ 軸から $\theta\,[°]$ 傾いた直線 X 上を運動する球がある．この球は 8:00 に速さ 6 m/s であったが，8:02 には同じ向きに速さ 18 m/s となっていた．このとき，

(1) 直線 X 上での球の加速度の大きさ [cm/s²] を求めよ．
(2) この球の 2 分間における加速度の $y$ 成分が，$a_y = +5\,\text{cm/s}^2$ であったという．このとき加速度の $x$ 成分 $a_x\,[\text{cm/s}^2]$ を求めよ．
(3) $\theta$ の値を求めよ．

## 応用 C 問題

**7-14** 流れのない水の上を 200 m/min で走るボートで，川を横切ったところ，4 分で対岸に着いたという．このとき，以下の問いに答えよ．

(1) 川幅 [m] を求めよ．
(2) 対岸に着いたとき，ボートは出発位置よりも 120 m 下流に到着した．この川の流れの速さ [m/min] を求めよ．
(3) 岸から見たボートの速さ [m/min] を小数第 1 位まで求めよ．

**ヒント▶ 7-13** (2) $a_x$ と $a_y$ を合成した加速度が(1)の加速度の大きさになる．(3) $\tan\theta = |a_y|/|a_x|$　▶**7-14** **7-3** の亀の例を参照．

# 第8章 直線上の運動の種類

この章では，直線上を運動する物体の変位，速度および加速度の間に成立する関係式を学びます．これらの関係式を実際の現象に適用するための視点を養いましょう．

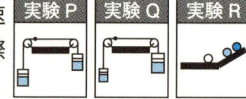

## 8-1 等速直線運動

**等速直線運動**　単位時間（1s，1min，1h）あたりの変位のことを速度ということはすでに学びましたが，この速度が一定である運動（等速度運動）を考えてみます．

いま，$x$軸上をA君が$v_x = v = +2\,\text{m/s}$で歩いているとします．速度が一定であるということは，A君がつねに1sあたり$+2\,\text{m}$変位しているわけですが，それに加えてつねに$x$軸の正の方向に進んでいることになります．

等速度運動は，速さも方向も変化しないので，直線運動になります．そのため，一定の速さで一直線上を同じ方向に動き続ける運動を**等速直線運動**ともいいます．

さて，このときA君の変位$S_x = S$，速度$v$と時間$t$の関係について考えてみましょう．速度は1sあたりの変位ですから，1s後には$S = +2\,\text{m}$，2s後には$S = +4\,\text{m}$となることは容易にわかるでしょう．速度

| $t$ [s] | 0 | 1 | 2 | 3 |
|---|---|---|---|---|
| $v$ [m/s] | +2 | +2 | +2 | +2 |
| $S$ [m] | 0 | +2 | +4 | +6 |

$v$で物体が等速直線運動するときの変位$S$は，時間を$t$として，次式で表されます．

▶等速直線運動の変位　　$S = v \cdot t$

**等速直線運動の変位のグラフ**　さて，ここでA君の運動を，時間$t$を横軸，変位$S$を縦軸にとって，グラフにしてみます（以下，$S$–$t$グラフとよびます）．するとグラフは，時間の増加量を$\Delta t$（$\Delta$はデルタと読みます），変位の増加量を$\Delta S$と表せば，傾き$\Delta S / \Delta t = +2$の正比例のグラフになっていることがわかります．

ところで，上の$S = v \cdot t$で，速度$v = +2$を代入すると，$S = +2t$となり，右のグラフはこの正比例のグラフになっていることがわかります．すなわち，速度の値は$S$–$t$グラフの傾きになっています．

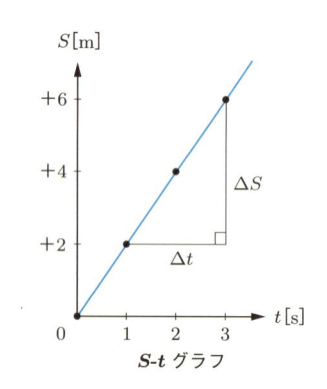

▶$S$–$t$グラフの傾きは，速度$v$を表す．　…①

なお，速度が負の値の場合には，グラフの傾きも負になります（→確認問題●8-01）

**等速直線運動の速度のグラフ**　次に，時間$t$を横軸に，速度$v$を縦軸にとって，A君の運動をグラフにしてみましょう．

今度は $v$ の値が一定なので，右のようなグラフが得られます．このグラフで $S=vt$ の関係を考えると，$t=3$ ならば $S=v\times 3$ ということになり，次のように表現できます．

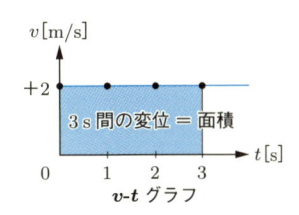

▶ $v-t$ グラフの直線と $t$ 軸に囲まれる面積は，変位 $S$ を表す．…②

なお，速度の値が負の場合は $t$ 軸よりも下側に面積が現れます．このようなときは，面積に負号をつけることで，変位の方向が負であると考えます．

上記の①と②は，等速直線運動に限らず，あらゆる運動について成立する重要な事項です．本書では扱いませんが，数学の微分や積分を用いることで説明できる内容ですから，必ず覚えておきましょう．

---

**基本例題●8-1** 右図のような $x$ 軸上の 25 m 離れた 2 点に質点 A と B があって，A は +2 m/s，B は -3 m/s で等速直線運動している．このとき，二つの質点がぶつかるのは何 [s] 後か．

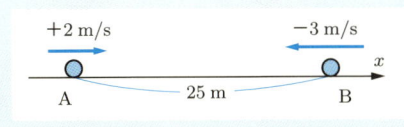

**解答** 最初の位置を基準にして，A，B の $t$ [s] 後の変位を $S_A$，$S_B$ とすると，
$$S_A = 2t\,[m], \quad S_B = -3t\,[m]$$
となる．二つがぶつかるのは，$|S_A|+|S_B|=25$ のときだから，
$2t+3t=25$ となり，$t=5$ となる．5 s 後．

---

**確認問題●8-01** [1] 右図のような $x$ 軸上の 20 m 離れた 2 点に，質点 A と質点 B がある．A は +5 m/s，B は +3 m/s で等速直線運動している．このとき，質点 A が質点 B と同じ位置に来るのは何 [s] 後か．

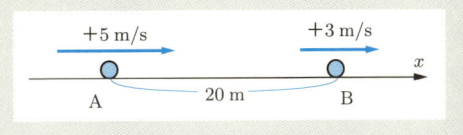

[2] $x$ 軸上の原点から A 君は $v_A = +1.5$ m/s で，B 君は $v_B = -1.5$ m/s で歩き始める．このとき，A 君と B 君の $S-t$ グラフならびに $v-t$ グラフ（$0 \leq t \leq 10$）を描け．また，出発から 5 s 間の二人の変位 $S_A$ [m] および $S_B$ [m] を求めよ．

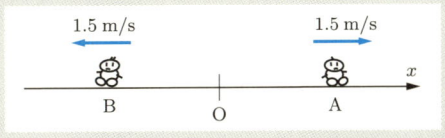

## 8-2 等加速度直線運動

**等加速度直線運動** $x$ 軸上を運動する車を考えます．この車の速度が，最初 $+5\,\mathrm{m/s}$ で，1 s ごとに $+2\,\mathrm{m/s}$ ずつ速度が変化する場合を考えてみましょう．このときの変化を表にすると，次のようになります．

| $t\,[\mathrm{s}]$ | 0 | 1 | 2 | 3 | 4 |
|---|---|---|---|---|---|
| $v\,[\mathrm{m/s}]$ | +5 | +7 | +9 | +11 | +13 |
| $a\,[\mathrm{m/s^2}]$ | | +2 | +2 | +2 | +2 |

この場合，速度は変化しますが，加速度は一定です．また，速さは変わっても，進行方向は変わりませんから，車は直線運動することになります．このような一定の加速度での運動を，**等加速度直線運動**といいます．

等加速度直線運動を考えるとき，物体の最初の速度 $v_0\,[\mathrm{m/s}]$ が必要になります．この $v_0$ を**初速度**といいます．いま，初速度 $v_0$ の物体に加速度 $a\,[\mathrm{m/s^2}]$ が生じて $t\,[\mathrm{s}]$ 後に $v\,[\mathrm{m/s}]$ になったとすると，$t\,[\mathrm{s}]$ 間の速度の変化は $at$ なので，

▶等加速度直線運動の速度 $\quad v = v_0 + at$

となります．

**等加速度直線運動の $v$–$t$ グラフ** ここで，等速直線運動のときと同様に，$v$–$t$ グラフを描きます．上の表の値をグラフにプロットすると，右のようなグラフができあがります．

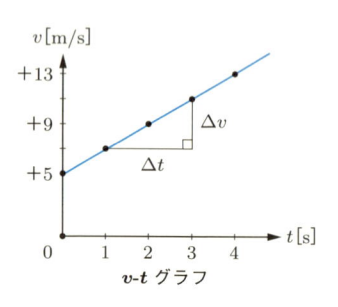

次に，式で考えてみると，$v = v_0 + at = 2t + 5$ となります．この式は傾きが $+2$ で，切片が 5 ということを示しています．プロットしたグラフにおいて，速度の変化を $\Delta v$，時間を $\Delta t$ とすると，その傾きは，$\Delta v / \Delta t$ ですから，単位時間あたりの速度の変化，つまり加速度を表すことになります．

▶$v$–$t$ グラフの傾きは，加速度 $a$ を表す．

さて，8-1 でみたように，直線運動において $v$–$t$ グラフと $t$ 軸とに囲まれた面積が変位を表すので，時刻 0 から $t$ における変位は右図を参照して，

▶等加速度直線運動の変位 $\quad S = v_0 t + \dfrac{1}{2} at^2$

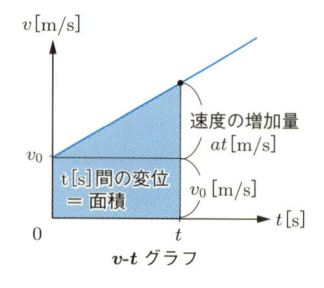

と得られます．もし，加速度が $a = 0$ なら，$S = v_0 t$ となり，等速直線運動と同じ式になります．

それでは，この式から $S$–$t$ グラフを描いてみましょう．この式は $t$ の 2 次式なので放物線になります．さらに，式からグラフの特徴と

して，

① $t=0$ のときは $S=0$，すなわち原点を通り，

② $a>0$ のときは上に開き，$a<0$ のときは下に開く放物線になる，

ことがわかります．細かい形状まで導出する必要はありませんが，この①，②は覚えておきましょう．

なお，$v_0$ の値によっては，放物線の頂点が $t>0$ の区間に現れる場合もあります．この点については 8-5 で考察します．

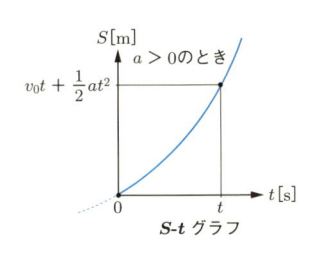

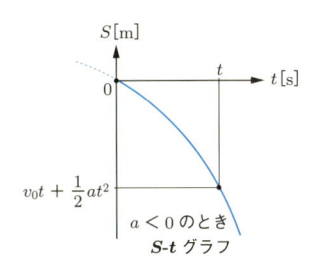

S-t グラフ（$a>0$ のとき）

S-t グラフ（$a<0$ のとき）

---

**基本例題 ● 8-2** 駅を出発した電車が，一直線上のレールの上を走っている．

(1) 止まっていた電車が一定の加速度 $a_1\,[\text{m/s}^2]$ で速度を増しながら，30 s 後に $+15\,\text{m/s}$ の速度になった．$a_1$ の値を求めよ．

(2) (1)のときに進んだ距離を求めよ．

**解答** (1) $a_1 = \dfrac{+15\,[\text{m/s}]}{30\,[\text{s}]} = +0.5\,\text{m/s}^2$

(2) 初速度は $v_0=0$ であるから，次式のようになる．
$$S = v_0 t + \frac{1}{2}at^2 = 0 \times 30 + \frac{1}{2} \times 0.5 \times 30^2 = 225\,\text{m}$$

---

**確認問題 ● 8-02** **基本例題 ● 8-2** について，以下の問いに答えよ．

(1) 30 s 後から一定の速度 $+15\,\text{m/s}$ で 120 s 間進み，ブレーキをかけて一定の加速度 $a_2\,[\text{m/s}^2]$ で減速し，ブレーキをかけてから 60 s 後に停止した．$a_2$ の値を求めよ．

(2) 右のグラフは，この電車が出発してから 30 s までの $v$–$t$ グラフである．30 s から 210 s までを記入し，$v$–$t$ グラフを完成せよ．

(3) 出発した駅から到着した駅までの距離は何 [m] か．

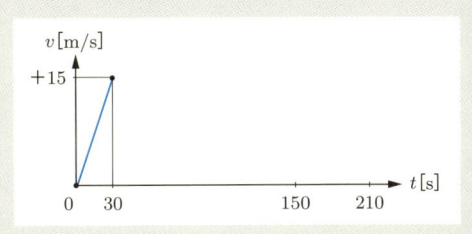

8-2 等加速度直線運動

## 8-3 負の等加速度直線運動

**斜面上での球の運動**　坂の上にボールを置いて，坂の上方向に転がすと，ボールはあるところまで上ったあと，下ってきます．このようなとき，このボールには図の $x$ 軸の正方向の初速度と，負方向の加速度が生じています．本節ではこのような初速度と加速度の向きが反対である場合について考えてみましょう．

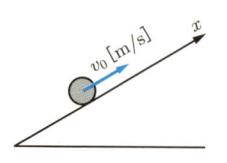

**負の等加速度直線運動と $v$–$t$ グラフ**　このような場合，ある初速度 $v_0$ を与えると，次のような時間 $t$ と変位 $S_x$ の関係が観察されます．前節で初速度 $v_0$ [m/s]，加速度 $a$ [m/s²] の場合の $t$ [s] 後の変位 $S$ は，$S = v_0 t + 1/2\, at^2$ と得られましたから，この式に表の $(t, S_x)$ の値の組を代入すると，

| $t$ [s] | 0 | 1 | 2 | 3 | 4 | 5 | 6 |
|---|---|---|---|---|---|---|---|
| $S_x$ [m] | 0 | +3 | +4 | +3 | 0 | −5 | −12 |

$(t = 1,\ S_x = 3) \to 3 = v_0 \times 1 + 1/2 \times a \times 1^2$

$(t = 2,\ S_x = 4) \to 4 = v_0 \times 2 + 1/2 \times a \times 2^2$

　　　　　⋮　　　　⋮　　　　⋮

のように得られます．これらの式で任意の二つを連立して解くと，いずれの場合も $v_0 = +4\,\text{m/s}$, $a = -2\,\text{m/s}^2$ と得られます．

時間と変位の関係から加速度を求めたとき，時刻（あるいは時間）にかかわらずつねに加速度が一定になるような運動を等加速度直線運動というわけですが，この例では加速度が負ですから，負の等加速度直線運動ということになります．

この例をもう少し詳しくみてみます．この例では，初速度が $+4\,\text{m/s}$, 加速度が $-2\,\text{m/s}^2$ ですから，速度を $v = v_0 + at$ から求めて表にすると，下のようになります．

| $t$ [s] | 0 | 1 | 2 | 3 | 4 | 5 | 6 |
|---|---|---|---|---|---|---|---|
| $v$ [m/s] | +4 | +2 | 0 | −2 | −4 | −6 | −8 |
| $a$ [m/s²] | −2 | −2 | −2 | −2 | −2 | −2 | |

これを $v$–$t$ グラフにすると，右図のようになりますが，ここで，直線が $t$ 軸を横切るところ（2 s）を境に速度の符号が反転しています．

上の二つの表を図にすると，次頁の図のようになります．正方向に動いていた物体は，$t = 2\,\text{s}$ で一旦止まり，それ以降，負方向に動いていくことがわかります．

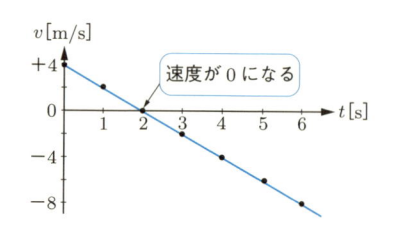

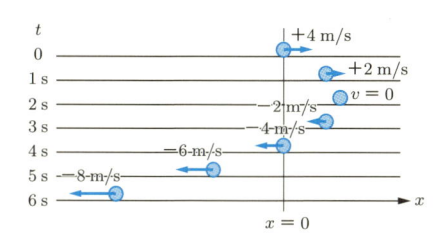

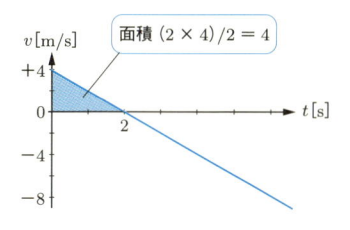

さて，この現象を$v$–$t$グラフと比較して考えてみましょう．$v$–$t$グラフでは$t$軸との間で囲まれた面積が変位になるということでした．したがって，$t=2\,\mathrm{s}$までの変位は，面積を求めて$S=4\,\mathrm{m}$となります．

**変位と移動距離の違い**　では，$t=5\,\mathrm{s}$までの変位を面積から求めるにはどうしたらよいでしょうか．この場合，$t$軸より上側で4，下側で9です．ここで，下側の面積を負として考えると，合計面積は$4+(-9)=-5$となって，$t=5\,\mathrm{s}$での変位と同じになります．つまり，負の等加速度直線運動では，右上図のようにグラフを解釈すればよいことになります．

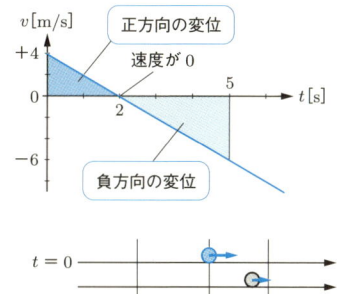

ところで，もしここで上側も下側も正として考えたらどうなるでしょうか．いまの例では$4+9=13\,\mathrm{m}$ということですが，これはこのボールの$t=5\,\mathrm{s}$までの全移動距離になります．つまり，右下図のように変位は**最初(この例では$t=0\,\mathrm{s}$)の位置と最後($t=5\,\mathrm{s}$)の位置**だけを問題にしていて，移動距離は**全行程**を表しているということになります．

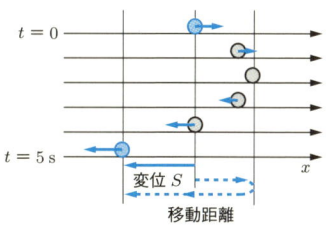

---

**基本例題●8-3**　原点を出発し，初速度$v_0=+12\,\mathrm{m/s}$，加速度$a=-3\,\mathrm{m/s^2}$で運動する質点がある．再び原点を通るまでにかかる時間$t_1\,[\mathrm{s}]$を求めよ．

**解答**　出発してから$t\,[\mathrm{s}]$後の変位は，$S=v_0 t+\dfrac{1}{2}at^2=12t-\dfrac{3}{2}t^2$．

原点を通るということは変位が0，すなわち$S=0$だから，$12t-\dfrac{3}{2}t^2=0$となる．これを解いて，$t=0, 8$を得る．よって，$t_1=8$となる．

---

**確認問題●8-03**　原点を出発し，初速度$v_0=-6\,\mathrm{m/s}$，加速度$a=+1.5\,\mathrm{m/s^2}$で運動する質点がある．質点の速度が0になるまでの時間$t_0\,[\mathrm{s}]$，再び原点を通るまでにかかる時間$t_1\,[\mathrm{s}]$を求めよ．また，$t=10\,\mathrm{s}$までの$v$–$t$グラフを描け．

## 8-4 自由落下運動

**落下の加速度**　高いところからボールを静かに落とすと，地面に向かって落下します．力いっぱい上に放り投げても，いずれは地面に落下してきます．これは地球が物体を引っ張る力（重力）をもっているからですが，この力によって生じる加速度を**重力加速度**といい，大きさは $g = 9.8 \text{ m/s}^2$ となります（→ 1-4）．

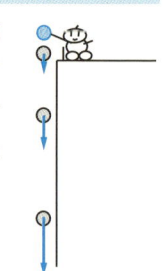

**自由落下運動**　物体が重力だけの作用によって鉛直下方に落下する運動を，**自由落下運動**といいます．これについて考えてみましょう．

地球上の物体には，地球の中心の向きに $g = 9.8 \text{ m/s}^2$ の加速度が生じています．いま，$y$ 軸の正の方向を下向きとすると，自由落下運動は初速度 $v_0 = 0$，加速度 $g$ の等加速度直線運動になります．等加速度直線運動の速度の公式 $v = v_0 + at$，変位の公式 $S = v_0 t + \frac{1}{2} at^2$ に $v_0 = 0$, $a = g$, $S = y$ を代入して，次の関係が得られます．

▶ $v = gt$　　▶ $y = \frac{1}{2} gt^2$

この関係を用いて自由落下運動で生じる落下物体の速度と変位を $t = 0$ から $t = 5$ s まで計算すると，表のようになります．この表をもとに，変位の変化の様子を描いてみると，図のようになります．放物線の頂点の位置は異なりますが，等加速度直線運動のときと同じ様子になることがわかります．

| $t$ [s] | 0 | 1 | 2 | 3 | 4 | 5 |
|---|---|---|---|---|---|---|
| $v$ [m/s] | 0 | 9.8 | 19.6 | 29.4 | 39.2 | 49.0 |
| $S$ [m/s$^2$] | 0 | 4.9 | 19.6 | 44.1 | 78.4 | 122.5 |

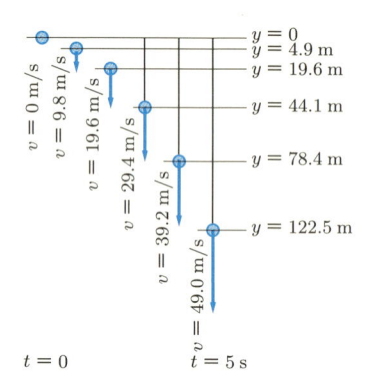

**基本例題● 8-4**　ある物体が初速度 0 で自由落下を始めてから 4.9 m 落下するまでにかかる時間，およびそのときの物体の速さを求めよ．重力加速度は $g = 9.8 \text{ m/s}^2$ とする．

**解答**　$g = 9.8$，$y = 4.9$ を $v = gt$ および $y = \frac{1}{2} gt^2$ に代入して，$v = 9.8 t$，$4.9 = \frac{1}{2} \times 9.8 t^2$ となる．これらを連立して，$t = 1.0$，$v = 9.8$ となるから，時間 1.0 s，速さ 9.8 m/s となる．

**確認問題● 8-04**　物体を自由落下させ，物体の速度を地表面で時速 100 km にするには何 [m] の高さから落下させればよいか．また，時速 100 km になるのは自由落下開始後，何 [s] 後か．小数第 2 位まで求めよ．重力加速度は $g = 9.8 \text{ m/s}^2$ とする．

## 8-5 投げ上げ・投げおろし

**投げ上げた物体の運動**　物体を真上に，初速度 $v_0$ を与えて投げ上げる場合を考えてみます．このとき，**$y$ 軸の正の向きを上向き**にとると，これは **8-3** で扱った初速度と加速度の向きが逆向きである場合に相当します．

したがって，$v = v_0 + at$, $S = v_0 t + \dfrac{1}{2}at^2$ において，$S = y$, $a = -g$ とすれば，

▶ $v = v_0 - gt$　　▶ $y = v_0 t - \dfrac{1}{2}gt^2$

という式が得られます．

いま，$v_0 = 49.0 \,\mathrm{m/s}$ とすると，次のように $v$ と $y$ が得られます．

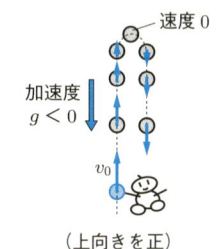

| $t\,[\mathrm{s}]$ | 0 | 1 | 2 | 3 | 4 | 5 | 6 | 7 | 8 |
|---|---|---|---|---|---|---|---|---|---|
| $v\,[\mathrm{m/s}]$ | +49.0 | +39.2 | +29.4 | +19.6 | +9.8 | 0 | −9.8 | −19.6 | −29.4 |
| $y\,[\mathrm{m}]$ | 0 | +44.1 | +78.4 | +102.9 | +117.6 | +122.5 | +117.6 | +102.9 | +78.4 |

投げ上げた物体は次第に速度が小さくなり，あるところで 0 になったあと落下を始めます．なお，最高点の高さは $v = 0$ となるときです．

**投げおろした物体の運動**　次に，鉛直下向きに物体を投げおろした場合を考えてみましょう．このとき **$y$ 軸の正の方向を下向き**にとれば，初速度 $v_0$，加速度 $g$ の等加速度直線運動になりますから，**8-2** で求めた式がそのまま適用できて，

▶ $v = v_0 + gt$　　▶ $y = v_0 t + \dfrac{1}{2}gt^2$

が得られます．

**$y$ 軸のとり方**　ここまで，$y$ 軸の正の向きとして，自由落下と投げおろしは下向き，投げ上げは上向きとしてきました．これは，①初速度の向きと加速度の向きが一致するときはそれを正の向きとする，②初速度の向きと加速度の向きが一致しないときは，初速度の向きを正の向きとする，という原則で設定しています．ただし，これは絶対的な規則ではありませんから，自由落下や投げ上げ，投げ下ろしを考えるときは，**8-2** で得られた公式を，向きを考慮して正確に使いこなせるようにするほうがよいでしょう．

---

**確認問題 ● 8-05**　真上に向けて，初速度 $19.6\,\mathrm{m/s}$ でボールを投げるとき，以下の問いに答えよ．

(1) ボールが最高点に達するまでの時間 [s] を求めよ．
(2) ボールが到達する最高点の高さ [m] を求めよ．
(3) ボールが投げた位置に戻ってくるのは何 [s] 後か．

## 基本 A 問題

**8-06** $x$ 軸上を一定の速度 $v = +3\,\mathrm{m/s}$ で進む質点がある。$t = 0$ における変位を $0$ として、以下に答えよ。
(1) $8\,\mathrm{s}$ 間に進む距離 [m] を求めよ。
(2) この質点の $v$–$t$ グラフおよび $S$–$t$ グラフを、$t = 0$ から $t = 5\,\mathrm{s}$ まで描け。
(3) $18\,\mathrm{m}$ 進むのに必要な時間 [s] を求めよ。

**8-07** $x$ 軸上の $100\,\mathrm{m}$ 離れた地点に、静止した質点 A, B がある。いま $t = 0$ から A は加速度 $+2\,\mathrm{m/s^2}$ で、B は加速度 $-6\,\mathrm{m/s^2}$ で動き始める。このとき、以下の問いに答えよ。

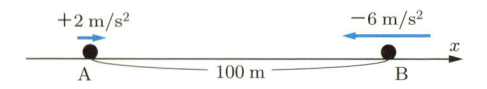

(1) $t\,[\mathrm{s}]$ 後の A, B の変位を $t$ の式で表せ。
(2) A と B がぶつかる時刻 [s] を求めよ。
(3) ぶつかった地点は $t = 0$ における A の位置から何 [m] であったか。
(4) ぶつかったときの A と B の速度 [m/s] を求めよ。

**8-08** 等加速度直線運動で、初速度 $v_0$、加速度 $a$、進んだ距離 $S$、$S$ だけ進んだときの速度（終速度）$v$ とするとき、$v^2 - v_0{}^2 = 2aS$ が成立することを示せ。

**8-09** $x$ 軸上の原点から初速度 $v_0 = +8\,\mathrm{m/s}$ で出発する質点がある。この質点が加速度 $-2\,\mathrm{m/s^2}$ で運動するとき、
(1) $v$–$t$ グラフを描け $(0 \leq t \leq 10)$。
(2) 変位 $S$ を $t$ の式で表せ。
(3) 右の表を埋めよ。
(4) $S$–$t$ グラフを描け。

| $t$ [s] | 0 | 1 | 2 | 3 | 4 | 5 | 6 | 7 | 8 | 9 |
|---|---|---|---|---|---|---|---|---|---|---|
| $S$ [m] | | | | | | | | | | |

**8-10** 高さ $10\,\mathrm{m}$ の位置からある物体を自由落下させる。地面に到達するときの速度 $v\,[\mathrm{m/s}]$、および到達するまでの時間 $t\,[\mathrm{s}]$ をそれぞれ求めよ。

**8-11** $22.05\,\mathrm{m}$ の高さの点 P から、質点 A を自由落下させる。それと同時に $0\,\mathrm{m}$ の高さの点 Q から質点 B を初速 $v_\mathrm{B}\,[\mathrm{m/s}]$ で投げ上げた。すると、A と B は点 P と Q のちょうど真ん中でぶつかったという。A と B が同一の鉛直軸上を運動するとき、A と B がぶつかったのは B を投げ上げてから何 [s] 後か。また、$v_\mathrm{B}$ の値を求めよ。

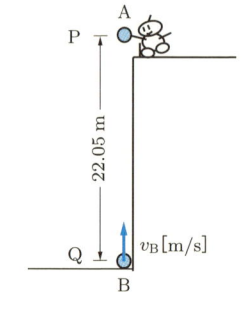

=== 実力 |B| 問題 ===

**8-12** 長さが 100 m である電車が，650 m の橋を初速度 $v_0 = +5$ m/s で渡り始めてから渡り終わるまでに，60 s かかった．このとき，電車は $a\,[\mathrm{m/s^2}]$ で等加速度運動をしていたという．$a$ の値を求めよ．

**8-13** なめらかな斜面上で球を転がして上らせる．斜面の高さ 0.3 m の点を原点 O とし，斜面に沿った上向きに $x$ 軸をとる．球が原点 O を正の向きに通り過ぎる瞬間の速さを $v_0 = 2.6$ m/s とし，球にはつねに $x$ 軸方向に $-2.0\,\mathrm{m/s^2}$ の加速度が生じているものとして，以下の問いに答えよ． 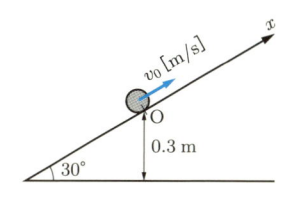
(1) 球が斜面上で停止するのは，原点 O を通ってから何 [s] 後か．
(2) 球が再び原点を通過するときの速度は何 [m/s] か．
(3) 球が斜面の下に到達するのは，最初に原点 O を通ってから何 [s] 後か．小数第 2 位まで求めよ．

**8-14** 地表から鉛直上向きに $v_0 = 19.6$ m/s でボールを投げ上げた．そのときの $v$–$t$ グラフは右のようであった．このとき，以下の問いに答えよ． 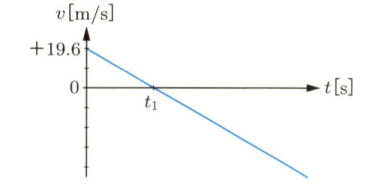
(1) $t_1$ はいくつか．
(2) ボールが最高点に達するのは，何 [s] 後か．また，最高点の高さ [m] を求めよ．
(3) ボールが再び地表に戻るのは何 [s] 後か．

=== 応用 |C| 問題 ===

**8-15** 右の図は，3500 m 離れた二つの駅間を直線運動する列車の $v$–$t$ グラフである．このとき，$t_2$ はいくつか．また，$t_2$ から $t_3$ までに列車に生じている加速度 $[\mathrm{m/s^2}]$ を求めよ．

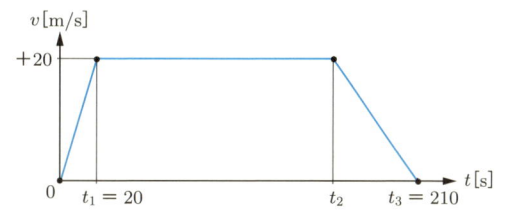

---

**ヒント ▶ 8-08** 等加速度直線運動の二つの式 $v = v_0 + at$ と $S = v_t t + \dfrac{1}{2}at^2$ から $t$ を消去する．　**▶ 8-12** 列車が橋を渡り始めるときは列車の先頭，渡り終えるときは列車の後ろになるので，橋の長さに列車の長さを加えたものが移動距離になる．　**▶ 8-15** $v$–$t$ グラフと $t$ 軸に囲まれた面積が移動距離である．

# 第9章　運動の法則

この章では，第6章までで学んだ力と第7・8章で学んだ運動をつなげる法則について考えます．力のつりあいが成立しないときに生じる運動をイメージし，理解を深めましょう．

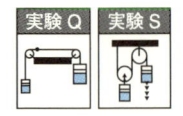

## 9-1　慣性の法則

**慣性**　電車が発車するとき，吊革につかまらずに立っていると，人は倒れそうになります．これは，人が静止しようとしているのに，電車の床が前方に動くために，足がそれにつれて動いてしまうためです．

電車が発車するとき

逆に電車が停止するときには，人は動き続けようとするのに，電車の床はスピードを落とすので，人は電車の進行方向に倒れそうになります．

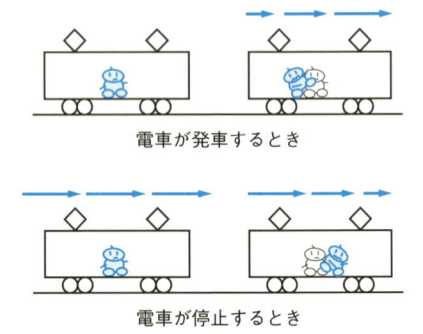

電車が停止するとき

このように，物体には，その静止状態や運動状態を維持しようという性質があります．この性質を**慣性**といいます．

**慣性の法則**　ニュートンは，物体の慣性について，以下のようにまとめました．

「物体に外部から力が作用していない限り，最初に静止していた物体はいつまでも静止の状態を保ち，運動している物体はいつまでもその速度を保って等速直線運動を続ける．」

この法則のことを**慣性の法則**といいます．これは，物体に力がはたらかないときは，

▶静止している物体：静止し続ける

▶運動している物体：等速直線運動をする

のどちらかになるということです．この法則は，力がつりあっているときにも成立する重要な法則です．

---

**確認問題●9-01**　重力や空気抵抗などが作用しない宇宙空間に，球が浮いている状態を考える．
(1) この球が $+10\,\mathrm{m/s}$ で進んでいるとき，5 s 間に何 [m] 変位するか．
(2) この球が静止しているとき，左右から同時に 5 N の力で押したとする．この球は静止した状態を保つか，それとも動くか．
(3) この球が静止しているとき，上から 3 N の力で押し，下から 4 N の力で同時に押したとする．この球は静止した状態を保つか，それとも動くか．

## 9-2 運動方程式

**加速度を生じる原因**　物体の外部から力が作用しなければ，物体は慣性によって静止または等速直線運動をすることになります(慣性の法則).

それでは，外部から力を作用させたらどうなるでしょうか．まず，静止した物体($v_0 = 0$)に力を作用させると動き始めます．つまり，速度が生じるわけですが，これは速度が 0 から +1 cm/s，+2 cm/s，…のように変化していくことを意味します．速度が変化するということは，加速度が生じていることになります．

次に，等速直線運動している物体に力を加える場合にも，同じように速度が変化するので，加速度が生じることになります．

以上のことから，加速度を生じる原因は力であることがわかります．

**運動方程式**　加速度を生じさせる原因が力であることがわかりましたので，力と加速度の関係を考えてみましょう．まず，容易に想像できることとして，静止している物体を動かす場合，大きな力が加われば，それだけ大きな加速度が生じるはずです．

次に，同じ力を加えたとしても，質量の大きいものは動きにくいはずです．つまり，質量が大きいほど，同じ加速度を生じさせるのに大きな力が必要になるということです．

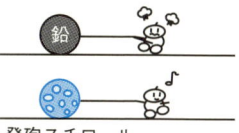

そうすると，①力 $F$ と加速度 $a$ は比例する，②力 $F$ と質量 $m$ は比例する，ということになりますから，比例定数を $k$ とすると，$F = k \cdot ma$ という式が得られます．ここで，$m = 1\,\text{kg}$，$a = 1\,\text{m/s}^2$ のときの力を $F = 1\,\text{kg} \cdot \text{m/s}^2 = 1\,\text{N}$ と決めてやると，式は簡単になって，

▶ $F = ma$

となります．この式を**運動方程式**といいます．運動方程式は，**第6章**までの各種の力と**第7章**以降の運動を結びつける重要な式です．

**1 N の力**　ここで，1 N の力の厳密な定義を示しておきます．

▶質量 1 kg の物体に作用して，加速度 $1\,\text{m/s}^2$ を生じさせる力の大きさを 1 N とする．

---

**確認問題 ● 9-02**　[1] 以下の質量 $m$ の物体に $F$ の力が作用したとき，物体に生じる加速度 $a\,[\text{m/s}^2]$ を求めよ．
(1) $m = 5\,\text{kg}$，$F = +2.5\,\text{N}$　(2) $m = 30\,\text{kg}$，$F = +600\,\text{N}$
(3) $m = 800\,\text{g}$，$F = +4\,\text{N}$

[2] 以下の質量 $m\,[\text{kg}]$ の物体に $F\,[\text{N}]$ の力が作用して加速度 $a\,[\text{m/s}^2]$ が生じた．$F$ の値を求めよ．
(1) $m = 2\,\text{kg}$，$a = +2\,\text{m/s}^2$　(2) $m = 2\,\text{kg}$，$a = +5\,\text{m/s}^2$
(3) $m = 2\,\text{kg}$，$a = +10\,\text{m/s}^2$

## 9-3 複数の力による等加速度直線運動①

**運動方程式の $F$ の意味**　運動方程式 $F=ma$ において，力 $F$ というのは，運動を考えている物体に作用している合力を表しています．第6章まででは力がつりあっている状態を求めましたが，物体に作用する力のつりあいが成り立たないと，余った力は運動となって現れます．ここでは，いくつかの例によってそのことを理解しましょう．

**基本例題●9-3**　[1]定滑車の両側に質量 5 kg の物体 A と質量 3 kg の物体 B を，右図のように吊るす．上向きを正，重力加速度を $g\,[\text{m/s}^2]$ とするとき，A，B の加速度 $a_\text{A}$，$a_\text{B}\,[\text{m/s}^2]$ をそれぞれ求めよ．

**解答**　二つの物体には，ともに重力と糸の張力が作用する．計算してみるとわかるが，この場合，力はつりあっていない．したがって，つりあわない力が加速度をともなう運動となって現れることになる．

糸の張力を $T$ とすると，1 本の糸の張力はどこでも同じだから，A と B には右図のような力が作用している．すると，物体 A に作用している合力は $F=T-m_\text{A}g$，物体 B に作用している合力は $F=T-m_\text{B}g$ だから，

物体 A の運動方程式　$T-5g=5a_\text{A}$　…①
物体 B の運動方程式　$T-3g=3a_\text{B}$　…②

となる．また，$t\,[\text{s}]$ 後の A と B の変位を $S_\text{A}$，$S_\text{B}$ とすると，それらは逆向きで大きさが等しいはずだから，$S_\text{A}=-S_\text{B}$ となる．よって，

$$\frac{1}{2}a_\text{A}t^2=-\frac{1}{2}a_\text{B}t^2\;\;\rightarrow\;\;a_\text{A}=-a_\text{B}\;\;\cdots③$$

となる．①，②，③を連立させて解くと，$a_\text{A}=-\dfrac{g}{4}\,[\text{m/s}^2]$，$a_\text{B}=+\dfrac{g}{4}\,[\text{m/s}^2]$ となる．

[2]図のように，糸の一端を天井の C 点に固定し，質量の無視できる動滑車 D と定滑車 E に通したあと，他端に質量 3 [kg] の物体 B を吊るす．動滑車に質量 8 kg の物体 A を吊るし，全体を支えたあと手を離したとき，物体 A，B の加速度 $a_\text{A}$，$a_\text{B}\,[\text{m/s}^2]$ を，上向きを正として重力加速度 $g\,[\text{m/s}^2]$ で表せ．

**解答**　B を吊るす糸の張力を $T$ とすると，糸の各点の張力は次頁の図のようになる．
物体 A に作用している合力は，$F=2T-8g$ だから，

$$2T-8g=8a_\text{A}\;\;\cdots①$$

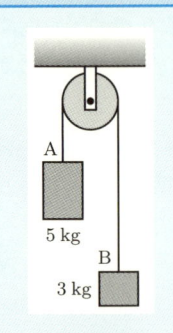

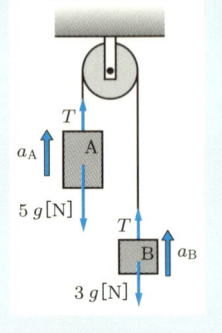

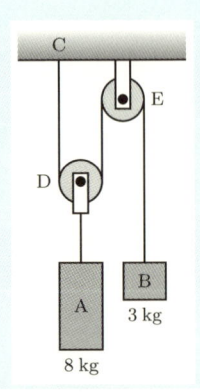

となる．同様に物体 B については，
$$T - 3g = 3a_B \quad \cdots ②$$
となる．また，物体 A が $S_A$ [m] 鉛直方向に変位したときに物体 B が $S_B$ [m] 変位したとすると，$2S_A = -S_B$ となる．$S_A = \frac{1}{2}a_A t^2$，$S_B = \frac{1}{2}a_B t^2$ であるから，
$$2a_A = -a_B \quad \cdots ③$$
となる．①，②，③を連立させて解くと
$$a_A = -\frac{g}{10} \, [\text{m/s}^2], \quad a_B = +\frac{g}{5} \, [\text{m/s}^2]$$
が得られる．

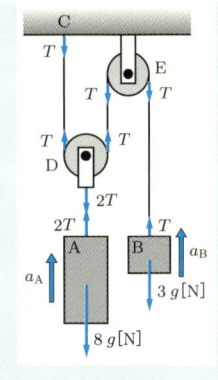

[3] なめらかな面上に，$m_A = 3\,\text{kg}$ の直方体 A と $m_B = 5\,\text{kg}$ の直方体 B を並べて，左から 40 N の力で押したところ，一体となって動いた．このとき，運動の加速度 [m/s²]，および A と B が及ぼしあう力 [N] を求めよ．

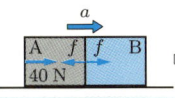

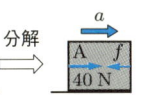

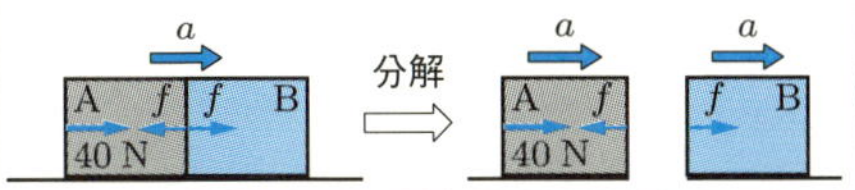

**解答** A と B が一体で運動したわけだから，合計 8 kg の質量の物体に 40 N の力が作用したと考えればよい．加速度を $a$ [m/s²] とすると，運動方程式から，
$$F = ma \text{ より，} 40 = 8a \quad \therefore a = +5\,\text{m/s}^2$$
となる．また，A と B の間で及ぼしあう力の大きさ（作用・反作用の関係）を $f$ [N] として，A と B を分解すると，図のようになるから，A について運動方程式を立てると，$F = ma$ より，
$$40 - f = 3 \times 5 \text{ となる．} \quad \therefore f = 25\,\text{N}$$

＊B について運動方程式を立てると，$f = 5 \times 5$ となり，同じ値が得られる．

---

**確認問題 ● 9-03** [1] 質量 2 kg の物体にひもをつけ，25.6 N の力で真上に引き上げた．このとき 4 s 間に上昇する距離を求めよ．重力加速度 $g = 9.8\,\text{m/s}^2$ とする．

[2] なめらかな平面上に，直方体 A, B, C が接した状態で置いてある．A, B, C の質量はそれぞれ 3 kg, 2 kg, 1 kg である．A の左から 24 N の力で押したとき，B が C を押す力 [N] を求めよ．

[3] 右図のように定滑車の両側に質量 12 kg の物体 A と質量 $m$ [kg] の物体 B を，吊るしたところ，A は下向きに $0.5g$ [m/s²] の加速度を生じたという．$m$ の値はいくつか．ただし，$g$ を重力加速度 [m/s²] とする．

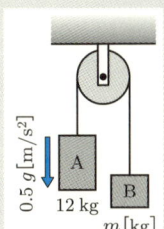

## 9-4 複数の力による等加速度直線運動②

**運動方程式の使い方** 運動と力を結びつける場合，$F=ma$ という式がポイントになることを学びました．このとき，$F$ は実在する力の合計であり，$ma$ は物体の質量と加速度の積です．力のつりあいが成立しない場合，力と加速度を生じる運動を結びつけるために運動方程式を用いますが，そのとき，次の三つのステップで行うことを覚えておきましょう．

① 離れた状態で作用する力を描きだす：**重力，万有引力**（→ **11-4**）．ほかに電場や磁場による力がある．

② 接触力を描きだす：**張力，抗力，摩擦力**など．

③ ①，②の合計を $F$ とし，それが $ma$ に等しいとする．

これらを押さえておくと，①まず，重力などの矢印を記入し，②着目している物体に接触していることで生じる力の矢印を記入し，③それらの合計が $ma$ に等しいという運動方程式を立てることになります．これらもまた，例題で考えてみましょう．

---

**基本例題●9-4** [1] なめらかな斜面上に質量 $m$ [kg] の物体をおく．斜面の傾きが30°のとき，斜面に沿った $x$ 軸に沿って滑りおちる加速度を求めよ．重力加速度を $g$ [m/s²] とする．

**解答** この問題では，物体に作用しているのは①重力，②接触力としての垂直抗力，である．ただし，垂直抗力は $x$ 軸方向に効果を及ぼさない．

物体が斜面上にあるから，斜面に平行，垂直な成分に分けると，右図のようになる．

このとき，③ $x$ 軸方向の力を合計した $F = -mg\sin 30°$（$x$ 軸の負の向き）が $ma$ と等しい．したがって，$x$ 軸方向の運動方程式は，

$$F = ma \text{ より，} -mg\sin 30° = ma$$

となる．ゆえに，$a = -\dfrac{g}{2}$ [m/s²]．すなわち，$x$ 軸の負の方向に $\dfrac{g}{2}$ [m/s²] となる．

[2] 摩擦のある斜面上に，質量 $m$ [kg] の物体を置いたところ，物体は滑り始めた．斜面の傾きが30°のとき，滑りおちる加速度を求めよ．動摩擦係数は $\mu' = \dfrac{\sqrt{3}}{10}$，重力加速度は $g$ [m/s²] とする．

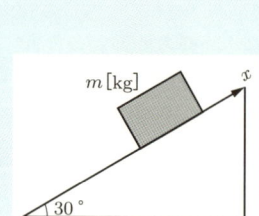

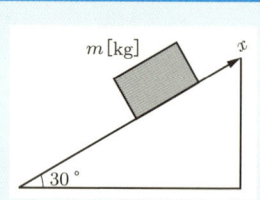

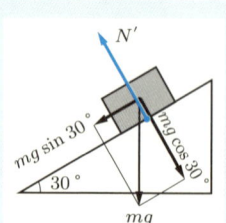

**解答** この問題では，①重力のほかに，②接触力として垂直抗力 $N'$ および動摩擦力 $\mu'N' = \mu'mg\cos 30°$ が生じる．物体を置いた（静止状態にした）ところ斜面上を滑ったということから，力のつりあいが成立していないことになる．③力の合計と $ma$ が等しくなる．$x$ 軸方向の運動方程式は，

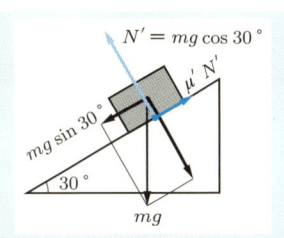

$$F = ma \text{ より } -mg\sin 30° + \mu'mg\cos 30° = ma$$

となる．ゆえに，$a = -\dfrac{7}{20}g \, [\text{m/s}^2]$，すなわち，$x$ 軸の負の方向に $\dfrac{7}{20}g \, [\text{m/s}^2]$ となる．

[3] 摩擦のある斜面上に質量 $m \, [\text{kg}]$ の物体を置き，右図のように滑車を介してバケツを吊るす．バケツの中に水を入れていくと，バケツと水の合計が $M \, [\text{kg}]$ になったところで物体が上方向に滑り始めた．このとき，$M$ の値と，動き始めたあとの加速度 $a \, [\text{m/s}^2]$ を求めよ．静止摩擦係数 $\mu = \dfrac{\sqrt{3}}{5}$，動摩擦係数 $\mu' = \dfrac{\sqrt{3}}{10}$，重力加速度は $g \, [\text{m/s}^2]$ とする．

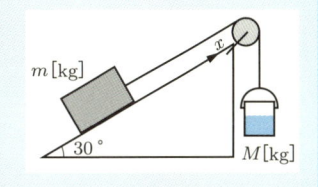

**解答** この問題では，①重力のほかに，②接触力として垂直抗力 $N'$，静止摩擦力 $\mu N'$（あるいは動摩擦力 $\mu'N'$）および糸の張力が生じている．最大静止摩擦力に達した時点で静止摩擦係数が動摩擦係数に変わるから，力のつりあいがくずれて運動を始める．したがって，③運動方程式が成立する．最大静止摩擦力のときは力がつりあっているから，

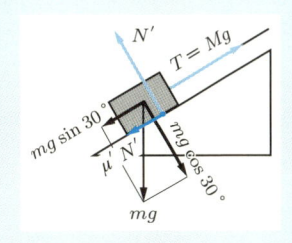

$$-\mu \cdot mg\cos 30° - mg\sin 30° + Mg = 0 \quad \therefore M = \dfrac{4}{5}m \, [\text{kg}]$$

となる（右図を参照）．動き始めたあとの $x$ 軸方向の加速度を $a$ とすると，

$$Mg - mg\sin 30° - \mu' \cdot mg\cos 30° = ma \quad \therefore a = \dfrac{3}{20}g \, [\text{m/s}^2].$$

となる．

**確認問題 ● 9-04** 図の斜面で $\theta$ を大きくしていったとき，$\theta = 30°$ で質量 $m \, [\text{kg}]$ の物体が滑り始めた．
(1) 静止摩擦係数 $\mu$ を求めよ．
(2) 動摩擦係数が $\mu' = 0.5\mu$ であるとき，斜面に沿った加速度の大きさ $[\text{m/s}^2]$ を求めよ．重力加速度を $9.8 \, \text{m/s}^2$ とする．

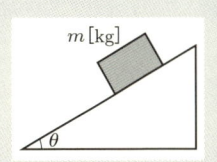

## 9-5 放物運動

**水平投射**　ボールを水平に投げることを考えてみましょう．このとき，ボールは図のように水平方向に変位を生じるとともに，鉛直下方向にも変位を生じます．

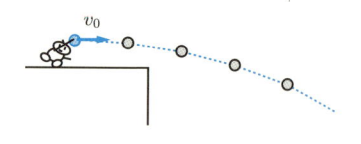

この現象を考えるにあたっては，変位$\vec{S}$の方向は刻々と変化するので，速度$\vec{v}$の方向も変化していることになります．そこで，速度$\vec{v}$を水平成分$v_x$と鉛直成分$v_y$に分けて考えることにします．

ボールの水平方向には力が作用していませんから，初速度$v_0$のまま，等速直線運動をすることになります．

▶ $v_x = v_0, \quad S_x = v_0 t$

一方，鉛直方向については初速度に鉛直成分が含まれていませんが，重力の作用による加速度が作用して，自由落下になります．

▶ $v_y = gt, \quad S_y = \dfrac{1}{2}gt^2$

ここで，$t=0$から$t=4$までの変位$S_x$, $S_y$をプロットすると，右図の灰色の丸のようになります．物体を水平に投げたときのことを**水平投射**といいますが，水平投射では等速直線運動と自由落下が同時に起こっているわけですから，その運動は青色の丸のようになります．つまり，水平投射したときの時刻$t$における物体の速度$\vec{v}$と変位$\vec{S}$は，

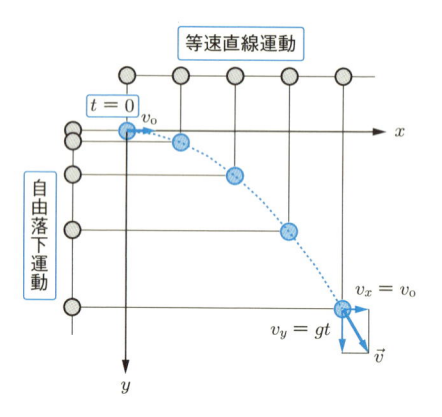

▶ $\vec{v} = (v_x, v_y) = (v_0, gt), \quad \vec{S} = (S_x, S_y) = \left(v_0 t, \dfrac{1}{2}gt^2\right)$

と表されます．したがって，速さは

▶ $|\vec{v}| = \sqrt{v_0^2 + (gt)^2}$

となります．

**斜め上方に投げ上げた物体の運動**　次に，水平から$\theta$だけ傾いた方向に速さ$|\vec{v_0}|$で投げ上げる場合を考えます．

この場合，初速度の$x$成分$v_{0x}$と$y$成分$v_{0y}$は，

$$v_{0x} = |\vec{v_0}| \cdot \cos\theta, \quad v_{0y} = |\vec{v_0}| \cdot \sin\theta$$

となりますので，水平方向には速度$v_{0x}$の等速直線運動，鉛直方向には初速度$v_{0y}$の鉛直投げ上げ運動となります．したがって，

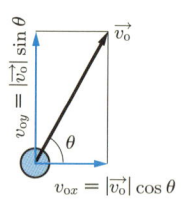

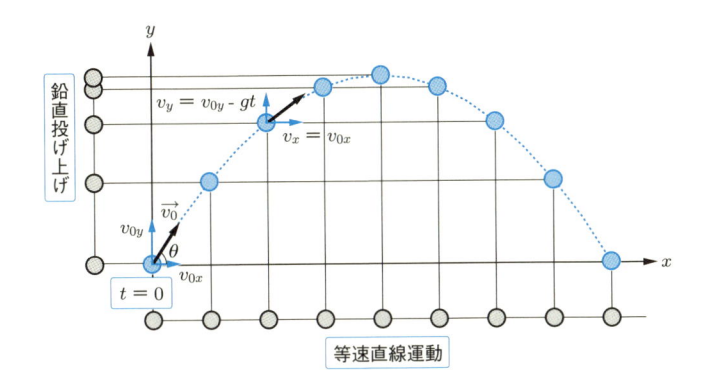

投げ上げてから $t$ [s] 後の $x$ 成分，$y$ 成分は，次のようになります．

▶ $v_x = v_{0x}$, $\quad S_x = v_{0x}t$
▶ $v_y = v_{0y} - gt$, $\quad S_y = v_{0y}t - \dfrac{1}{2}gt^2$

つまり，この運動の $t$ [s] 後の速度 $\vec{v}$ と変位 $\vec{S}$ は，次のように表されます．

▶ $\vec{v} = (v_x, v_y) = (v_{0x}, v_{0y} - gt), \quad \vec{S} = (S_x, S_y) = \left(v_{0x}t, v_{0y}t - \dfrac{1}{2}gt^2\right)$

水平投射もそうでしたが，変位を描いてみるとこの場合も放物線になります．そのため，このような運動をまとめて，**放物運動**とよびます．

---

**基本例題 ● 9-5** 水平から $60°$ 上方に向かって，地表から初速 $30\,\mathrm{m/s}$ でボールを投げ上げた．このとき，最高点に達するのは，ボールを投げて何 [s] 後か．また，そのときの高さと水平方向に進んだ距離を求めよ．重力加速度 $g = 9.8\,\mathrm{m/s^2}$ とする．

**解答** 上向きを正とすると，初速度は $\vec{v_0} = (v_{0x}, v_{0y}) = (30\cos 60°, 30\sin 60°)$ となる．最高点に達するまでの時間を $t_1$ とする．最高点に達するのは，下向きの加速度 $9.8\,\mathrm{m/s^2}$ が作用して，速度の鉛直成分が $v_y = 0$ になるときだから，

$$v_y = v_{0y} + at_1 \quad \rightarrow \quad 0 = 30\sin 60° - 9.8t_1 \quad \text{よって，} \quad t_1 = 2.65\,\mathrm{s}\text{後．}$$

ボールを投げてから $2.65\,\mathrm{s}$ 間に鉛直方向に進む距離は，$S_y = v_{0y}t - \dfrac{1}{2}gt^2 = 34.4\,\mathrm{m}$ となる．水平方向は等速直線運動だから，$2.65\,\mathrm{s}$ 間で，$S_x = v_{0x}t = 39.8\,\mathrm{m}$ となる．

---

**確認問題 ● 9-05** **基本例題 ● 9-5** について，以下の問いに答えよ．🖩
(1) 地表までボールが落ちてくるのは，ボールを投げてから何 [s] 後か．小数第 3 位まで求めよ．
(2) (1) において，ボールが落ちた地点は投げた位置から何 [m] の位置であるか．小数第 1 位まで求めよ．
(3) (1) の時刻におけるボールの速さ [m/s] を小数第 1 位まで求めよ．

9-5 放物運動

## 基本 A 問題

**9-06** 運動方程式を用いて，次の問いに答えよ．重力加速度を $9.8\,\text{m/s}^2$ とする．
(1) 質量 $3\,\text{kg}$ の物体を水平方向に $+4\,\text{m/s}^2$ の加速度で運動させるには，何 [N] の力を加えればよいか．符号をつけて求めよ．
(2) 質量 $5\,\text{kg}$ の物体に作用する重力の大きさは何 [N] か．
(3) 質量 $4\,\text{kg}$ の物体に，水平方向に $+3\,\text{N}$ の力を加えたら，物体に生じる加速度は何 $[\text{m/s}^2]$ か．符号をつけて求めよ．
(4) 速度 $+3\,\text{m/s}$ で水平方向に等速直線運動している質量 $4\,\text{kg}$ の物体に，一定の力を作用させて $2\,\text{s}$ 後に静止させるには，何 [N] の力を加えればよいか．符号をつけて求めよ．

**9-07** なめらかな水平面上に質量 $18\,\text{kg}$ の物体 A を置き，糸をつなぐ．その後，図のように質量の無視できる糸と滑車を介して質量 $10\,\text{kg}$ の物体 B をつなげる．物体 B を地面から $1.4\,\text{m}$ の高さで支え，静かに手を離す．重力加速度を $9.8\,\text{m/s}^2$ として，以下の問いに小数第 3 位までの数値で答えよ．糸と滑車の間の摩擦は無視できるものとする． 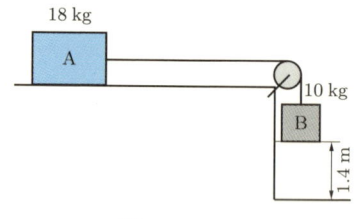
(1) 物体 B が地面に着地するのは，手を離してから何 [s] 後か．
(2) 物体 B が地面に着地したあと，物体 A は何 [m/s] の速さで運動するか．

**9-08** 重力加速度を $g\,[\text{m/s}^2]$ とする．右図のような定滑車に質量 $m_A\,[\text{kg}]$，$m_B\,[\text{kg}]$ の物体 A，B を吊るす．$m_A < m_B$ のとき，上方向を正の向きとして，以下の問いに答えよ．なお，糸の質量および糸と滑車の間の摩擦は無視できるものとする．
(1) 物体 A，B の加速度を $a_A$，$a_B$ とする．糸の張力を $T$ として，A，B について運動方程式を立てよ．
(2) A の変位と B の変位の関係を考えて，$a_B$ を $a_A$ で表せ．
(3) $a_A$，$a_B$ を $m_A$，$m_B$，$g$ で表せ．
(4) $T$ を $m_A$，$m_B$，$g$ で表せ．

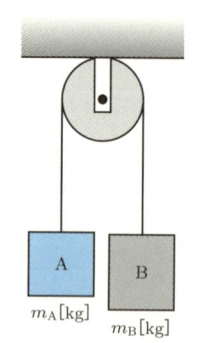

**9-09** 水平な $x$ 軸と鉛直上向きの $y$ 軸がある．$x$ 軸と $30°$ 傾いた方向に向けて，初速 $39.2\,\text{m/s}$ で原点から球を発射した．このとき，以下の表における各時刻での球の $x$ 座標，$y$ 座標を小数第 1 位まで求め，表を完成させよ．また，その座標をグラフに表せ．重力加速度は $9.8\,\text{m/s}^2$ とする．

| $t$ [s] | 0 | 0.5 | 1.0 | 1.5 | 2.0 | 2.5 | 3.0 | 3.5 | 4.0 |
|---|---|---|---|---|---|---|---|---|---|
| $S_x$ [m] | | | | | | | | | |
| $S_y$ [m] | | | | | | | | | |

**9-10** なめらかな水平面上に，質量 4 kg の物体 A と質量 6 kg の物体 B がある．これらを質量の無視できる伸びない糸で結んだ．物体 B を 5 N の力で物体 A の反対方向に引いたところ，A と B は同じ加速度で運動した．このとき，以下の問いに答えよ．

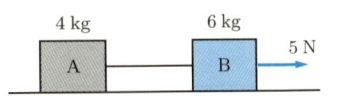

(1) A と B の加速度 [m/s$^2$] を求めよ．
(2) AB 間の糸の張力 [N] を求めよ．

== 実力 |B| 問題 ==

**9-11** 右図のように動摩擦係数 $\mu' = 0.25$ の斜面 CD の上に質量 $m_1$ の物体 A を，なめらかな斜面 DE の上に質量 $m_2$ の物体 B を置き，A と B を滑車を通して結ぶ．A と B を支えたあとに手を離すと，A は斜面上方に加速度 $a$ [m/s$^2$] で運動した．$\dfrac{m_2}{m_1} = 2$ のとき，$a$ [m/s$^2$] を重力加速度 $g$ [m/s$^2$] を用いて表せ．斜面 CD に沿った上向きを正とする．なお，糸の質量および糸と滑車の間の摩擦は無視できるものとする．

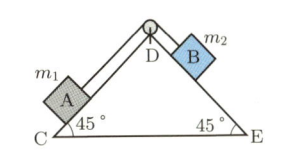

**9-12** 右図のように，糸の一端を天井に固定し，質量の無視できる同じ半径の動滑車と定滑車に通したあと，他端に質量 5 kg の物体 B を吊るす．動滑車に質量 7 kg の物体 A を吊るし，全体を図のような位置で支える．手を離したとき，動滑車の中心が定滑車の中心と同じ高さになるのは何 [s] 後か．重力加速度を 9.8 m/s$^2$ とし，小数第 2 位まで求めよ．なお，糸の質量および糸と滑車の間の摩擦は無視できるものとする．

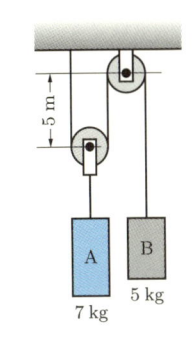

== 応用 |C| 問題 ==

**9-13** 重力加速度を $g$ [m/s$^2$] とする．質量が 5 [kg] と 10 [kg] である 2 枚の板 A と B がある．板 A と板 B の間の動摩擦係数は $\mu'_1$，板 B と床の動摩擦係数は $\mu'_2 = 0.05$ である．いま，板 A を水平方向に $5g$ [N] で引っ張ったところ，板 A が加速度 $a_A$ [m/s$^2$] で，板 B が加速度 $a_B$ [m/s$^2$] で運動した．$a_A$ が $a_B$ の 15 倍であるとき，$\mu'_1$ の値を求めよ．

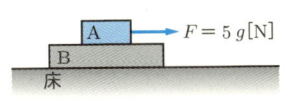

**ヒント▶ 9-07** 糸の張力を $T$ として，二つの物体について運動方程式を立てる．加速度の大きさは二つとも同じになる． ▶ **9-11** 動摩擦係数と動摩擦力については 5-6 を参照．

▶ **9-12** 動滑車の変位は，物体 A の変位に等しい．まず，物体 A の加速度を求める．

▶ **9-13** 板 A，板 B を分けて，外部から受ける力をすべて記入して考える．

# 第10章 仕事と力学的エネルギー

この章では，力と移動距離によって定まる量を，さまざまな切り口から考えてみます．速度・高さ・ばねの伸縮が互いにどのようにつながっているのか理解しましょう．

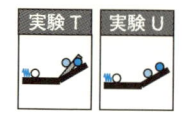

## 10-1 仕事

**仕事とは** 人が力を加えて物体を動かすとき，力が大きいほど，また移動距離が大きいほどその人の労力は大きくなります．その労力を，力学では仕事といいます．

A君は20 Nで押すと動く台車を50 m動かしました．B君は同じ台車を100 m動かしました．すると，B君の仕事はA君の2倍になります．また，C君は40 Nで押すと動く台車を50 m動かしました．このとき，C君もA君の2倍の仕事が必要になります．

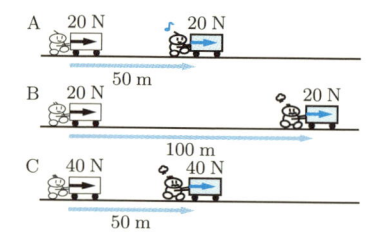

すると，仕事は力と距離を掛ければよいことになりそうです．A君の場合，力と距離を掛けると，20 N × 50 m = 100 N × mという数値が得られます．一定の力 $F$ [N] で物体が**力の向きに** $S$ [m] 変位したときの仕事 $W$ は，

▶ $W = F \cdot S$ [N × m]

となり，この仕事の単位 [N × m] を [J]（ジュール）と表します．

いま，横軸を $S$，縦軸を $F$ としてグラフ化する（**F-S グラフ**）と，右のようになります．このグラフで $W$ に相当するのは，F-S グラフに囲まれた面積 $F_A \cdot S_A$ です．

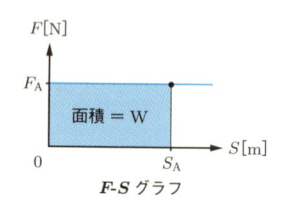

**仕事の正負と0の仕事** さて，摩擦のある床面上に一定の力 10 N を作用させ，等速直線運動させて 50 m 変位させることを考えます．このとき，物体には 10 N の動摩擦力が作用しています．また，重力および垂直抗力も作用しています．

さて，このとき動摩擦力 10 N は進行方向と逆向きに発生しているので，動摩擦力のする仕事 $W_D$ は，

$W_D = -10 \text{ N} \times 50 \text{ m} = -500 \text{ J}$

となります．仕事は力と変位の方向が同一ならば正になりますが，このように，それらが逆向きになっていると，負の値になります．

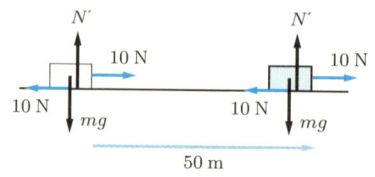

次に，垂直抗力 $N'$ が物体にする仕事を考えてみます．この場合，$N'$ は上向きに作用していますが，物体の移動は水平方向に生じていますから，$N'$ は水平方向の変位に何の貢献もしていません．したがって，$N'$ のする仕事 $W_{N'}$ は，

$W_{N'} = N' \text{ [N]} \times 0 \text{ m} = 0$

となります．同じ理由で，重力のなす仕事も 0 となります．

## 力の向きと移動方向が角度をもつ場合の仕事

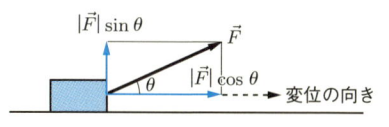

ここまで，移動方向と力の向きが一致する場合，反対向きの場合，直交する場合をみてきました．では，図のように移動方向から $\theta$ 傾いた方向に力 $\vec{F}$（大きさ $|\vec{F}| = F$）が作用しているときの仕事はどう考えればよいでしょうか．

このとき，$\vec{F}$ の成分を物体の進行方向とその直交方向に分解すれば，$|\vec{F}|\sin\theta$ の仕事は0になりますから，仕事をする力は $|\vec{F}|\cos\theta$ のみになります．したがって，仕事 $W$ は，

$$W = |\vec{F}|\cos\theta \times S = FS\cos\theta$$

と得られます．

▶ **大きさ $F$ [N] の力と移動距離 $S$ [m] のなす角を $\theta$ としたときの仕事**
$$W = FS\cos\theta \text{ [J]}$$

なお，仕事には正負がありますが，これは向きを表すのではありません．ここではひとまず，物体を移動させるうえで効果的に作用する仕事が正，邪魔する仕事が負になると考えることにし，**10-3** でその意味を解説します．

---

**基本例題 ● 10-1** 摩擦のない右図のような斜面上を，質量3kgの物体が斜面に沿って4m滑りおちたとき，重力が物体にした仕事 $W_g$ および垂直抗力が物体にした仕事 $W_{N'}$ をそれぞれ求めよ．重力加速度 $g = 9.8 \text{ m/s}^2$ とする．

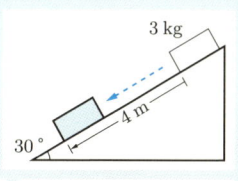

**解答** 重力を斜面方向成分とその直交方向成分に分解すると，右図(a)のようになる．仕事をするのは $mg\sin\theta$ だけなので，

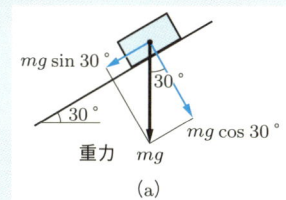

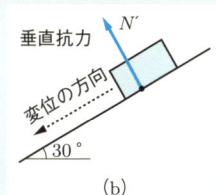

$$W_g = mg\sin 30° \times 4 = 58.8 \text{ J}$$

となる．また，垂直抗力は右図(b)のように変位の方向と直交しているので，$W_{N'} = 0$ となる．

---

**確認問題 ● 10-01** [1] 物体に5Nの力を加え，その力の向きに4m動かすとき，その力のする仕事は何 [J] か．

[2] 3.0kgの物体を糸で吊り，鉛直上方に一定の速さで5m引き上げた．このとき，引き上げた力がした仕事 $W_T$ [J] と重力のした仕事 $W_g$ [J] を求めよ．ただし，重力加速度 $g = 9.8 \text{ m/s}^2$ とする．

## 10-2 仕事の原理と仕事率

**仕事の原理**　質量 $m$ [kg] の物体を，高さ 5 m まで等速直線運動させて引き上げることを考えます．A君は真上に引き上げました．このとき，A君は上方向に $mg$ [N] の力で上方向に 5 m 引き上げたわけですから，A君のした仕事 $W_A$ は，$W_A = mg \times 5 = 5mg$ [J] となります．次に，B君は，右のようななめらかな斜面を使って引き上げました．このとき，斜面に平行な重力の成分は $mg \sin 30° = 0.5mg$ ですから，等速直線運動させるには $T = 0.5mg$ [N] で斜面上方に引くことになります．すると，A君よりもB君のほうが，引く力は小さくてすみます．

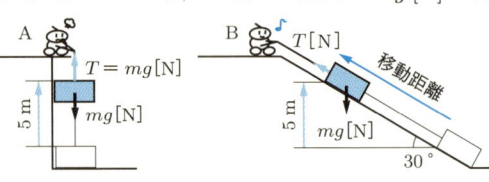

ところで，B君は斜面を引くわけですから，図のように，A君よりも引く距離が長くなります．この場合，鉛直方向に 5 m 引き上げるには，$5/\sin 30° = 10$ m の距離を斜面に沿って引き上げることになります．すると，B君のした仕事 $W_B$ は，$W_B = 0.5mg \times 10 = 5mg$ [J] となります．仕事の比較という観点からは，移動の始点と終点が同一である必要があるので，A君は引き上げ後，なめらかな面上の水平移動を $5\cos 30°$ [m] の距離だけ行う必要があります．しかし，なめらかな面上の移動なので，その仕事は 0 となり，最終的に A 君のなす仕事は $W_A$ だけでよいことになります．

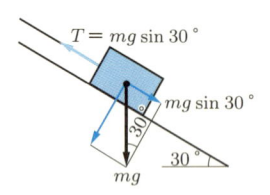

結局，5 m 上方まで物体を変位させるとき，B君の出す力は小さくて済みますが，移動距離を大きくしなければならないので，仕事の量はA君と変わりません．このことを仕事の原理とよびます．

▶仕事の原理：斜面や滑車などの道具を利用して力を減少させても，ある点から別の点まで物体を移動するのに必要な仕事の総量は変化しない．

**仕事率**　さて，A君とB君について，二人ともロープを引くのに 1 m あたり 1 s かかるとします．すると，物体を 5 m まで引き上げるのにA君は 5 s，B君は 10 s かかります．

このことを効率の面で考えてみると，1 s あたりにこなす仕事は，

A君：$5mg$ [J]/5 [s] $= mg$ [J/s]　　B君：$5mg$ [J]/10 [s] $= 0.5mg$ [J/s]

となり，A君のほうが効率がよくなります．この仕事の効率のことを仕事率といいます．$W$ [J] の仕事をするのに $t$ [s] かかったとすると，仕事率 $P$ は，

▶ $P = W/t$ [J/s]

となります．単位 [J/s] を [W]（ワット）と表します．この式を変形してみると，

$$P = W\,[\text{J}]/t\,[\text{s}] = F\,[\text{N}] \times S\,[\text{m}]/t\,[\text{s}] = F\,[\text{N}] \times v\,[\text{m/s}]$$

となります．すなわち，大きさ $F$ [N] の力が作用して，速さ $v$ [m/s] の等速直線運動を

する物体の仕事率 $P$ は，

▶ $P = Fv$ [W]

と表すことができます．これは，自動車や飛行機において大きさ $F$ の推進力が，空気抵抗や摩擦力とつりあって速さ $v$ の等速直線運動をするときの仕事率を表しています．

**基本例題● 10-2** 質量 10 kg の物体を，高さ 4 m まで等速度でもち上げるのに，A 君は定滑車 1 個，B 君は定滑車と動滑車を用いた．このとき，A 君と B 君のする仕事 [J] を求めよ．重力加速度は $g = 9.8 \text{ m/s}^2$ とする．

**解答** A 君が物体を等速度運動させるには糸の張力を $10g$ [N] にしなければならないから，引く力は下向きに $10g$ [N] となる．物体が 4 m 動くとき，A 君も 4 m 引けばよく，また，滑車によって力の方向は変化しているが，物体の移動方向に対して正の作用をしているわけだから，

$$W_A = 10g \times 4 = 392 \text{ J}$$

となる．B 君については，力のつりあいを考えると，$5g$ [N] で下向きに引けばよい．ただし，物体を 1 m 引き上げるのに B 君は 2 m 引かなければならないので，物体を 4 m 引き上げるには，B 君は 8 m 引くことになる．したがって，

$$W_B = 5g \times 8 = 392 \text{ J}$$

となる．A 君，B 君ともに 392 J の仕事をする．

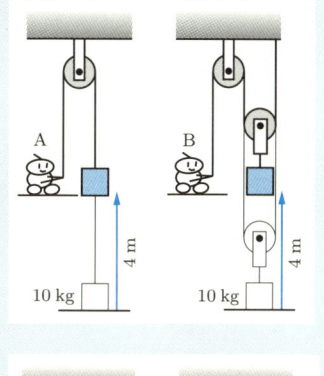

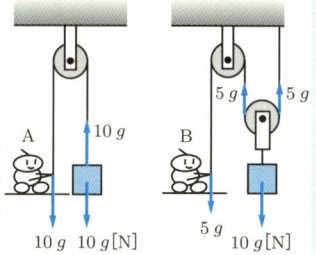

**確認問題● 10-02** 質量 $m$ [kg] の物体を，傾き 30° のなめらかな斜面を用いて，$t$ [s] 間で高さ $h$ [m] に引き上げようと思う．このとき，以下の問いに答えよ．重力加速度を $g$ [m/s$^2$] とする．

(1) 斜面を用いずに $h$ [m] の高さまで垂直に引き上げた場合に，物体になす仕事 $W_A$ [J] を求めよ．
(2) 斜面を利用したときに，物体が等速直線運動をするために必要な斜面と平行な力の大きさ $F_B$ [N] を求めよ．
(3) 斜面上で引く距離を $S_B$ [m] とする．$W_A$，$F_B$，$S_B$ の間に成り立つ関係式を求めよ．
(4) $S_B$ [m] を $h$ を用いて表せ．
(5) この仕事の仕事率 $P_B$ [W] を $h$，$t$，$m$，$g$ で表せ．

## 10-3 運動エネルギー

**エネルギーとは**　ボール A を別のボール B に向けて転がすと，A と B がぶつかったあと，B が動きます．このことを力学的ないい方で表すと，**ボール A はボール B を動かす仕事をした**ということになります．このように，物体 A がほかの物体に仕事をする能力をもつとき，物体 A は**エネルギーをもっている**といいます．

▶仕事に変換することのできる能力をエネルギーという．

**運動エネルギー**　さて，質量 $m$ [kg] の物体 A が，正の方向に速度 $v_A$ [m/s] で進み，静止している物体 B に衝突したあと，距離 $S$ [m] だけ動かして止まったとします．

A が B を平均 $F$ [N] で押し続けたとすると，作用・反作用の法則によって，A は B から $F$ [N] で押し戻されます．よって，

$$ma_A = -F \rightarrow a_A = -\frac{F}{m}$$

という加速度 $a_A$ が生じます．ここで，**演習問題 8-08** で導いた式 $v^2 - v_0^2 = 2aS$ を適用すると，初速度は $v_A$，終速度は 0 ですから，

$$0^2 - v_A^2 = 2\left(-\frac{F}{m}\right)S$$

となり，これを変形すると，

$$F \cdot S = \frac{1}{2}mv_A^2$$

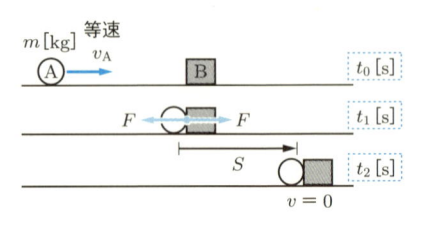

となります．ところで，物体 B は，大きさ $F$ の力で距離 $S$ だけ力の方向に動かされるわけなので，$F \cdot S$ は，A が B になした仕事でもあります．つまり，最初の A の運動が，B に対して仕事をする能力をもっているということです．

このように，運動している物体のもっているエネルギーを**運動エネルギー**といいます．つまり，質量 $m$ [kg] の物体が速さ $v$ [m/s] のときの運動エネルギー $K$ は，

▶運動エネルギー　$K = \frac{1}{2}mv^2$

となります．

**エネルギーの原理**　いま，なめらかな水平面上を，速度 $v_0$ [m/s] で運動している質量 $m$ [kg] の物体があります．この物体の進行方向と同じ向きに，一定の大きさ $F$ [N] の力を加えて $S$ [m] 動かし，速度が $v$ になったとします．このときの加速度は，$F = ma$ より $a = F/m$ [m/s$^2$] ですから，$v^2 - v_0^2 = 2aS$ に $a$ を代入して，

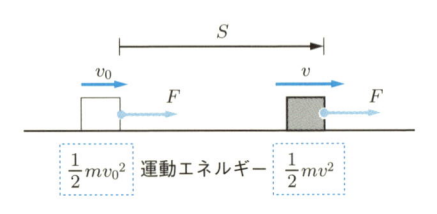

$$v^2 - v_0^2 = 2\left(\frac{F}{m}\right)S \rightarrow F \cdot S = \frac{1}{2}mv^2 - \frac{1}{2}mv_0^2$$

となります．この最終式の右辺は，最後の状態の運動エネルギーから最初の状態の運動エネルギーを引いたもの，つまりエネルギーの増加量です．また，左辺は，大きさ $F$ の力がなした仕事を表します．したがって，力が物体に正の仕事をすると，その分だけ物体のもつエネルギーが増加するということになります．

次に，**大きさ** $F$ **の力が逆向きに作用している場合**を考えてみましょう．この場合は加速度が $a = -F/m$ になりますから，

$$v^2 - v_0^2 = 2\left(-\frac{F}{m}\right)S$$
$$\rightarrow \quad -F \cdot S = \frac{1}{2}mv^2 - \frac{1}{2}mv_0^2$$

となります．この場合，右辺は運動エネルギーの変化を表しますが，力が進行方向と逆向きに作用していますから，左辺の $-F \cdot S$ が運動を邪魔した仕事ということを表しています．$F$ が力の大きさ（すなわち $F > 0$）であることを考えれば，運動エネルギーが減少しているということです．これらから，次の<u>エネルギーの原理</u>が導かれます．

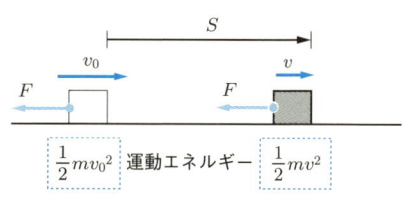

▶**運動エネルギーの変化量は，加えた仕事 $W$ に等しい．**
$$W = \frac{1}{2}mv^2 - \frac{1}{2}mv_0^2$$

もし，$W$ が負の値なら，加えた仕事が負なわけですから，運動を邪魔した仕事の量を表していると解釈すればよいでしょう．

---

**基本例題 ● 10-3**　なめらかな水平面上を速度 $+3.0\,\mathrm{m/s}$ で運動している質量 $2.0\,\mathrm{kg}$ の物体に，運動方向に大きさ $F\,[\mathrm{N}]$ の力を加え続けたところ，$+16\,\mathrm{m}$ 変位し，速度が $+5.0\,\mathrm{m/s}$ になった．このとき，$F$ を求めよ．

**解答**　最初の状態と最後の状態の運動エネルギーは，それぞれ
$$\frac{1}{2}mv_0^2 = \frac{1}{2} \times 2.0 \times 3.0^2 = 9.0, \quad \frac{1}{2}mv^2 = \frac{1}{2} \times 2.0 \times 5.0^2 = 25.0$$
となる．$F$ が物体に加えた仕事 $W = F \cdot S$ は，運動エネルギーの変化に等しいから，
$$F \cdot S = 25.0 - 9.0 = 16.0\,\mathrm{J}$$
となる．変位 $S = 16\,\mathrm{m}$ より，$F = 1.0\,\mathrm{N}$ となる．

---

**確認問題 ● 10-03**　[1] 次の物体の運動エネルギー [J] を求めよ．
(1) 速度 $+5\,\mathrm{m/s}$ で運動する質量 $4\,\mathrm{kg}$ の物体
(2) 速度 $-8\,\mathrm{m/s}$ で運動する質量 $5\,\mathrm{kg}$ の物体
[2] 速度 $+5\,\mathrm{m/s}$ で運動する質量 $3\,\mathrm{kg}$ の物体に，進行方向と同じ向きに大きさ $4\,\mathrm{N}$ の力を加えて $+21\,\mathrm{m}$ 変位させたとき，速度は何 m/s になるか．

## 10-4 重力による位置エネルギー

**重力による位置エネルギー**　高いところから水を落下させて水車にあてると、水車が回ります。このことは、**高いところにある物体(水)がほかの物体(水車)に仕事をした**ということになります。したがって、高いところにある物体は、それよりも低いところにあるほかの物体を運動させる能力、すなわちエネルギーをもっていることになります。このエネルギーを、**重力による位置エネルギー**といいます。

**重力による位置エネルギーの大きさ**　高さ $h$ [m] から質量 $m$ [kg] の物体を自由落下させたら、地表面で速度 $v$ [m/s] になったとします。このとき、運動エネルギーを図の状態 A, B について求めると、次のようになります。

$$\text{状態 A}: \frac{1}{2}mv_0^2 = 0, \quad \text{状態 B}: \frac{1}{2}mv^2$$

また、下向きを正にとると、この運動は初速度 $v_0 = 0$、加速度 $g$ [m/s$^2$]、移動距離 $h$ [m] ですから、**演習問題 8-08** の $v^2 - v_0^2 = 2as$ を用いて、

$$v^2 - 0^2 = 2gh \quad \rightarrow \quad v = \sqrt{2gh}$$

となります。よって、状態 B の運動エネルギーは、

$$\frac{1}{2} \times m \times (\sqrt{2gh})^2 = mgh$$

と表すこともできます。これは、高さ $h$ [m] にある物体は $mgh$ [J] の運動エネルギーを生じさせるエネルギーを、静止した状態(状態 A)でもっているということを意味します。つまり、質量 $m$ [kg] の物体が高さ $h$ [m] の位置にあるとき、重力による位置エネルギー $U$ [J] は、次の式で表されることになります。

▶**重力による位置エネルギー**　$U = mgh$

**重力による位置エネルギーの基準点**　重力による位置エネルギーは高さに比例するので、高さの基準をどこにするかでその値は変わってきます。しかし、同一基準であれば2点間の位置エネルギーの差は同じになります。なお、位置エネルギーを考える高さ $h$ は、必ず上向きを正にとります。

---

**確認問題 ● 10-04**　右の図において、物体 A も物体 B も質量 $m = 5$ kg である。このとき、高さの基準を $L_1 \sim L_4$ としたときの物体 A, B の重力による位置エネルギー $U_A$ [J], $U_B$ [J] をそれぞれ求め、それぞれのケースで差 $U_A - U_B$ を求めよ。なお、重力加速度 $g = 9.8$ m/s$^2$ とする。

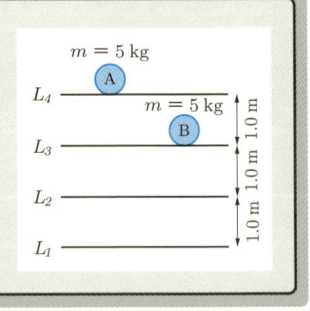

## 10-5 弾性力による位置エネルギー(弾性エネルギー)

**弾性力による位置エネルギー**　伸ばした(あるいは縮んだ)ばねに物体をつけて手を離すと，ばねがもとの長さに戻るとき物体を動かします．このとき，伸びた(あるいは縮んだ)ばねは物体を動かす能力をもっているので，エネルギーをもっています．このエネルギーを，**弾性力による位置エネルギー**，または**弾性エネルギー**といいます．

**弾性力による位置エネルギーの大きさ**　ばね定数 $k$ [N/m] のばねを考えます．このばねに力 $F$ を加えると $F=kx$ が成立しますが，弾性力は 4-3 で考察したように，ばねがもとに戻ろうとする一組の力のことです．

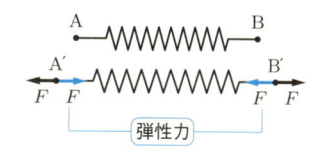

これをエネルギーと結びつけるためには，力×距離という関係が必要になりますが，弾性力では，$x$(これが仕事の移動距離 $S$ に相当)が変化すると $F$ も変化するので，$W=FS$ をそのまま用いることができません．

そこで，仕事の基本に戻ってみましょう．物体に一定の大きさ $F$ [N] の力を加えて，力と同じ方向に変位 $S$ [m] を与えた場合の仕事は，$W=FS$ [J] でした．これを，$F$-$S$ グラフで表すと，$W$ に相当するのは $F$-$S$ グラフに囲まれた面積です(10-1)．

そうすると，ばねの場合も $F$-$S$ グラフを描けばよいことになります．ばねの場合は $F$ の値がばねの伸びとともに変化しますが，ごく小さなばねの伸び $\Delta x$ の間だけ $F$ が一定であると考えれば，その間の仕事は右上図の $\Delta W$ になります．この $\Delta W$ を $F$-$x$ グラフ全体で足せば仕事 $W$ になるはずですから，$W$ はグラフに囲まれた面積，すなわち右下図の三角形の面積になります．

$$W = \frac{1}{2} F_A \cdot x_A = \frac{1}{2} k x_A^2$$

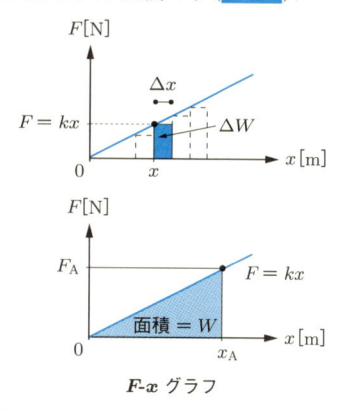

したがって，ばね定数 $k$ [N/m] のばねの伸び(縮み)量が $x$ [m] のとき，弾性力による位置エネルギーの大きさ $U$ [J] は次のようになります．

▶**弾性力による位置エネルギー**　$U = \dfrac{1}{2}kx^2$

---

**確認問題 ● 10-05**　ばね定数 400 N/m のばねを，次のように変形させたときの，弾性力による位置エネルギー [J] を求めよ．
(1) 10 cm 縮める．　(2) 10 cm 伸ばす．　(3) 30 cm 縮める．　(4) 30 cm 伸ばす．
(5) 両側から 8 N の力で押す．　(6) 片端を固定して，他端を 16 N で引く．

## 10-6 力学的エネルギー保存の法則

**保存力** 高さ 2 m の点 A から，高さ 5 m の点 B まで，質量 $m$ [kg] のボールを移動させることを考えてみます．このとき，ボールの軌道は一つとは限らず，図の①や②のようにさまざまな**経路**をとることができます．

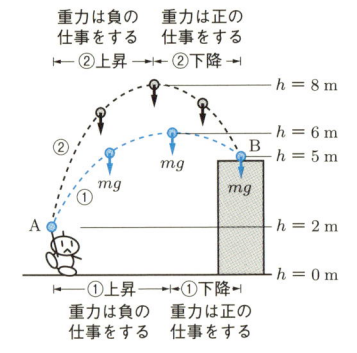

ここで，ボールが AB を移動する間に重力のなす仕事を求めてみます．経路①の場合，$h = 2$ m から $h = 6$ m への上昇過程（$\Delta h = 4$ m）では，重力は負に作用しますから，その間に重力のなす仕事は，$-mg \times 4$ [J] となります．一方，下降過程（$\Delta h = 1$ m）では，重力は下降方向と同じ向きに作用しますから，$mg \times 1$ [J] となります．すなわち，経路①を通って AB 間を移動した場合の重力のなす仕事 $W_1$ は，

$$W_1 = -4mg + mg = -3mg \text{ [J]}$$

となります．同様に，経路②を通って AB 間を移動した場合の重力のなす仕事 $W_2$ は，

$$W_2 = -6mg + 3mg = -3mg \text{ [J]}$$

となります．この $-3mg$ [J] というのは，AB 間を移動（$\Delta h = 3$ m）する間に重力のなす仕事と等しくなります．このように，力のなす仕事が，始点と終点の位置のみで決まるとき，その力を**保存力**といいます．重力のほかに弾性力も保存力になります．

▶**保存力のなす仕事は，経路によらず，始点と終点の位置のみで決まる．**

したがって，保存力では，始点と終点が同じ（もとの位置に戻る）場合，移動距離が 0 になるので，力のなした仕事の総量は必ず 0 になります．

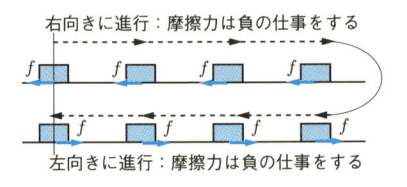

しかし，摩擦力 $f$ [N] が物体につねに作用する場合には，右図のように，$f$ はつねに進行方向と逆向きになります．このとき，右方向に $S$ [m] 変位したときの仕事は $W_1 = -fS$，左方向に変位したときの摩擦力のなす仕事は $W_2 = -fS$ となり，もとの位置に戻るまで $-2fS$ の仕事をすることになります．よって，摩擦力は保存力ではありません．このような力を**非保存力**といいます．

**力学的エネルギー** 10-3 〜 10-5 で扱った運動エネルギー $K$ と（重力・弾性力による）位置エネルギー $U$ の合計を，**力学的エネルギー**とよび，記号 $E$ で表します．

ここで，力学的エネルギーを具体的な例で計算してみましょう．いま，地表から高さ 30 m の位置に $m = 3$ kg の物体を考え，その位置から自由落下させます．下向きを正として $g = 9.8$ m/s$^2$ とすると，高さが 30 m，20 m，10 m，0 m（地表）と落下するにつれて，速度は大きくなります．

最初の高さから $S$ [m] 落下した状態では，$v^2 - v_0^2 = 2aS$ を用いて，$v = \sqrt{2gS}$ となるので，右図の状態 A 〜 D における速度 $v_A \sim v_D$ はそれぞれ，

| 状態 | $h$[m] | $K$ [J] $\frac{1}{2}mv^2$ | $U$ [J] $mgh$ | $E$ [J] $K+U$ |
|---|---|---|---|---|
| A | 30 | 0 | 882 | 882 |
| B | 20 | 294 | 588 | 882 |
| C | 10 | 588 | 294 | 882 |
| D | 0 | 882 | 0 | 882 |

$v_A = 0$, $v_B = 14.00$ m/s, 
$v_C = 19.80$ m/s, $v_D = 24.25$ m/s

となります．ここで，状態 A ～ D における運動エネルギー $K = \frac{1}{2}mv^2$ および重力による位置エネルギー $U = mgh$ を計算すると，右上の表のようになります（この例では弾性力による位置エネルギーはありません）．

**力学的エネルギー保存の法則** この表を右上図に表してみると，次のことがいえます．
▶保存力のみがはたらく運動では，運動エネルギーと位置エネルギーの和は，位置によらずつねに一定である．
このことを**力学的エネルギー保存の法則**といいます．

**基本例題●10-6** 地表 20 m の高さから，水平から 45° 上方に向けて質量 $m$ [kg] の物体を初速 7 m/s で発射した．この物体が地表に到達するときの速さを求めよ．重力加速度は $g = 9.8$ m/s$^2$ とする．

**解答** 高さの基準を地表とする．位置 A，B での力学的エネルギー $E_A$，$E_B$ は，
$E_A = \frac{1}{2}mv_0^2 + mgh_0 = \frac{49}{2}m + 196m$  $E_B = \frac{1}{2}mv^2 + mg \times 0 = \frac{1}{2}mv^2$
となる．$E_A = E_B$ より，$\frac{49}{2}m + 196m = \frac{1}{2}mv^2$．よって，$v = 21$ m/s となる．

**確認問題●10-06** **基本例題●10-6** の運動について，以下の問いに答えよ．
(1) 放物運動では，水平方向は等速直線運動することを用いて，物体が最高点に達したときの速さを求めよ．
(2) 最高点の高さ $h_C$ [m] を求めよ．

## 基本 A 問題

**10-07** 物体の移動方向が実線の矢印の方向で，力が点線の矢印の方向であるとき，力が物体になした仕事 $W$ [J] を求めよ．

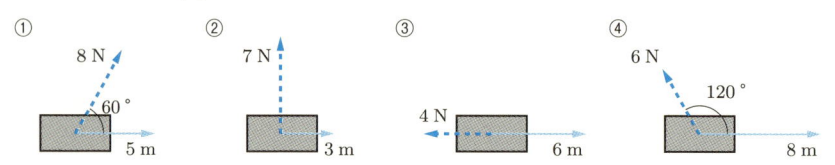

① 8 N, 60°, 5 m
② 7 N, 3 m
③ 4 N, 6 m
④ 6 N, 120°, 8 m

**10-08** 質量 $m$ [kg] の荷物を，手で鉛直上向きに高さ $h$ [m] までゆっくりと持ち上げる．このとき，以下の仕事を求めよ．重力加速度を $g$ [m/s²] とする．
(1) 手が荷物にした仕事 $W_1$ [J]　　(2) 荷物が手にした仕事 $W_2$ [J]

**10-09** 10 cm/s でロープを引き上げる装置を使って，質量 30 kg の物体を 4 m 引き上げる．このとき，以下の問いに答えよ．重力加速度を $g = 9.8$ m/s² とする．
(1) 図(a)のように鉛直に引き上げる場合と，図(b)のように水平から 30°のなめらかな斜面を用いる場合のそれぞれについて，4 m 引き上げるのに必要な仕事 [J] を求めよ．
(2) (a), (b)の場合の仕事率 $P_a$, $P_b$ [W] をそれぞれ求めよ．

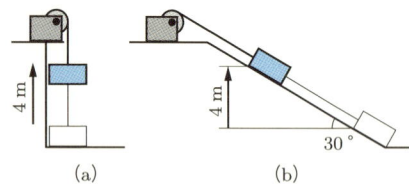

**10-10** 以下の物体の運動エネルギー $K$ [J] を求めよ．
(1) $v = 4$ m/s で運動する $m = 4$ kg の物体
(2) $v = 8$ m/s で運動する $m = 4$ kg の物体
(3) $v = 4$ m/s で運動する $m = 8$ kg の物体

**10-11** 右の図で，A～E の物体の位置エネルギー $U_A$～$U_E$ [J] を求めよ．高さの基準は太線の高さとし，重力加速度を $g = 9.8$ [m/s²] とする．

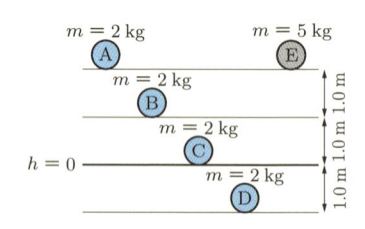

**10-12** 机の上で，ばね定数 80 N/cm，自然長 30 cm のばねの片端を図のように不動面につなげる．このとき，以下の場合の弾性力による位置エネルギー [J] を求めよ．
(1) 質量 2 kg の物体を他端につけて，5 cm ばねを伸ばした． 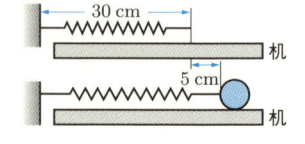
(2) 質量 5 kg の物体を他端につけて，5 cm ばねを伸ばした．
(3) 質量 2 kg の物体を他端につけて，5 cm ばねを縮めた．

## 実力 B 問題

**10-13** なめらかな机の上に自然長 40 cm，ばね定数 $k = 2$ N/cm のばねを水平に置き，片端を不動面に固定する．他端には図のように質量 80 g の物体をつける．このとき，以下の問いに答えよ．

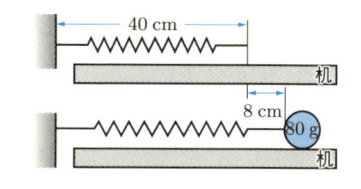

(1) 物体を引っ張り，ばねを 8 cm 伸ばしたときの弾性力による位置エネルギー [J] を求めよ．

(2) (1)の状態で，物体から手を離す．ばねが自然長になったときに物体に生じる速さは何 [m/s] か．

(3) (2)のあと，ばねは縮み始める．最も縮んだときのばねの長さ [cm] を求めよ．

**10-14** 右図のように，地表面から高さ 10 m の位置にある質量 2 kg の球を，水平方向に初速 $v_0 = 8$ m/s で発射する．このとき，以下の問いに答えよ．

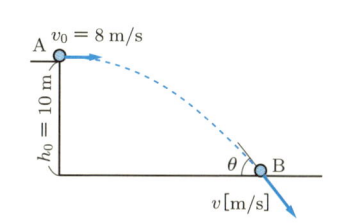

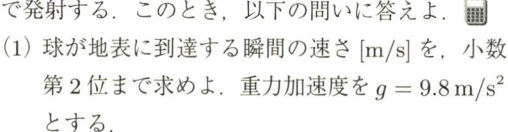

(1) 球が地表に到達する瞬間の速さ [m/s] を，小数第 2 位まで求めよ．重力加速度を $g = 9.8$ m/s$^2$ とする．

(2) 球が地表に到達したとき，地表面と $\theta$ の角度をなしたという．このとき，$\cos\theta$ の値を小数第 3 位まで求めよ．

## 応用 C 問題

**10-15** 不動面に固定された質量の無視できるばね（ばね定数 $k = 2$ N/cm）に質量 500 g の物体を押しつけ，ばねを自然長より 20 cm だけ縮めて手を離した．水平面 AB は動摩擦係数 $\mu' = 0.1$ であるが，斜面 BC はなめらかな面である．以下の問いに答えよ．ただし，重力加速度は $g = 9.8$ m/s$^2$ とし，物体の大きさは無視できるとする．

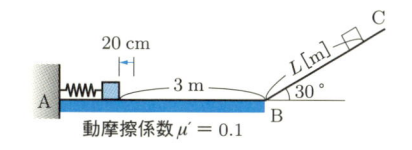

(1) 最初にばねに蓄えられている弾性エネルギー [J] を求めよ．

(2) 物体が水平面を移動し終えるまでに，摩擦力が物体になす仕事 [J] を求めよ．

(3) 物体が B に到達したとき，物体の力学的エネルギー [J] を求めよ．

(4) 物体が斜面上で速さ 0 になるのは B 点から何 [m] 離れた位置になるか．小数第 3 位まで求めよ．

**ヒント▶ 10-13** (2)自然長では弾性力による位置エネルギーは 0 になる．力学的エネルギー保存の法則を適用．　▶ **10-14** (2)球は，水平方向には等速直線運動する．　▶ **10-15** (3)摩擦力の仕事によって，エネルギーは減少している点に注意せよ．

# 第11章 円運動と万有引力

この章では，ボールに糸をつけて回転させるような運動（円運動）を学びます．円運動をする物体には，つねに物体を引っ張る力が作用していることを理解しましょう．

実験V

## 11-1 等速円運動

**等速円運動とは**　時計の秒針の先端や，電子レンジのターンテーブル上に置いた茶碗のように，一定の速さで円周上を回る物体や質点の運動を，等速円運動といいます．

まず，等速円運動の例として，時計の秒針の先端を考えてみましょう．秒針の先端は，60 s で一周（360°回転）しますが，1 s ごとに同じ角度だけ回転しています．その角度は360°/60 s で求められますから，毎秒6°という回転になります．

さて，等速円運動では，速さは一定ですが，速度は一定ではありません．それは進行方向が刻々と変化するからです．そのため，等速円運動では，時間や距離といった直線運動を記述するのに必要であった量のほかに，角度を考えることが重要になります．時計の秒針の例で求めた毎秒6°のことを角速度といい，$\omega$（オメガ）で表します．たとえば，15秒間で秒針が回転する角度を知りたければ，

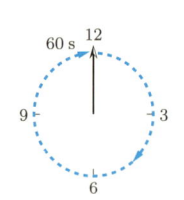

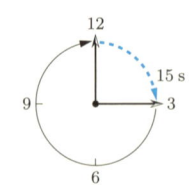

$$6°/\text{s} \times 15\,\text{s} = 90°$$

と計算できます．このように，1 s あたりの回転角（角速度）がわかると，直線運動と同じような計算の方法で $t$ [s] 間の回転角を求めることができます．

**等速円運動での角度の表現**　上の例では，導入のために角度を [度] の単位で表しましたが，等速円運動を考える場合には，角度の単位としてラジアン [rad] を用います．ラジアンは，半径 $r$ の扇形の弧の長さが $r$ になる2本の半径のなす角度を 1 rad とする角度の単位です（数学の知識⑤）．

それでは，角度の単位を [rad] にすると，何かメリットがあるのでしょうか．先ほどの秒針の例で考えてみましょう．

秒針の長さが 30 cm のとき角度の単位を [度] で計算すると，10 s 間に進む距離は，

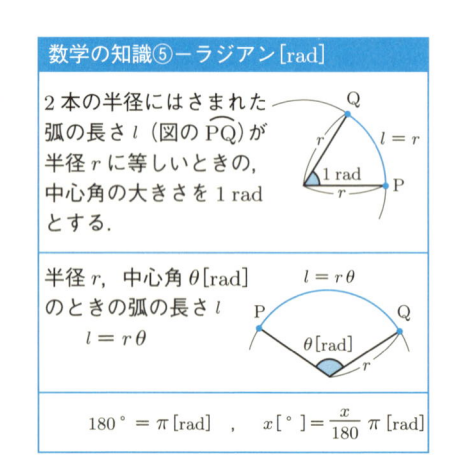

$$\text{直径} \times \pi \times \frac{10 \times 6°}{360°} = (30 \times 2) \times \pi \times \frac{60°}{360°} = 10\pi \ [\text{cm}]$$

---

**数学の知識⑤ーラジアン [rad]**

2本の半径にはさまれた弧の長さ $l$（図の $\overparen{PQ}$）が半径 $r$ に等しいときの，中心角の大きさを 1 rad とする．

半径 $r$，中心角 $\theta$ [rad] のときの弧の長さ $l$

$$l = r\theta$$

$$180° = \pi \ [\text{rad}] \quad , \quad x[°] = \frac{x}{180}\pi \ [\text{rad}]$$

となります．ここで角度の単位に rad を使うと $6°=π/30$ [rad] になりますから，弧の長さ $L$ はラジアンの値に半径倍を掛ければよく，

$$L = 30×π/3 = 10π \text{ [cm]}$$

と計算できます．つまり，半径 $r$，中心角 $θ$ [rad] のとき，円運動における秒針の先の移動距離 $L$ は，$L = r·θ$ という簡単な式になります．

いま，角速度を $ω$ [rad/s] とすると，$t$ [s] 間にできる中心角 $θ$ は $θ = ωt$ ですから，$L = rωt$ となります．1 秒あたりの移動距離が円運動の速さ $v$ ですから，

$$v = L/t = rω$$

となります．したがって，半径 $r$ [m]，角速度 $ω$ [rad/s] のとき，次のようになります．

▶等速円運動の速さ　$v = rω$ [m/s]

**周期と回転数**　さて，次の二つの等速円運動を考えてみましょう．

・A：2 s 間で 1 周する等速円運動
・B：1 s 間で 2 周する等速円運動

A は，1 周するのにかかる時間が 2 s ですが，この 1 周するのに必要な時間のことを**周期**とよび，記号 $T$ で表します．単位は [s] です．B は，1 秒間に回転する回数を表しています．これを**回転数**とよび，記号 $n$ で表します．単位は [1/s] となり，これを **[Hz]（ヘルツ）** で表します．

ここで，いくつかの重要な関係を導くことができます．

① A の場合，2 s 間で 1 周なので，1 s 間では 1/2 周です．すなわち，$T = 2$ s のとき $n = 0.5$ Hz となります．B の場合，1 s 間で 2 周なので，1 周するのに 1/2 s です．すなわち，$n = 2$ Hz のとき $T = 0.5$ s です．このように，周期 $T$ と回転数 $n$ は，互いに逆数になります．

▶$n = 1/T$ [Hz]，$T = 1/n$ [s]

② 周期 $T$ [s] は，1 周分の距離，すなわち，$L = 2πr$ [m] 移動するのにかかる時間なので，速さ $v$ [m/s] は，次式となります．

▶$v = L/T = 2πr/T$ [m/s]

③ さらに，$v = rω$ を②に代入すると，次式となります．

▶$ω = 2π/T$ [rad/s]

このように，等速円運動ではたくさんの式が出てきますが，丸暗記ではなく，まずは一つひとつの記号の意味をきちんと理解して，式を解釈できるようにしましょう．

---

**確認問題 ● 11-01**　半径 10 m の円周上を，4 s 間で 1 周する等速円運動を考える．このとき，角速度 $ω$ [rad/s]，速さ $v$ [m/s]，周期 $T$ [s]，回転数 $n$ [Hz] をそれぞれ求めよ．円周率は $π$ とする．

## 11-2 等速円運動の加速度

**等速円運動の速度の方向** 陸上競技のハンマー投げを思い出してみましょう．ハンマー投げでは，鎖のついた鉄球を円運動させて遠くに飛ばすわけですが，手を離した瞬間，鉄球は円の接線方向に飛んでいきます．これは，鉄球が円の接線方向に飛んでいこうとする速度を生じていることを示すと同時に，鎖を引っ張ることで円運動が生じることを表しています．本節と次節でこのことを考えてみます．

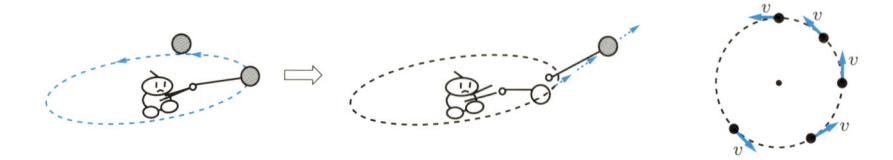

**等速円運動の加速度** 等速円運動をしている物体では，速さは一定ですが，速度はたえず変化しています．速度が変化するときには加速度が生じているということはすでに学びました．加速度は，速度の大きさだけではなく，方向が変わることを表現する際にも用いることができます．

では，等速円運動をしている物体の加速度を考えてみましょう．等速円運動している物体の微小な時間の変化を切りとり，右図のように時刻 $t_1$ から $t_2$ までの速度の変化を考えます．時刻 $t_1$ での位置を A，$t_2$ での位置を B とし，直線 AB を $x$ 軸，AB の垂直二等分線を $y$ 軸とすると，三角形 OAB は二等辺三角形，また，$y$ 軸は円の中心を通ります．したがって，∠AOD = ∠BOD = $\dfrac{\theta}{2}$ となります．

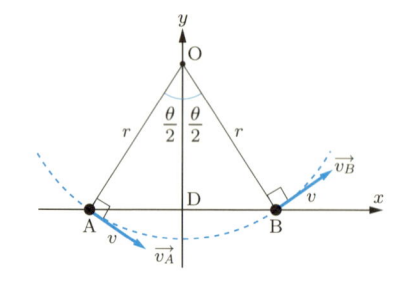

ところで，上記のように等速円運動をしている物体の速度の方向は，円の接線方向です．円周上の任意の点における円の接線は，その点を通る半径（あるいは直径）と垂直に交わりますから（**数学の知識⑥**），OA⊥$\vec{v_A}$，OB⊥$\vec{v_B}$ となります．

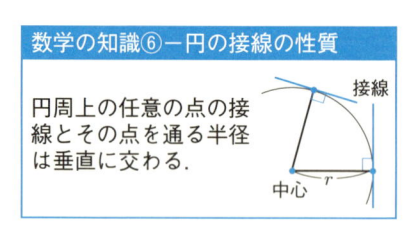

これらの図形の性質を利用すると，$\vec{v_A}$ および $\vec{v_B}$ が $x$ 軸となす角は $\dfrac{\theta}{2}$ となります．
$|\vec{v_A}| = |\vec{v_B}| = v$ とすると，

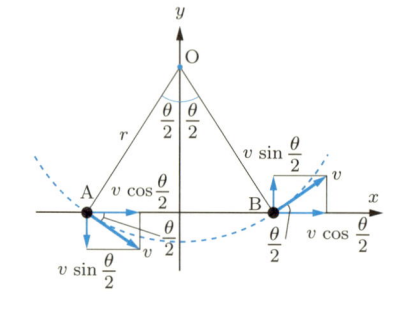

**数学の知識⑥－円の接線の性質**

円周上の任意の点の接線とその点を通る半径は垂直に交わる．

$$\vec{v_{\mathrm{A}}} = \left(+v\cos\frac{\theta}{2}, -v\sin\frac{\theta}{2}\right), \quad \vec{v_{\mathrm{B}}} = \left(+v\cos\frac{\theta}{2}, +v\sin\frac{\theta}{2}\right)$$

と表せます．速度の変化は，$\Delta\vec{v} = \left(0, 2v\sin\frac{\theta}{2}\right)$ となり，変化量は $|\Delta\vec{v}| = \Delta v = 2v\sin\frac{\theta}{2}$ と得られます．ところで，角度を [rad] で表したときには，微小な角 $\theta$ [rad] について，$\sin\theta = \theta$ が成立します（→**演習問題 11-08**）．これを用いると，$\Delta v = v \cdot \theta$ となります．

加速度の大きさは速度の変化量を時間 $t$ で割ればよく，$a = \dfrac{\Delta v}{t} = v \cdot \dfrac{\theta}{t}$ となります．これに $\theta = \omega t$，$v = r\omega$ の関係を用いると，角速度 $\omega$，半径 $r$ の円運動の加速度の大きさ $a$ が次のように得られます．

▶円運動の加速度の大きさ　　$a = v\omega = r\omega^2 = \dfrac{v^2}{r}$

次に，等速円運動の加速度の方向を考えてみます．前頁の図で，速度の変化は $\Delta\vec{v} = (0, v\theta)$ と得られましたので，加速度は $a = \dfrac{\Delta\vec{v}}{t} = \left(0, \dfrac{v\theta}{t}\right)$ となります．この成分表示からわかるように，加速度の方向は図の $y$ 軸方向ということになります．前頁の図は説明上大きな扇形で描いていますが，実際には中心角 $\theta$ はきわめて小さいので，加速度の方向は円の中心を向くことになります．この中心に向かう加速度を，**向心加速度**といいます．

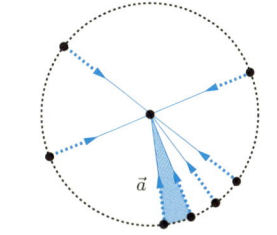

▶等速円運動では，円の中心方向に向かう向心加速度が生じている．

---

**基本例題 ● 11-2**　半径 $r = 3$ m，周期 $T = 2$ s の等速円運動について，向心加速度の大きさ $a$ [m/s²] を求めよ．

**解答**　向心加速度の公式 $a = v\omega = r\omega^2 = \dfrac{v^2}{r}$ の中には，$r$ と $T$ から求められる形式はないが，これまでの公式を利用することで $a$ を求めることができる．
$\omega = \dfrac{2\pi}{T}$ を用いると，$\omega = \pi$ [rad/s] と得られるので，次式となる．

$$a = r\omega^2 = 3\pi^2 \text{ [m/s}^2\text{]}$$

---

**確認問題 ● 11-02**　半径 $r$ [m] の円周上を，$T$ [s] 間で 1 周する等速円運動を考える．$r$ と $T$ が以下のようであるとき，角速度 $\omega$ [rad/s]，速さ $v$ [m/s]，向心加速度の大きさ $a$ [m/s²] を求めよ．円周率を $\pi$ とする．

(1) $r = 5$, $T = 2$　　(2) $r = 3$, $T = 6$
(3) $r = 6$, $T = 0.5$　　(4) $r = 1$, $T = 1$

## 11-3 向心力と遠心力

**向心力**　速さ $v$ [m/s]，角速度 $\omega$ [rad/s]，半径 $r$ [m] で等速円運動している物体には，中心に向かって，

$$a = v\omega = r\omega^2 = \frac{v^2}{r}$$

という大きさの加速度 [m/s²] が生じていることを学びました．

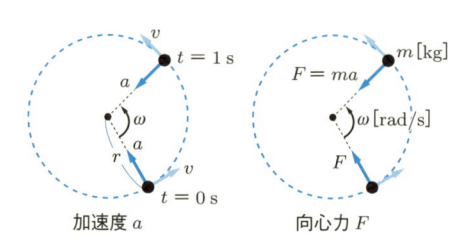

ところで，9-2 で学んだように，加速度を生じる原因は力ですから，等速円運動は何らかの力の作用のもとに起こる運動ということになります．この場合，物体の質量を $m$ [kg] とすると，力は $F = ma$ より求めることができます．力の向きは加速度の向きと同じで，物体から中心に向かう方向となります．この力を**向心力**といいます．

▶向心力　中心に向かって，$F = ma = mv\omega = mr\omega^2 = m\dfrac{v^2}{r}$

**遠心力**　電車がカーブを曲がるとき，中にいる人はカーブの外側に向かって倒れそうになります．これは，電車の中にいる人は速度の方向に等速直線運動しようとするのに，電車の床がカーブに沿って動くので，足が内側に引っ張られるためです．

このときに感じる，回転の中心から遠くに向かう力のことを，**遠心力**といいます．遠心力の向きは，向心力と逆向きで，大きさは等しくなります．

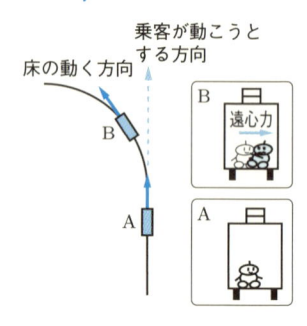

▶遠心力　外方向（中心方向と逆向き）に向かって，$F = mr\omega^2 = m\dfrac{v^2}{r}$

**向心力と遠心力の関係**　さて，ここで等速円運動をしている物体を，二つの異なった視点から考えてみます．いま，回転する大きな円板の中心から離れたところに柱を立てて，糸でおもりをぶら下げたとします．すると，おもりは等速円運動をします．

このおもりに作用する力を，円板の外（地面）にいる人が見る場合は，次頁の図 (a) のように，張力と重力がおもりに作用して，ひとつの向心力として作用することによって円運動を引き起こしていると認識されます．

ところが，図 (b) のように，回転板の中心にいる人には，**糸の張力と重力がつりあっていないのに，おもりが止まっている**ように見える原因は，それらとつりあう外向きの力が作用しているためであると認識されます．

つまり，同じ張力と重力が作用しているときに，見ている位置によって運動がまったく異なって認識されるということになります．この場合，おもりの円運動において実際に作用している力は向心力です．遠心力というのは，回転運動している物体と同じ回転をしている観測者に認識されるだけの，みかけの力ということになります．このよう

なみかけの力のことを**慣性力**といいます.

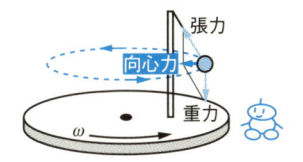

(a) 外の人には，向心力しか認識されない．それは張力・重力の合力である．

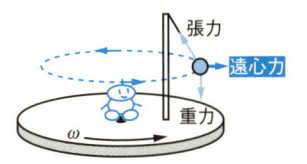

(b) 回転する円板の中心に乗った人には，張力・重力とつりあう力（遠心力）があるように認識される．

---

**基本例題●11-3** 円板の中心から2mの位置に，質量 $m$ [kg] の物体を載せ，角速度 $\omega$ [rad/s] で円板を回転させる．$\omega$ を徐々に大きくしていくとき，物体が滑り出す $\omega$ の値とそのときの周期 $T$ [s] を求めよ．板と物体の間の静止摩擦係数は $\mu = 0.4$，重力加速度は $g = 9.8\,\mathrm{m/s^2}$ とする．

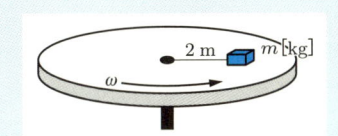

**解答** 物体は中心から糸につながれているわけではないが，滑らずに回転するということは，糸の張力に相当する向心力があるということである．この例では静止摩擦力 $f$ [N] である．したがって，$f$ が向心力 $mr\omega^2$ と等しいので，

$$f = mr\omega^2$$

となる．$f$ が最大静止摩擦力 $\mu mg$ になると，等速円運動に必要な向心力を確保できなくなるから，物体は動き出す．したがって，動き出す瞬間には，

$$\mu mg = mr\omega^2 \quad \rightarrow \quad \omega = \sqrt{\frac{\mu g}{r}} = 1.4\,\mathrm{rad/s}$$

となる．このとき，$T = \dfrac{2\pi}{\omega} = 4.488$ s となる．

---

**確認問題●11-03** これまでに学んだ等速円運動に関する公式を利用して，以下の等速円運動の向心力 [N] を求めよ．円周率を $\pi$ とする．物理量と記号の関係は，質量 $m$ [kg]，角速度 $\omega$ [rad/s]，速さ $v$ [m/s]，向心加速度の大きさ $a$ [m/s²]，周期 $T$ [s]，回転数 $n$ [Hz] である．

(1) $m = 1$, $r = 2$, $\omega = 2\pi$
(2) $m = 5$, $r = 1$, $\omega = \pi$
(3) $m = 2$, $r = 3$, $v = 3\pi$
(4) $m = 1$, $r = 25$, $v = 5\pi$
(5) $m = 3$, $r = 8$, $T = 0.4$
(6) $m = 6$, $v = 3\pi$, $T = 1.8$
(7) $m = 0.25$, $r = 0.1$, $n = 10$
(8) $m = 10$, $v = 2\pi$, $n = 0.1$

## 11-4 万有引力の法則

**ケプラーの法則**　惑星の運動は，等速円運動と厳密には異なりますが，それに近い運動をします．ここでは，その惑星の運動について考えてみます．

惑星の運動に関して，ケプラーの法則があります．

- **ケプラーの第1法則**　惑星は太陽を焦点の一つとする楕円軌道上を運動する（地球の場合は円軌道に非常に近い）

- **ケプラーの第2法則**　一つの惑星と太陽を結ぶ線分が，単位時間あたりに描く扇形形状の面積は一定である（面積速度一定の法則：図の $S_1 = S_2$）

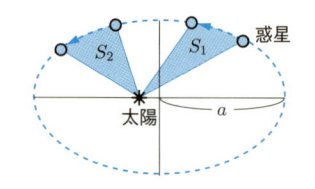

- **ケプラーの第3法則**　惑星の公転周期（太陽のまわりを1周する時間）$T$ の2乗 $T^2$ は，楕円軌道の半長軸 $a$（長軸 $2a$ の半分）の3乗 $a^3$ に比例する．すなわち，$T^2 = ka^3$ となる．

これらの詳細については，本書では扱わないので，ほかの本を参照してください．

**万有引力の法則**　惑星の軌道は円に非常に近いので，近似的に等速円運動と考えてかまいません．惑星の等速円運動の速さを $v$，周期を $T$，半径を $r$，質量を $m$ とすると，

$$v = \frac{2\pi r}{T}$$

となります．これと，ケプラーの第3法則で $a = r$ とした $T^2 = kr^3$，および向心力の大きさ $F = mv^2/r$ を用いて $T$ と $v$ を消去すると，

$$F = \frac{4\pi^2}{k} \cdot \frac{m}{r^2}$$

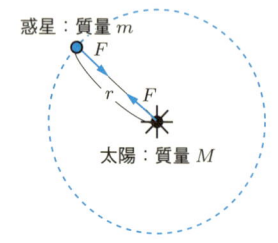

となります．つまり，太陽と惑星の間には，惑星の質量 $m$ に比例し，距離の2乗 $r^2$ に反比例する力がはたらきます．

ところで，太陽が惑星を大きさ $F$ の力で引けば，作用・反作用の法則で惑星も太陽を大きさ $F$ の力で引くことになります．$F$ の式をみれば，この力が惑星の質量に比例するわけですから，$F$ は太陽の質量 $M$ にも比例していると考えることができます．このことから，比例定数を $G$ として $4\pi^2/k = GM$ とおくと，次式が得られます．

$$F = G\frac{mM}{r^2}$$

ここで，$G$ は実験によって求められており，$G = 6.674 \times 10^{-11} \, \text{N} \cdot \text{m}^2/\text{kg}^2$ です．ニュートンは，この力が質量をもつすべての物体間にはたらくと考えました．これを**万有引力の法則**といいます．二つの物体の質量を $m$, $M$，その間の距離を $r$ とすると，次のように表されます．

▶**万有引力の法則**　$F = G\dfrac{mM}{r^2}$，　万有引力定数　$G = 6.674 \times 10^{-11} \, \text{N} \cdot \text{m}^2/\text{kg}^2$

**万有引力による位置エネルギー**　ここで，万有引力による位置エネルギーを考えて

みます．位置エネルギーを考える場合には，基準の位置をどこにするかが重要ですが，距離 $S$ だけ動かすときの仕事 $W = FS$ を考えるにあたって，$F$ の式の分母に $r$ がありますから，距離 $r = 0$ を基準にするわけにはいきません．そこで，万有引力による位置エネルギーを考える場合には，無限遠を基準点（すなわちエネルギーが 0 の位置）にとります．

質量 $M$ の太陽を原点におき，距離 $r$ だけ離れた質量 $m$ の惑星にはたらく力 $F$ を考えると，$F$–$x$ グラフは右図のようになります．万有引力に逆らって無限遠まで運ぶ仕事 $W$ は青色の面積です（これは積分で求められますが，本書の範囲を超えるのでほかの本を参照してください）．

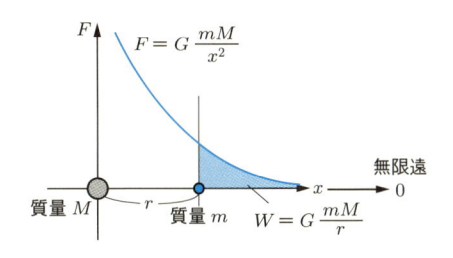

$$W = G\frac{mM}{r}$$

したがって，万有引力による無限遠での位置エネルギーを基準にとり，この点での位置エネルギーを 0 とすると，万有引力による位置エネルギーは次のようになります．

▶万有引力による位置エネルギー　$U = -W = -G\dfrac{mM}{r}$

ここで負号がつくのは，万有引力によって引かれる物体は，無限遠の点 C から見ると，C から離れる方向に運動しようとするためです．

**万有引力と重力**　地球上の物体には，地球とその物体の間の万有引力と，地球の自転による遠心力が作用しています（ここでは回転している地球上で物体を見ますから，**11-3** で考えた円板上の B 君の例で考えることになります）．しかし，自転による遠心力は，最大となる赤道上でも万有引力の 1/300 程度なので，万有引力を重力とみてかまいません．次の例題で万有引力から重力を算出してみましょう．

---

**基本例題●11-4**　地球（質量 $M = 5.974 \times 10^{24}$ kg，半径 $r = 6.378 \times 10^6$ m）上の質量 $m$ [kg] の物体に作用する万有引力 [N] を，$m$ を用いて表せ．万有引力定数 $G = 6.674 \times 10^{-11}$ N・m²/kg² とする．

**解答**　$F = G\dfrac{mM}{r^2} = 6.674 \times 10^{-11} \times \dfrac{m \times 5.974 \times 10^{24}}{(6.378 \times 10^6)^2} = 9.801\,m$ [N]

---

**確認問題●11-04**　地球（質量 $M_E = 5.974 \times 10^{24}$ kg）と月（質量 $M_L = 7.346 \times 10^{22}$ kg）の間に作用する万有引力を計算せよ．地球と月の距離は $3.844 \times 10^8$ m，万有引力定数を $G = 6.674 \times 10^{-11}$ N・m²/kg² とする．🖩

## 11-5 人工天体の運動

**人工衛星**　惑星のまわりを公転する天体を衛星といいます．月は地球の衛星です．人工衛星というのは，地上から打ち上げて，地球を中心とする円軌道上を運動させたものです．ここではこの人工衛星について考えてみます．

地上から $h$ の高さを速さ $v$ で回っている質量 $m$ の人工衛星は，地球の半径を $R$，地球の質量を $M$ とすれば，半径 $R+h$ の等速円運動をすることになります．そのときの向心力は万有引力なので，その大きさ $F$ [N] は，

$$F = m\frac{v^2}{R+h} = G\frac{mM}{(R+h)^2}$$

となります．したがって，人工衛星の速さを $v$ として，次式が得られます．

$$m\frac{v^2}{R+h} = G\frac{mM}{(R+h)^2} \quad \rightarrow \quad v = \sqrt{\frac{GM}{R+h}}$$

すなわち，人工衛星の速さは高さ $h$ によって変化することがわかります．さて，地球表面で質量 $m$ の物体にはたらく重力は，地球・物体間の万有引力なので，

$$G\frac{mM}{R^2} = mg \quad \rightarrow \quad GM = gR^2$$

となります．このことから，上の $v$ の式は次のようになります．

$$v = R\sqrt{\frac{g}{R+h}}$$

**第1宇宙速度**　上の $v$ の式で，$h=0$ とすると，$v = \sqrt{gR}$ となります．これは地表すれすれに回る人工衛星を考えたときの速さになります．これを第1宇宙速度といいます．具体的には $g = 9.807\,\text{m/s}^2$，$R = 6.378 \times 10^6\,\text{m}$ を代入して，

$$v = \sqrt{9.807 \times 6.378 \times 10^6} = 7909\,\text{m/s}$$

となります．すなわち，もし地表すれすれに回る人工衛星があるとすると，それは1秒間に 7.909 km の速さで地表面を回ることになります．

**静止衛星**　赤道上のある地点で，つねに真上に人工衛星があるようにするには，人工衛星をどのように運動させたらよいでしょうか．

この場合，地球と同じペースで回転させれば，つねに真上に来ることになります．すなわち人工衛星を地球の自転と同じ角速度で運動させればよいということです．このような人工衛星を静止衛星とよびます．

**第2宇宙速度**　人工衛星は地球の引力の作用下にありますが，地球の引力圏を完全に抜けるようにするには第1宇宙速度よりも大きな初速度が必要になります．この速

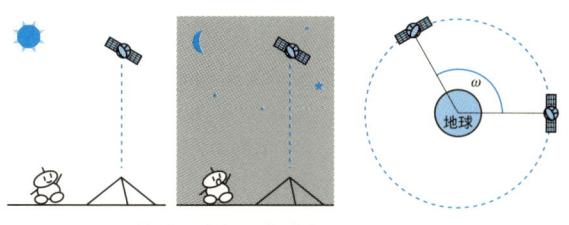

静止衛星にするには，地球の自転の角速度と人工衛星の角速度を等しくする

度を**第2宇宙速度**といいます．第2宇宙速度は，11-4 で扱った地球からの万有引力による位置エネルギーが0になるような初速度を求めることになります．その際には，$U = -G\dfrac{mM}{r}$ において $r$ を大きくしていったときに，$U$ は0に近づくという考え方を用います（→**演習問題 11-13**）．

**基本例題●11-5** 地球の半径を $R = 6.378 \times 10^6$ [m]，地表での重力加速度を $g = 9.807\,\mathrm{m/s^2}$ とする．静止衛星の地表からの高さは，地球の半径の何倍か．🖩

**解答** 地球の中心から人工衛星の軌道までの半径を $r$ とする．人工衛星の向心力は，地球と人工衛星の間の万有引力であるから，

$$mr\omega^2 = G\frac{mM}{r^2} \quad \rightarrow \quad r^3 = G\frac{M}{\omega^2}$$

となる．ところで，前頁第3式より $GM = gR^2$ であるから，

$$r = \sqrt[3]{\frac{gR^2}{\omega^2}}$$

となる．ここで，地球の自転による角速度を求めると，24時間で一回転，すなわち $2\pi$ [rad] だから，

$$\omega = \frac{2\pi\,[\mathrm{rad}]}{24\,\mathrm{h}} = \frac{2\pi\,[\mathrm{rad}]}{24 \times 60 \times 60\,\mathrm{s}} = 7.272 \times 10^{-5}\,\mathrm{rad/s}$$

となる．数値を $r$ の式に代入すると，

$$r = \sqrt[3]{\frac{9.807 \times (6.378 \times 10^6)^2}{(7.272 \times 10^{-5})^2}} = 4.225 \times 10^7\,\mathrm{m}$$

となる．ゆえに，$\dfrac{r}{R} = 6.624$．したがって，高さは $r - R = 5.624\,R$ となるから，5.624 倍となる．

**確認問題●11-05** 地球の半径を $R = 6.378 \times 10^6$ m，地球の質量を $5.974 \times 10^{24}$ kg，万有引力定数を $G = 6.674 \times 10^{-11}\,\mathrm{N \cdot m^2/kg^2}$ とする．地表から地球の半径と同じ高さのところで等速円運動をする人工衛星の周期 [h] を求めよ．🖩

11-5 人工天体の運動

## 基本 A 問題

**11-06** 半径 4 m の円周上を時計回りに等速円運動している質点がある．この質点は，時刻 $t=0$ s に図の点 A にあった．このとき，以下の問いに答えよ．
(1) 角速度が $\pi/6$ [rad/s] であるとき，$t=1$ s，2 s，3 s，4 s における質点の位置を図示せよ．
(2) この質点の速さ [m/s] を求めよ．円周率を $\pi$ とする．
(3) この等速円運動の周期 [s] を求めよ．

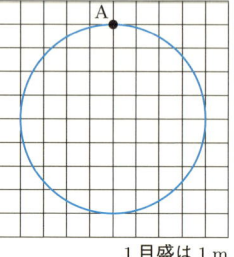

1目盛は 1 m

**11-07** 回転数 0.5 Hz，速さ $6\pi$ [m/s] で等速円運動する質点がある．以下の問いに答えよ．円周率を $\pi$ とする．
(1) 角速度 [rad/s] を求めよ．
(2) 等速円運動の半径は何 [m] か．
(3) この等速円運動の向心加速度の大きさ [m/s²] を求めよ．

**11-08** 角度の単位を [rad] で表した場合，$\theta$ が小さい場合に $\sin\theta = \theta$ と近似できる．このことを以下の表を埋めることで確かめよ．有効数字 4 桁とする．

| $\theta$ [rad] | 0.5 | 0.1 | 0.05 | 0.01 | 0.005 | 0.001 |
|---|---|---|---|---|---|---|
| $\sin\theta$ | | | | | | |

**11-09** 質量 500 g の物体が，以下のような等速円運動をしているとき，向心力の大きさ [N] を求めよ．円周率を $\pi$ とする．
(1) 半径 30 cm，角速度 4 rad/s
(2) 周期 4 s，速さ 6 m/s
(3) 半径 2 m，速さ 4 m/s
(4) 回転数 8 Hz，速さ 25 cm/s
(5) 速さ 0.5 m/s，角速度 $8\pi$ [rad/s]
(6) 半径 50 cm，周期 0.1 s

**11-10** 地球の半径を $R = 6.378 \times 10^6$ m，地球の質量を $M = 5.974 \times 10^{24}$ kg，万有引力定数を $G = 6.674 \times 10^{-11}$ N·m²/kg² とする．地表から高さ $H$ [m] の位置にある人工衛星が，1 日に地球のまわりを 2 回転するという．このとき，$\dfrac{H}{R}$ の値を求めよ．

**11-11** 静止衛星は，地球の中心からおおむね $r = 4.2 \times 10^7$ m の半径の軌道を周回している．右図のように地球と静止衛星，および月が一直線上に並んだとき，人工衛星に作用する地球からの万有引力は，月からの万有引力の何倍か．整数で答えよ．地球の質量 $M_E = 6.0 \times 10^{24}$ kg，月の質量 $M_L = 7.3 \times 10^{22}$ kg，地球と月の距離は $d = 3.8 \times 10^8$ m とする．

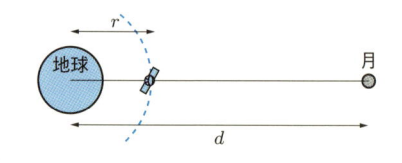

═══════════════ 実力 |B| 問題 ═══════════════

**11-12** 図のように，長さ $\frac{\sqrt{2}}{5}$ m の糸に質量 2 kg のおもりを吊るし，糸の他端を不動面に固定する．このおもりを等速円運動させたところ，糸は鉛直軸と $\theta$ の角度をなした（円すい振り子）．このとき，以下の問いに答えよ．糸の質量や空気抵抗は無視できるものとし，重力加速度は $g = 9.8$ m/s$^2$ とする．

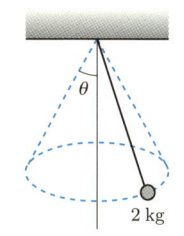

(1) $\theta = 45°$ になるとき，おもりの角速度 [rad/s] を求めよ．

(2) この糸を鉛直にしておもりを吊るすと，4 kg のおもりで切れることがわかっている．この円すい振り子の角速度を大きくしていったとき，糸が切れるときの振り子の速さ [m/s] を小数第 2 位まで求めよ．

**11-13** 第 2 宇宙速度を以下の手順で求めよ．地球の半径を $R$，地球の質量を $M$，打ち上げる人工衛星の質量を $m$，万有引力定数を $G$ とする．

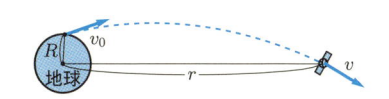

(1) 地球から人工衛星を速さ $v_0$ で打ち上げるとする．このときの運動エネルギー $K_0$，万有引力による位置エネルギー $U_0$ を $M$，$m$，$R$，$G$，$v_0$ を用いて表せ．

(2) 人工衛星が地球の中心から距離 $r$ だけ離れたときの速さを $v$ とする．そのときの運動エネルギー $K_1$，万有引力による位置エネルギー $U_1$ を $M$，$m$，$R$，$G$，$v$ を用いて表せ．

(3) 力学的エネルギー保存の法則から $K_0 + U_0 = K_1 + U_1$ …① である．$r$ を無限に大きくしたとき，①式を $M$，$m$，$R$，$G$，$v_0$，$v$ で表せ．

(4) 人工衛星を地球の引力圏から脱出させるには，$r$ を無限に大きくしたときに速さ $v \geq 0$ となればよい．$v_0$ の最小値を $G$，$M$，$R$ を用いて表せ．

═══════════════ 応用 |C| 問題 ═══════════════

**11-14** 電車の軌道は，カーブの位置で右図のように外側を高くすることによって，車輪が浮かないようにする．半径 800 m のカーブに速さ 90 km/h で走る電車を通すためには，図の傾斜角 $\theta$ をどのようにすればよいか．$\tan\theta$ の値で有効数字 3 桁で答えよ．重力加速度 $g = 9.8$ m/s$^2$ とする．

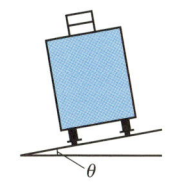

**ヒント▶ 11-08** 電卓の DRG を押して，角度の単位を R にすれば，角度の単位を [rad] で入力できる．なお，有効数字 3 桁の場合，0.0046383 を 0.00464 とする． ▶ **11-13** (3) $a$ を定数とすると，$a/r$ において $r$ を無限に大きくしたとき，$a/r$ は 0 に近づく． ▶ **11-14** 電車が等速円運動をすると考えれば，向心力が生じている．電車に作用する重力と向心力の二つにつりあう垂直抗力を考えると，その合力が向心力である．したがって **11-12** の円すい振り子と同じ考え方ができる．

# 第 12 章 単振動

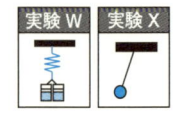

この章では，振り子のように同じ範囲を往復する運動を考えます．第 11 章で学んだ円運動を，違った視点からみることで，振動が説明できることを理解しましょう．

## 12-1 単振動

**正射影** $x$–$y$ 平面上を図の点線のように動く質点を考えます．

$t = 3\,\mathrm{s}$ における質点の位置を P，また，P から $x$ 軸上に下ろした垂線の足の位置を $\mathrm{P}_x$ とします．このとき，$\mathrm{P}_x$ を P の $x$ 軸上への<u>正射影</u>といいます．

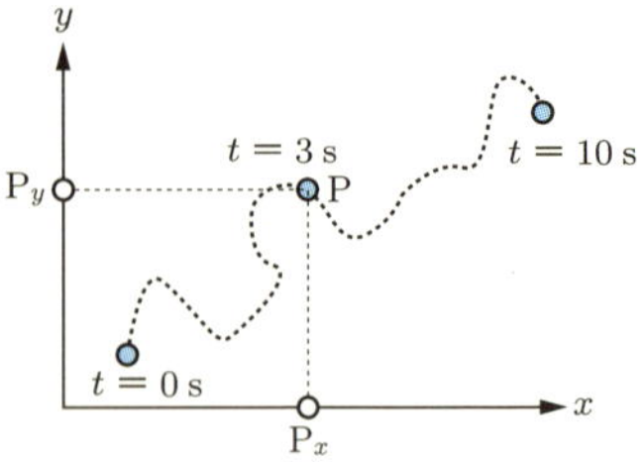

同様に，$y$ 軸への正射影というのは，図の $\mathrm{P}_y$ となります．正射影というと難しく聞こえますが，光を真上，あるいは真横からあてたときにできる影の位置のことだと思えばよいでしょう．

**速度・加速度の正射影** 上の例では，点の正射影を考えましたが，速度や加速度のように大きさと方向をもっている量の正射影を考えてみましょう．

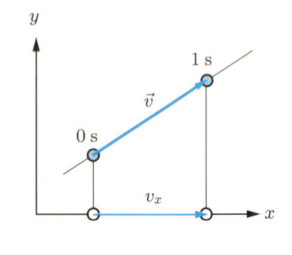

$x$–$y$ 平面上を速度 $\vec{v}$ で運動している質点の場合，1 s 間の点の変位を考えればよいことになります．そのときの $x$ 軸への正射影の変位は，右図を参照して $\vec{v}$ の $x$ 成分となることがわかります．これを拡張すると，加速度も同様に得られます．

**単振動** 次に，円運動の正射影を考えてみます．例として，下図に示す角速度 $\omega = \pi/6\,[\mathrm{rad/s}]$ の等速円運動を考え，その正射影をみてみます．これまでと同じように，1 秒ごとに $x$ 軸への正射影を描いてみると，図のようになります（ただし，この正射影は異なる時刻でも同じ位置に来るので，$x$ 軸を 3 本に分けています）．

ここでは 1 周分の時間（円運動の周期 $T\,[\mathrm{s}]$）だけを描きましたが，円運動の 2 周目，3 周目，4 周目も同じ運動をします．

$x$ 軸の原点を円の中心の正射影位置（図の O）とすれば，この正射影の運動は，もとの円運動の半径以下の変位しかとらないことになります．

このように，ある等速円運動の正射影として得られる，一定の変位の中で同じ周期で繰り返し現れる運動を<u>単振動</u>といいます．振り子の運動などが単振動に該当します．

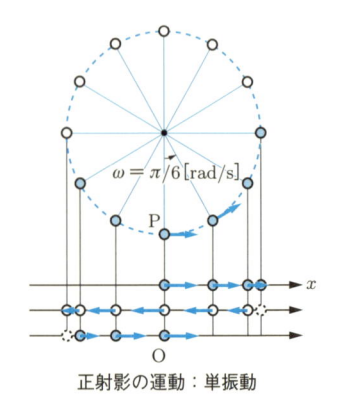

正射影の運動：単振動

### 単振動の $S$–$t$ グラフと振幅・周期

ここで，単振動の $S$–$t$ グラフを描いてみましょう．時刻 $t=0\,\mathrm{s}$ に点 P を出発し，角速度 $\omega=\pi/6\,[\mathrm{rad/s}]$ の等速円運動をする質点の正射影を考えます．その正射影の変位は右図のようになります．ここでは $t=12\,\mathrm{s}$ までを描いていますが，実際にはこのグラフが無限に繰り返し現れます．

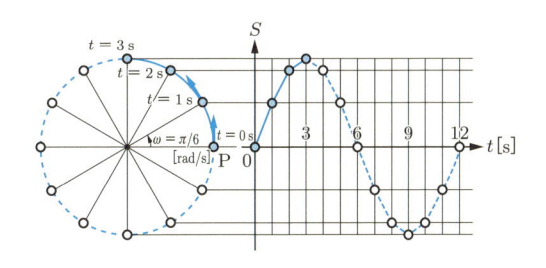

得られたグラフをみると，単振動では，もとの円運動の半径が，単振動の変位の最大値となります．この値を単振動の**振幅**といい，記号 $A$ で表します．また，$S$–$t$ グラフで再び同じ波形が現れるまでの時間のことを単振動の**周期**といいます．

この例で円運動の周期を計算してみると，$T=2\pi/\omega=12\,\mathrm{s}$ と得られますが，単振動の $S$–$t$ グラフでも $12\,\mathrm{s}$ ごとに同じ波形が現れます．

▶振幅 $A$：単振動の変位の最大値

▶周期 $T\,[\mathrm{s}]$：単振動の $S$–$t$ グラフで同じ波形が現れるまでの時間

### 振動数・角振動数・位相

単振動は円運動の正射影ですから，円運動で扱った式と似たようなものが多く導かれます．

円運動では周期の逆数を回転数とよびましたが，単振動では同じものを**振動数**とよびます．これは同じ波が $1\,\mathrm{s}$ 間に何回出現するかを表すものになります．振動数は記号 $f\,[\mathrm{Hz}]$ で表します．右図のような単振動では，周期は $1/4\,\mathrm{s}=0.25\,\mathrm{s}$，振動数は $4\,\mathrm{Hz}$ となります．

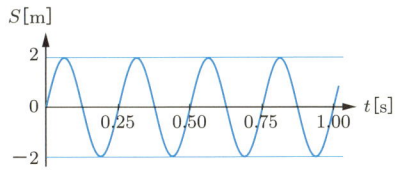

▶振動数 $f\,[\mathrm{Hz}]$：単振動の周期 $T$ の逆数　$f=1/T$

また，等速円運動での角速度 $\omega$ を，単振動では**角振動数**とよびます．これは，$1\,\mathrm{s}$ 間にもとの等速円運動が何 $[\mathrm{rad}]$ 回転しているかを考えることで得られます．また，回転角 $\theta=\omega t$ を，単振動では**位相**とよびます．

▶角振動数 $\omega\,[\mathrm{rad/s}]$：等速円運動の角速度に対応したもの

▶位相 $\theta\,[\mathrm{rad}]$：等速円運動の回転角に対応したもの

---

**確認問題 ● 12-01**　右図の単振動を表す $S$–$t$ グラフについて，振幅 $A\,[\mathrm{m}]$，周期 $T\,[\mathrm{s}]$，振動数 $f\,[\mathrm{Hz}]$，角振動数 $\omega\,[\mathrm{rad/s}]$ を求めよ．円周率は $\pi$ で表せ．

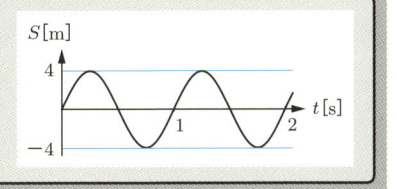

## 12-2 単振動の変位・速度・加速度

**単振動の変位**　等速円運動する質点の正射影が単振動であることを学びました．そこで，単振動する質点の変位について考えてみます．

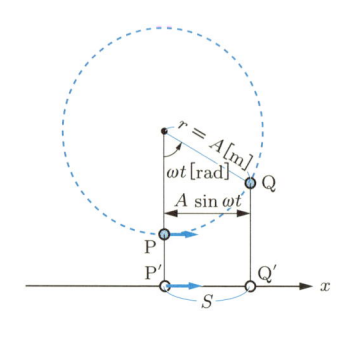

いま，半径 $A$ [m]，角速度 $\omega$ [rad/s] の等速円運動と，その正射影を考えてみましょう．時刻 0 s における位置が図の点 P であるとし，P の正射影の位置 P' を単振動の基準とします．また，時刻 $t$ [s] における等速円運動の質点の位置を図の点 Q とし，その正射影の位置を Q' とします．すると，時刻 $t$ [s] までの等速円運動の回転角は，$\theta = \omega t$ [rad] となります．

このとき，正射影の変位は図の $\overline{P'Q'}$ になりますから，この長さは等速円運動の $x$ 方向の変位に等しくなります．したがって，$\overline{P'Q'} = r \sin \omega t = A \sin \omega t$ となります．この図では，位相 $\omega t$ が鋭角 $\left(0 < \omega t < \dfrac{\pi}{2} \text{[rad]}\right)$ の場合で描いていますが，$\omega t$ は鋭角以外の一般角でも成立します(**数学の知識⑦**)．したがって，

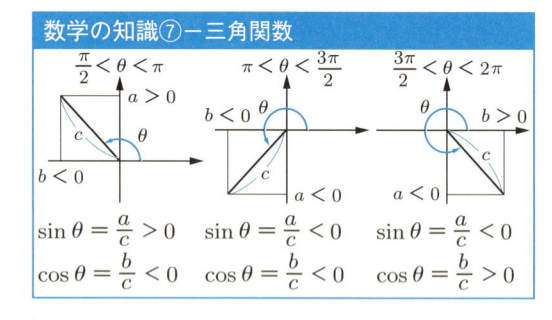

▶振幅 $A$，角振動数 $\omega$ の単振動の変位：$S = A \sin \omega t$

**単振動の速度**　次に，等速円運動の速さ $v_C$ から，単振動の速度を求めてみます．等速円運動の速さは $v_C = r\omega$ で，その方向は円の接線方向です．すると，右図において，$v_C$ の $x$ 成分が正射影上での速さとなりますから，$v_{Cx} = v_C \cos \omega t$ となります．この式は，$\omega t$ の値に伴って正負の符号が変化しますが，その符号が単振動の速度の方向を表すことになります(詳しくは **12-3** )．したがって，次のように表します．

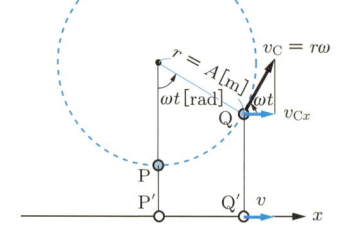

▶振幅 $A$，角振動数 $\omega$ の単振動の速度：

　$v = A\omega \cos \omega t$

**単振動の加速度**　最後に，単振動の加速度を考えてみます．等速円運動の加速度の大きさ $a_C$ は，$a_C = r\omega^2$ です．速度のときと同じように考えると，加速度の $x$ 成分の大きさ $|a_{Cx}|$ は，

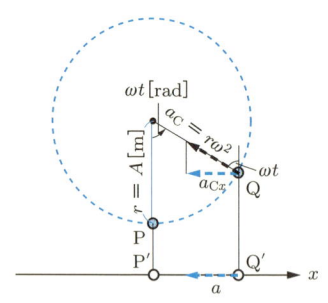

$$|a_{Cx}| = a_C \sin\omega t = r\omega^2 \sin\omega t$$

となります．ところで，この前頁の右下図では加速度が $x$ 軸と逆向きに出ているので，この加速度の大きさに符号をつけて向きを考慮すれば，単振動の加速度が次のように得られます．

▶振幅 $A$，角振動数 $\omega$ の単振動の加速度： $a = -A\omega^2 \sin\omega t = -\omega^2 S$

**基本例題 ● 12-2** 振幅 $4\,\mathrm{m}$，$\omega = \dfrac{\pi}{6}\,[\mathrm{rad/s}]$ の単振動を考える．このとき，位相 $\omega t\,[\mathrm{rad}]$，変位 $S\,[\mathrm{m}]$ に関して以下の表を埋め，$S$–$t$ グラフ上に点をプロットせよ．🖩

| [s] | 0 | 1 | 2 | 3 | 4 | … | 21 | 22 | 23 | 24 |
|---|---|---|---|---|---|---|---|---|---|---|
| $\omega t\,[\mathrm{rad}]$ | | | | | | | | | | |
| $S = A\sin\omega t$ | | | | | | | | | | |

**解答** 電卓を使って小数第 2 位まで求めると以下のようになる．電卓での計算の際に，角度の単位を [rad] にしておく．

$S$–$t$ グラフは以下のようになる．

| $t\,[\mathrm{s}]$ | 0 | 1 | 2 | 3 | 4 | 5 | 6 | 7 | 8 | 9 | 10 | 11 | 12 |
|---|---|---|---|---|---|---|---|---|---|---|---|---|---|
| $\omega t\,[\mathrm{rad}]$ | 0 | $\dfrac{\pi}{6}$ | $\dfrac{\pi}{3}$ | $\dfrac{\pi}{2}$ | $\dfrac{2\pi}{3}$ | $\dfrac{5\pi}{6}$ | $\pi$ | $\dfrac{7\pi}{6}$ | $\dfrac{4\pi}{3}$ | $\dfrac{3\pi}{2}$ | $\dfrac{5\pi}{3}$ | $\dfrac{11\pi}{6}$ | $2\pi$ |
| $S = A\sin\omega t$ | 0.00 | 2.00 | 3.46 | 4.00 | 3.46 | 2.00 | 0.00 | $-2.00$ | $-3.46$ | $-4.00$ | $-3.46$ | $-2.00$ | 0.00 |

| $t\,[\mathrm{s}]$ | 13 | 14 | 15 | 16 | 17 | 18 | 19 | 20 | 21 | 22 | 23 | 24 |
|---|---|---|---|---|---|---|---|---|---|---|---|---|
| $\omega t\,[\mathrm{rad}]$ | $\dfrac{13\pi}{6}$ | $\dfrac{7\pi}{3}$ | $\dfrac{5\pi}{2}$ | $\dfrac{8\pi}{3}$ | $\dfrac{17\pi}{6}$ | $3\pi$ | $\dfrac{19\pi}{6}$ | $\dfrac{10\pi}{3}$ | $\dfrac{7\pi}{2}$ | $\dfrac{11\pi}{3}$ | $\dfrac{23\pi}{6}$ | $4\pi$ |
| $S = A\sin\omega t$ | 2.00 | 3.46 | 4.00 | 3.46 | 2.00 | 0.00 | $-2.00$ | $-3.46$ | $-4.00$ | $-3.46$ | $-2.00$ | 0.00 |

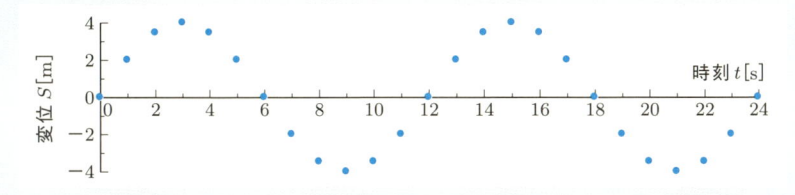

**確認問題 ● 12-02** 振幅 $4\,\mathrm{m}$，$\omega = \dfrac{\pi}{6}\,[\mathrm{rad/s}]$ の単振動を考える．このとき，位相 $\omega t\,[\mathrm{rad}]$，速度 $v\,[\mathrm{m/s}]$ に関して **基本例題 ● 12-2** のような表を作成し，$v$–$t$ グラフ上に点をプロットせよ．🖩

## 12-3 単振動のグラフ

単振動の振幅を $A$, 角振動数を $\omega$ とするとき, 単振動の変位・速度・加速度の式は,

$$\begin{cases} 変\ 位 & S = A\sin\omega t \\ 速\ 度 & v = A\omega\cos\omega t \\ 加速度 & a = -A\omega^2 \sin\omega t = -\omega^2 S \end{cases}$$

となることを学びました. 12-2 ではこれらをとびとびの値で計算しましたが, 実際には連続したグラフになります.

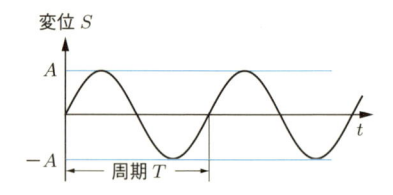

まず, 変位のグラフを描いてみます. $S = A\sin\omega t$ において, $\sin$ の値は $-1 \leq \sin\omega t \leq 1$ ですから, $-A \leq A\sin\omega t \leq A$ となり, 最大値 $A$, 最小値 $-A$ の $\sin$ のグラフ (正弦波) となります. また, このときのグラフの周期 $T$ は, $\omega = 2\pi/T$ の関係から, $T = 2\pi/\omega$ となります.

▶単振動の変位のグラフは振幅 $A$, 周期 $T = \dfrac{2\pi}{\omega}$

次に, 速度のグラフは, $-1 \leq \cos\omega t \leq 1$ なので, $-A\omega \leq A\omega\cos\omega t \leq A\omega$ となります. よって, $v$–$t$ グラフは, 最大値が $A\omega$, 最小値が $-A\omega$ の $\cos$ のグラフ (余弦波) となりますが, やはり周期は $T = 2\pi/\omega$ となります.

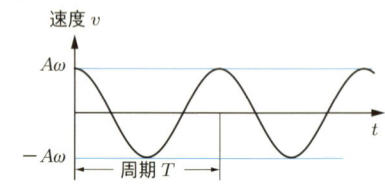

▶単振動の速度のグラフは振幅 $A\omega$, 周期 $T = \dfrac{2\pi}{\omega}$

変位・速度のグラフと同様に加速度のグラフを描いてみると, $-A\omega^2 \leq a \leq A\omega^2$ となる正弦波ですが, 加速度の式には負号がついているので, $S$–$t$ グラフをひっくり返した形となります.

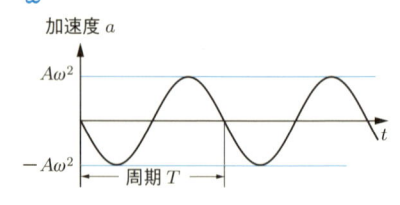

▶単振動の加速度のグラフは振幅 $A\omega^2$, 周期 $T = \dfrac{2\pi}{\omega}$

なお, 正弦波・余弦波という表現は便宜的なものです. 前節で単振動の式を求めるときに最初の変位が必ず 0 になるような位置に等速円運動の始点を設定しましたが, 必ずしも始点がそのような位置にあるわけではないので, 注意してください (→演習問題 12-12).

さて, ここで $S$–$t$ グラフ, $v$–$t$ グラフが実現象の何を表しているかを考えてみましょう. いままで, グラフは横方向に $t$ 軸をとりましたが, 水平方向の単振動ならば, 縦方向に $t$ 軸をとったほうが理解しやすいと思いますので, 以下では描き方を変えてみます.

いま, $A = 2\sqrt{2}$, $\omega = \pi/4$ のときの $S$–$t$ グラフと $v$–$t$ グラフを描いてみると, 右

の図(a), (b)のようになります.

ここで, $t_1 = 1\,\mathrm{s}$, $t_2 = 5\,\mathrm{s}$ に対応する変位 $S_1$, $S_2$ を求めると, $S_1 = +2\,\mathrm{m}$, $S_2 = -2\,\mathrm{m}$ となります. このとき, $S$–$t$ グラフの示す値は単振動の $x$ 軸方向への変位を表し, 符号は原点からの方向を表しています.

次に, $t_1 = 1\,\mathrm{s}$, $t_2 = 5\,\mathrm{s}$ に対応する速度 $v_1$, $v_2$ を求めると,

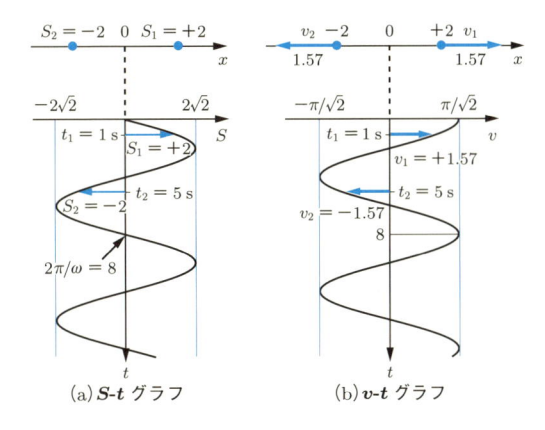

$$v_1 = \frac{\pi}{\sqrt{2}} \times \cos\frac{\pi}{4} = +1.57\,\mathrm{m/s}, \quad v_2 = \frac{-\pi}{\sqrt{2}} \times \cos\frac{5}{4}\pi = -1.57\,\mathrm{m/s}$$

(a) $S$-$t$ グラフ　(b) $v$-$t$ グラフ

となります. この $t = t_1$ のときの $v_1 = +1.57\,\mathrm{m/s}$ というのは, 正の向きに $1.57\,\mathrm{m/s}$ の速さが生じているということです. つまり, **時刻 $t_1$ における $t$ 軸からグラフ上の点まで引いた矢印**と同じ大きさと方向の速度が, 時刻 $t_1$ において質点に生じているということです. ですから, $t_2$ については逆向きに描くことになります.

### 基本例題 ● 12-3

振幅 $A = 4\,\mathrm{m}$, 角振動数 $\omega = \pi/6\,[\mathrm{rad/s}]$ の単振動を考える. このとき, 質点の位置と速度の矢印を, $t = 0\,\mathrm{s}$, $1\,\mathrm{s}$, $2\,\mathrm{s}$, $3\,\mathrm{s}$, $4\,\mathrm{s}$ について同じ数直線上に描け. 速度の矢印は, 長さによって大きさの比率がわかるように描くこと.

**解答** 与えられた条件で表を作成すると, 右のようになる. この表をもとに位置と速度を描けばよい.

| $t\,[\mathrm{s}]$ | 0 | 1 | 2 | 3 |
|---|---|---|---|---|
| $S = A\sin\omega t$ | 0.00 | 2.00 | 3.46 | 4.00 |
| $v = A\omega \cos\omega t$ | 2.09 | 1.81 | 1.05 | 0.00 |

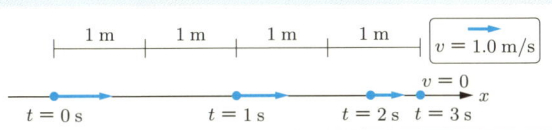

### 確認問題 ● 12-03

**基本例題 ● 12-3** について, $t = 3\,\mathrm{s}$, $4\,\mathrm{s}$, $5\,\mathrm{s}$, $6\,\mathrm{s}$, $7\,\mathrm{s}$, $8\,\mathrm{s}$, $9\,\mathrm{s}$ での質点の位置と速度の矢印を同じ数直線上に描け. 速度の矢印は, 長さによって大きさの比率がわかるように描くこと.

## 12-4 復元力とばね振り子

**復元力**　12-3 で，変位と速度のグラフから単振動の運動を考えてみました．それでは，加速度がどのように変化するか考えてみましょう．単振動の変位と加速度は

変　位　$S = A\sin\omega t$

加速度　$a = -A\omega^2 \sin\omega t = -\omega^2 S$

と表されますので，前と同じように，振幅 $2\sqrt{2}$，$\omega = \pi/4\,[\text{rad/s}]$ の場合，$t, S, a$ の対応は右図のようになります．

すると，加速度はつねに原点に戻ろうとする方向に生じ，さらに，原点から離れるほど，加速度の矢印は大きくなっています．

ここまでは単振動の運動のみを説明してきましたが，質点に加速度が与えられていることから，単振動を引き起こす力が存在することになります．

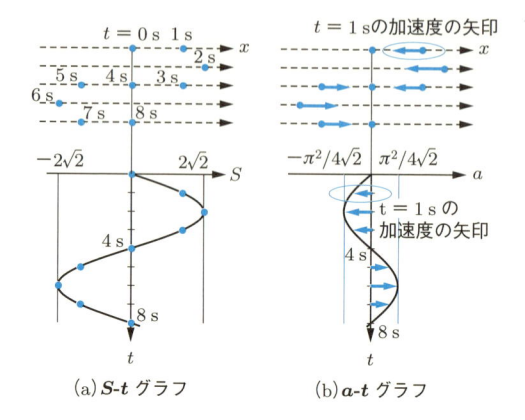

(a) **S-t** グラフ　　(b) **a-t** グラフ

単振動を引き起こす力は，質点の質量を $m\,[\text{kg}]$ とすれば，$F = ma$ ですから，$F = -mA\omega^2 \sin\omega t = -m\omega^2 S$ となります．これは，上の図の加速度の矢印を $m$ 倍するだけなので，単振動する質点には，つねにもとに戻ろうとする力が生じていることになります．この，もとに戻そうとする力のことを**復元力**といいます．

▶**単振動の復元力**　　$F = -mA\omega^2 \sin\omega t = -m\omega^2 S$

**ばね振り子**　ばねにおもりを吊るして，少し引っ張って手を離すと，おもりが振動します．このような，ばねを用いて物体を単振動させるものを**ばね振り子**といいます．このときの力と運動の状態について考えてみましょう．

最初に質量 $m\,[\text{kg}]$ のおもりを吊るした状態を変位 0 の位置とします（状態②）．このとき，自然長（状態①）からは $x_0\,[\text{m}]$ だけ伸びているので，ばねには弾性力が発生しています．ばね定数を $k\,[\text{N/m}]$ とし，また下向きを正にとれば，

$$mg - kx_0 = 0 \quad \rightarrow \quad kx_0 = mg$$

となります．さて，状態②に下向きの力 $F_3$ を与えてさらに $A\,[\text{m}]$ だけ変位させた状態③にし，そこで $F_3$ を外します．すると，おもりは振動を始めます．いま，状態②から $x\,[\text{m}]$ 下方向に変位した状態で考えます（ばねの変位を考える場合は，$S$ ではなく $x$ を用いることにします）．下向きを正，加速度を $a$ とすれば，運動方程式は，

$$ma = mg - k(x + x_0)$$

となります．ところで，$kx_0 = mg$ なので，上の式は
$$ma = mg - kx - kx_0 = -kx$$
となります．この式に加速度 $a = -\omega^2 x$ の式を代入すると，
$$-m\omega^2 x = -kx \quad \rightarrow \quad \omega = \pm\sqrt{\frac{k}{m}}$$
となり，さらに $\omega = 2\pi/T$ の関係を用いると，$T > 0$ を考慮して，ばね振り子の周期 $T$ が次のように得られます．

▶ばね振り子の周期　$T = 2\pi\sqrt{\dfrac{m}{k}}$

この式からわかるように，ばね振り子の周期 $T$ は，最初の変位 $A$（これが単振動の振幅になります）には依存しません．

---

**基本例題● 12-4**　ばねにおもりを吊るしたところ，ばねが 2.45 cm 伸びたところでおもりが静止した．このとき，おもりを下向きに 1 cm 引っ張って手を離すと，おもりは上下に振動した．このときの振動数 $f$ [Hz] を求めよ．重力加速度 $g = 9.8\,\mathrm{m/s^2}$ とする．

**解答**　下向きを正の向きとする．
この問題を図で表すと，右のようになる．
状態①と②の比較から，
$$mg = kx_0 \quad \rightarrow \quad k/m = g/x_0 = 400$$
となる．状態②から $x$ [m] だけ下におもりがあるとする（状態④）と，運動方程式は下向きを正，加速度を $a$ として，
$$ma = mg - k(x_0 + x)$$
となる．$mg = kx_0$ および $a = -\omega^2 x$ から，
$$-m\omega^2 x = -kx \quad \rightarrow \quad \omega = \sqrt{k/m} = 20$$
となる．したがって，$T = 2\pi/\omega = \pi/10$
となる．$f = 1/T$ より，$f = 3.18\,\mathrm{Hz}$

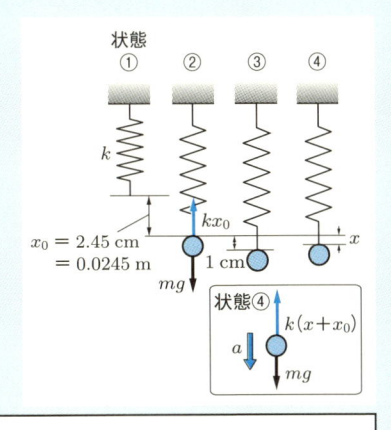

\* この問題では運動方程式を立てて求めているが，$T = 2\pi\sqrt{m/k}$ を公式として用いてかまわない．

---

**確認問題● 12-04**　ばね定数 2 N/cm のばねに，質量 80 g のおもりをつけたばね振り子について，おもりを下方向に 1 cm，2 cm，3 cm 引っ張って手を離したときの周期 $T_1$，$T_2$，$T_3$ [s] を求めよ．円周率を $\pi$ とする．

## 12-5 単振り子

**単振り子** おもりを糸に吊るして左右に振らせる振り子を**単振り子**といいます．図の $L$ は，固定点からおもりの重心までの距離です．この $L$ を**単振り子の長さ**といいます．

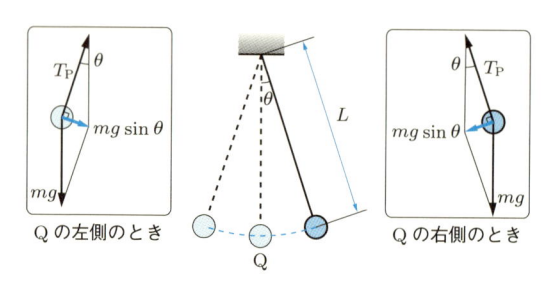

Qの左側のとき　　　　　　　　　　　Qの右側のとき

ここで，単振り子に作用する力を考えてみます．おもりに作用する力は，重力 $mg$ と糸の張力 $T_P$ になります（周期の $T$ と区別するために添え字 P をつけています）．これらの合力は，おもりの接線方向となりますから，合力の矢印と $T_P$ の矢印は垂直に交わります．この方向はつねにつりあいの位置 Q に向いているので，$mg\sin\theta$ は復元力ということになります．

一般には，$\theta$ と $mg\sin\theta$ の関係は，ばねのような比例関係になりませんが，単振り子の振幅が微小な場合，おもりの軌道も直線とほとんど変わらないと考えることができます．振幅が小さいということは $\theta$ が小さいので，11-2 で扱ったように，$\sin\theta=\theta$ とできます．すると，$mg\sin\theta=mg\theta$ となります．また，このような関係を用いると，変位 $S$ も

$$S = L\sin\theta = L\theta$$

と表すことができるので，

$$F = mg\theta$$

$$\theta = \frac{S}{L}$$

という関係が得られます．これらから右向きを正，加速度を $a$ として運動方程式を立てると，

$$F = ma \quad \rightarrow \quad -mg\frac{S}{L} = ma$$

となります．よって，振幅 $A$ が十分に小さければ，単振り子の加速度

$$a = -\frac{g}{L}S$$

が得られます．

**単振り子の周期** 以上のことをさらに進めて，単振り子の周期 $T$ を求めてみます．

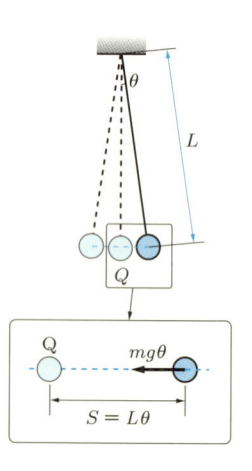

$a = -\omega^2 S$ の関係を上式に代入すると，次式になります．

$$-\omega^2 S = -\frac{g}{L}S \quad \rightarrow \quad \omega = \sqrt{\frac{g}{L}}$$

$T = \frac{2\pi}{\omega}$ の関係から，振幅の小さい単振り子の周期として次式が得られます．

▶単振り子の周期 [s] $\quad T = 2\pi\sqrt{\dfrac{L}{g}}$

この式にはおもりの質量 $m$ が含まれていませんから，単振り子の周期とおもりの質量は関係しないことがわかります．

---

**基本例題 ● 12-5** [1] 周期 1 s の単振り子を作りたい．単振り子の長さをいくつにしたらよいか．単振り子の振幅は微小であるとし，重力加速度 $g = 9.8\,\text{m/s}^2$ とする．

**解答** 振幅が微小であるとされているので，$T = 2\pi\sqrt{\dfrac{L}{g}}$ を用いる．$T = 1\,\text{s}$ であるから，

$$2\pi\sqrt{\frac{L}{g}} = 1 \quad \rightarrow \quad L = \frac{g}{4\pi^2} = 0.2482\,\text{m} = 24.8\,\text{cm}$$

となる．

[2] $L = 80\,\text{cm}$ の単振り子の最下点での速さを振幅 $A\,[\text{m}]$ を用いて表せ．単振り子の振幅は微小であるとし，重力加速度 $g = 9.8\,\text{m/s}^2$ とする．

**解答** [1] と同様，$T = 2\pi\sqrt{\dfrac{L}{g}}$ を用いることができる．速さを求めるには角振動数 $\omega$ がわかればよいから，

$$\omega = \frac{2\pi}{T} = 2\pi \times \frac{1}{2\pi}\sqrt{\frac{g}{L}} = \sqrt{\frac{9.8}{0.8}} = 3.5\,[\text{rad/s}]$$

となる．単振動の速度の式 $v = A\omega\cos\omega t$ において，最下点では $\omega t = 0$，$\pi$，$2\pi$，$3\pi$ … となるから，$\cos\omega t = \pm 1$ となる．よって，速さ（速度の絶対値）の最大値は，

$$v_{\max} = A\omega = 3.5\,A\,[\text{m/s}]$$

となる．

---

**確認問題 ● 12-05** 二つの単振り子 A と B がある．単振り子 A の長さは $L_A$，B の長さは $L_B$ である．いま，これら二つの振り子を揺らしたところ，B が 1 周期する時間に A は 2 周期することがわかった．二つの振り子の振幅がともに微小であるとするとき，$L_B/L_A$ の値を求めよ．

## 12-6 単振動のエネルギー

### ばね振り子の力学的エネルギー

力学的エネルギー $E$ は，運動エネルギー $K$ と位置エネルギー $U$ の和で表されることを，**10-6** で学びました．これを単振動に適用してみます．

ばねの先端に質量 $m$ [kg] のおもりをつけた，ばね定数 $k$ [N/m] のばね振り子を考えます．ばねの伸び（縮み）量が $x$ [m] で，そのときの物体の速さが $v$ [m/s] であるとき，

$$運動エネルギー：K = \frac{1}{2}mv^2, \quad 弾性力による位置エネルギー：U = \frac{1}{2}kx^2$$

となることは，**第10章**ですでに学びました．そこで，ばね振り子の力学的エネルギーを，二つの場合について考えてみます．

### ①水平に置いたばね振り子

おもりの質量 $m$ [kg]，ばね定数 $k$ [N/m] のばね振り子を考えます．自然長から $x$ だけばねが伸びた状態でのおもりの速さを $v$ [m/s] とすると，力学的エネルギー $E$ [J] は，

$$E = K + U = \frac{1}{2}mv^2 + \frac{1}{2}kx^2$$

となります．

▶水平に置いたばね振り子の力学的エネルギー　$E = \frac{1}{2}mv^2 + \frac{1}{2}kx^2$

### ②鉛直に吊るしたばね振り子

ばねを天井から吊るした場合には，重力による位置エネルギー $U_G = mgh$ も考慮しなければなりません．弾性力による位置エネルギー $U_E$ もそうでしたが，位置エネルギーを考える場合には，どこを基準とするかが重要になります．

鉛直に吊るしたばね振り子の場合は，高さの基準をばねの自然長の高さにとります．ここで，**12-4** と同じような状態①～④を考えますが，ここでは $x$ のとり方が **12-4** とは変わっていますので注意しましょう．

右図のように状態②でおもりとばねの弾性力がつりあって，状態③のように伸ばして手を離すと，状態④のように運動した，と考えます．このとき，状態②から，

$$mg = kx_0$$

となります．また，状態④で自然長を基準高さとした場合，

$$K = \frac{1}{2}mv^2, \quad U_G = -mgx, \quad U_E = \frac{1}{2}kx^2$$

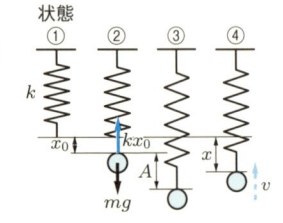

とそれぞれ求められます．ここで，重力による位置エネルギー $U_G$ については，基準より高い側の位置エネルギーを正にとりますから，負号がつきます（$K$, $U_E$ については，$v$ と $x$ を 2 乗するので，必ずプラスになります）．したがって，次式が成立します．

▶鉛直に吊るしたばね振り子の力学的エネルギー　$E = \frac{1}{2}kx^2 - mgx + \frac{1}{2}mv^2$

**単振り子の力学的エネルギー**　12-5 で考えた単振り子の式は，$\theta$ が微小な場合に限ったものでしたが，そうでない（すなわち $\sin\theta = \theta$ が成立しない）場合には，力学的エネルギー保存の法則を利用して，速度や高さを求めることができます．

右図において，重力による位置エネルギーの高さの基準を点 B とします．単振り子の軌道上の点 A での力学的エネルギーは，図中の記号を使えば，

$$E = K + U = \frac{1}{2}mv^2 + mgh'$$
$$= \frac{1}{2}mv^2 + mgL(1-\cos\theta')$$

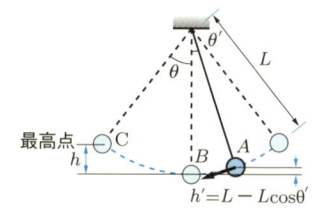

と計算できます．単振り子の高さが最大になる点 C では，$v = 0$ なので，$K = 0$ となります．したがって，C でのおもりの力学的エネルギーは $E = mgh$ となります．

▶単振り子の力学的エネルギー　$E = \frac{1}{2}mv^2 + mgL(1-\cos\theta') = mgh$

なお，ばね振り子に作用する力（弾性力・重力）および単振り子に作用する力（重力・糸の張力）はいずれも保存力で，力学的エネルギー保存の法則を用いることができます．

---

**基本例題● 12-6**　上の単振り子の図において，$L = 80\,\text{cm}$, $\theta = \dfrac{\pi}{6}$ [rad] であるとする．点 B における速さ [m/s] を求めよ．重力加速度は $g = 9.8\,[\text{m/s}^2]$ とする．

**解答**　$h = L - L\cos\theta = 0.1072$
点 B では重力による位置エネルギーが 0 だから，力学的エネルギーは

$$E_\text{B} = \frac{1}{2}mv^2$$

となる．C は最高点だから，速度は 0 となっている．したがって，力学的エネルギーは，重力による位置エネルギーのみになる．

$$E_\text{C} = mgh = m \times 9.8 \times 0.1072 = 1.051\,m\,[\text{J}]$$

力学的エネルギー保存の法則より，$\dfrac{1}{2}mv^2 = 1.051\,m$　$\therefore v = 1.45\,\text{m/s}$ となる．

---

**確認問題● 12-06**　ばねに質量 200 g のおもりをつけて，鉛直に吊るしたばね振り子がある．この振り子は自然長から 4 cm 伸びた状態でつりあっている．このつりあい状態から下方向へ 6 cm 引っ張って，手を離す．このとき，つりあいの高さにおけるおもりの速さ [m/s] を小数第 2 位まで求めよ．重力加速度は $g = 9.8\,\text{m/s}^2$ とする．

## 基本 A 問題

**12-07** 右図は，ある単振動の $S$–$t$ グラフである．この単振動について，以下の問いに答えよ．円周率を $\pi$ とする． 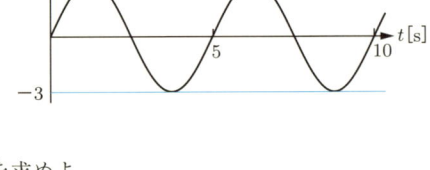
(1) 変位の振幅は何 [m] か．
(2) この単振動の周期は何 [s] か．
(3) この単振動の振動数は何 [Hz] か．
(4) この単振動について，角振動数 [rad/s] を求めよ．

**12-08** 右図は，ある単振動の $v$–$t$ グラフである．この単振動について，以下の問いに答えよ．円周率を $\pi$ とする． 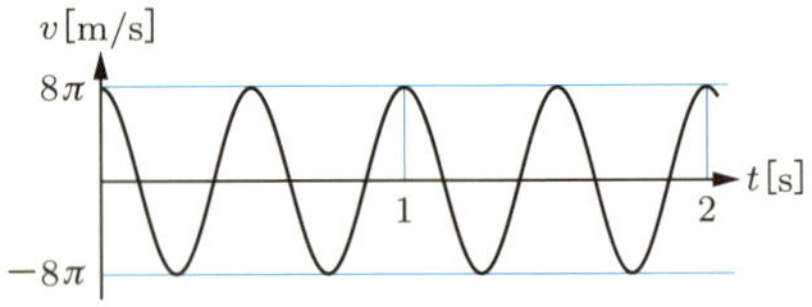
(1) この単振動の周期は何 [s] か．
(2) この単振動の振動数は何 [Hz] か．
(3) この単振動の角振動数 [rad/s] を求めよ．
(4) 変位の振幅 [m] を求めよ．
(5) 2 s 間の位相 [rad] を求めよ．

**12-09** ばねに質量 150 g のおもりを吊るしたところ，ばねが 2.45 cm 伸びたところでおもりが静止した．このとき，以下の問いに答えよ．重力加速度 $g = 9.8 \,\text{m/s}^2$ とし，円周率は $\pi$ で表せ．
(1) ばね定数 [N/m] を求めよ．
(2) 周期 [s] を求めよ．
(3) おもりを下向きに 1 cm 引っ張って手を離す．このとき，角振動数 [rad/s] はいくつになるか．

**12-10** なめらかな水平面上に，片側を壁に固定されたばねがある．ばねの反対側に質量 500 g の物体をつけ，おもりに変位を与えて手を離したところ，おもりは点 O を中心として AB 間を単振動した．AB 間の距離が 20 cm，ばね定数が 8 N/m のとき，以下の問いに答えよ． 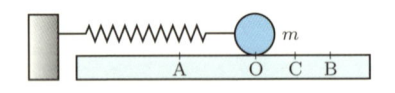
(1) 速さが最大となるのは，A，B，O のどの位置におもりが来たときであるか．
(2) 復元力が最大となるのは，A，B，O のどの位置におもりが来たときであるか．
(3) 点 C を通るときの加速度の向きは，図の左右どちら向きであるか．
(4) この単振動において，ばねの弾性力の最大値を求めよ．
(5) このばね振り子の周期を求めよ．円周率を $\pi$ とする．
(6) 点 B での加速度の大きさを求めよ．

**12-11** おもりの質量 $m$ [kg], 長さが $L = 20\sqrt{3}$ cm である単振り子について, 以下の問いに答えよ. 重力加速度を $g = 9.8\,\mathrm{m/s^2}$ とする.

(1) 糸をたるまないように保ち, ぶら下げた状態から右図のように 10 cm 持ち上げて手を離したところ, 振り子が振動した. このとき, おもりの速さの最大値 $v_0$ [m/s] を求めよ.

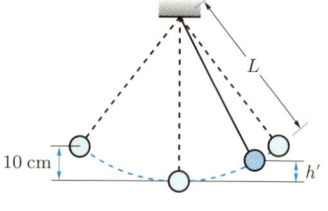

(2) 速さが $v_0$ の半分になるときのおもりの高さ $h'$ [cm] を求めよ.

---
### 実力 B 問題
---

**12-12** 単振動は等速円運動の正射影として理解できるが, 等速円運動の初期位置によって異なった式が得られることを, 右図を用いて確かめる. 以下の問いに答えよ.

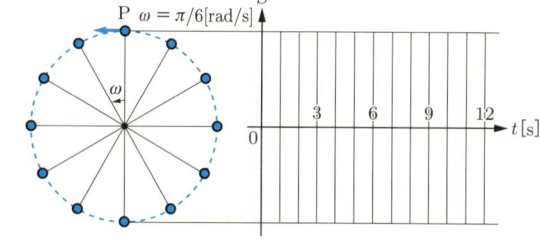

(1) $t = 0$ において, 等速円運動する質点が点 P にあり, 角速度 $\omega = \dfrac{\pi}{6}$ [rad/s] 回転しているとする. このとき, $0 \leq t \leq 12$ における正射影の位置を, 1 s ごとにグラフに描け.

(2) 等速円運動の半径が $r = 2$ であるとする. $S$ を $t$ の式で表したとき, $S = A\cos Bt$ である. $A$, $B$ の値はそれぞれいくつか.

(3) $S$ の式を, $S = A\sin(Bt + C)$ と書き直すとき, $C$ の値はいくつか.

---
### 応用 C 問題
---

**12-13** 長さが 350 mm の単振り子がある. この振り子の固定点の真下 $h$ [mm] の位置に釘を設置し, 振動中に釘に引っ掛かるようにする. おもりの変位が微小であるとき, この単振り子の周期が 1 s になるには, $h$ の値をいくつにしたらよいか. 整数で答えよ. 重力加速度 $g = 9.8\,\mathrm{m/s^2}$ とする.

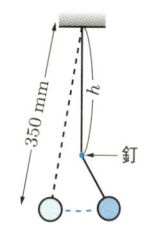

---

**ヒント▶ 12-11** 運動エネルギーと位置エネルギーの和は保存される. 速さが最大となるのは, 位置エネルギーが最小になるとき. ▶ **12-12** (2) 単振動の振幅は, 等速円運動の半径に等しい. また, $t = 12$ と対応する $S$ の値を代入して $B$ を求める. (3) も同様. ▶ **12-13** 350 mm の長さの単振り子の周期の半分と, $350 - h$ [mm] の長さの単振り子の周期の半分の和が, 全体の周期になる.

# 第13章 運動量と力積

この章では，物体が壁やほかの物体に衝突するような，微小な時間だけ力の作用を受ける物体の運動の変化を考えます．速度・加速度・力の関係を思い出しながら学習しましょう．

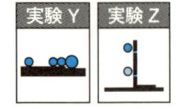

## 13-1 運動量の定義

**運動量とは**　野球のボールが 80 km/h で投げられたとき，それをバットで打ち返すことを考えます．このとき，ボールがバットに衝突することで，ボールは運動の向きを変えて飛んでいくことになります．

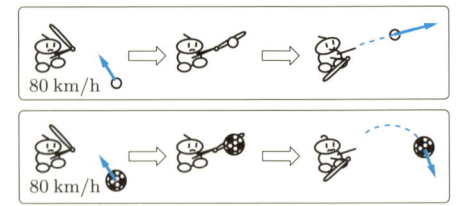

ところで，同じボールでも 120 km/h になると，同じようにバットを振ったとしても，ボールの勢いに負けて，あまり遠くに飛ばなくなります．あるいは，80 km/h で飛んできたとしても，それがサッカーボールだったとすると，あまり遠くへは飛ばないでしょう．

すなわち，同じようにバットを振ったとしても，運動の変化は飛んでくるボールの速度 $v$ [m/s] と質量 $m$ [kg] によって変わってくることになります．そこで，質量×速度という量 $mv$ を考えます．この $mv$ のことを<u>運動量</u>といいます．

ここで，運動量は，異なる直線上で考える場合もあるので，その場合には速度の矢印を用いて $m\vec{v}$ と書くこともあります．本章でも，一直線上の運動量のみを扱うときには正負の記号で向きを表し，2方向に分解して考える速度の場合には，矢印をつけることで向きをもつ量であることを明示します．

▶運動量[kg·m/s]＝質量[kg]×速度[m/s]
$$mv = m \times v \quad \text{あるいは,} \quad m\vec{v} = m \times \vec{v}$$

**直線上での運動量の変化**　いま，一直線上を速度 $v_0 = +5$ m/s で運動している質量 $m$ [kg] のボールが，何らかの作用を受けて $v = +7$ m/s になったとします（図(a)）．すると運動量は，

作用前
$$mv_0 = m \times (+5) = +5\,m \text{ [kg·m/s]}$$

作用後
$$mv = m \times (+7) = +7\,m \text{ [kg·m/s]}$$

となりますから，運動量の変化は，
$$mv - mv_0 = (+7m) - (+5m)$$
$$= +2m \text{ [kg·m/s]}$$

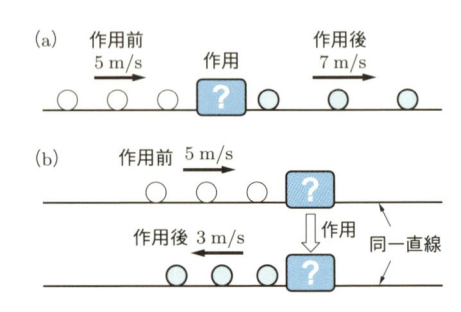

と計算できます．

では，図の(b)のように運動が変化した場合を考えてみましょう．この場合は，速度の向きを正負で表して，$v_0 = +5\,\mathrm{m/s}$，$v = -3\,\mathrm{m/s}$とすればよく，

作用前　$mv_0 = m \times (+5) = +5\,m\,[\mathrm{kg \cdot m/s}]$

作用後　$mv = m \times (-3) = -3\,m\,[\mathrm{kg \cdot m/s}]$

となりますから，運動量の変化は，

$$mv - mv_0 = (-3\,m) - (+5\,m) = -8\,m\,[\mathrm{kg \cdot m/s}]$$

と得られます．

**平面上での運動量の変化**　では，平面上を運動するボールが，最初の運動の直線から離れた場合はどのように表現できるか考えてみます．

例として，質量$m = 2\,\mathrm{kg}$の物体で考えてみます．当初，右図の$\vec{v_0}$で運動していた物体の速度が，何らかの作用を受けて$\vec{v}$に変化したとしましょう．このとき，$\vec{v_0}$および$\vec{v}$は$x$成分，$y$成分に分解することができて，次のように得られます．

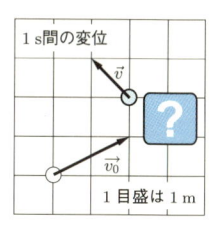

$$\vec{v_0} = (v_{0x}, v_{0y}) = (+2, +1),\quad \vec{v} = (v_x, v_y) = (-1, +1)$$

運動量というのは速度に質量を掛けたものですから，$\vec{v}$を$m$倍するのと，$\vec{v}$の成分$v_x$，$v_y$の両方を$m$倍することは同じことになります（右下図）．したがって，運動量は，

作用前

$$m\vec{v_0} = 2 \times (+2, +1) = (+4, +2)[\mathrm{kg \cdot m/s}]$$

作用後

$$m\vec{v} = 2 \times (-1, +1) = (-2, +2)[\mathrm{kg \cdot m/s}]$$

となります．これらから，運動量の変化は，

$$m\vec{v} - m\vec{v_0} = (-2, +2) - (+4, +2) = (-6, 0)[\mathrm{kg \cdot m/s}]$$

と表すことができます．つまり，平面上での運動量の変化を表したければ，$x$成分，$y$成分に分解して考えて，それぞれの成分ごとに一直線のときと同じような計算をすればよいことになります（この例では$y$方向の運動量は変化していません）．

---

**確認問題 ● 13-01**　一直線上を運動する質量$3\,\mathrm{kg}$の物体の速度が，以下の$v_0$から$v_1$に変化したとき，運動量の変化[kg・m/s]を求めよ．

(1) $v_0 = +3\,\mathrm{m/s}$，$v = +7\,\mathrm{m/s}$　(2) $v_0 = +6\,\mathrm{m/s}$，$v = +1\,\mathrm{m/s}$

(3) $v_0 = -5\,\mathrm{m/s}$，$v = -3\,\mathrm{m/s}$　(4) $v_0 = -8\,\mathrm{m/s}$，$v = +2\,\mathrm{m/s}$

## 13-2 力積

**運動量の変化をもたらすもの**　13-1 で，何らかの作用（図の**?**）を受けることで運動量が変化すると述べました．ここでは，この**?**が何かを考えてみましょう．

運動量は $mv$（質量 $m$ × 速度 $v$）ですが，ここでは質量 $m$ は一定であるとします．すると運動量の変化は，速度の変化によってもたらされます．速度の変化をもたらすものは加速度ですから，運動量の変化は加速度によってもたらされるといえます．

ここからさらに進めると，加速度を生じる原因は力ですから（9-2），この**?**には力の作用が入ることになります．たとえば，13-1 の**?**の図では，手で力を加えたり，何かをぶつけたりすることによる力の作用があるということになります．

ここで，その力の作用を具体的な数字で考えてみましょう．いま，速度 $v_0 = +5\,\mathrm{m/s}$ で等速直線運動している質量 $m = 2\,\mathrm{kg}$ の物体が，時間 $t$ の間，力 $F$ を受けて，同じ直線上で速度 $v = +7\,\mathrm{m/s}$ の等速直線運動に変化した場合を考えます．

この例では，速度が $v_0 = +5\,\mathrm{m/s}$ から $v = +7\,\mathrm{m/s}$ になるので，$v = v_0 + at$ の式を用いると次式になります．

$$+7 = +5 + at \quad \rightarrow \quad at = +2$$

すると，$at = +2$ という作用によって速度が変化したことになります．

ところで，加速度 $a$ を生じさせるものは力 $F$ ですが，これらには $F = ma$ の関係があります．そこで，$at = +2$ の条件で $a$ を変化させて $m, t, F$ を調べてみると，右下の表のようになります．この例で最初に考えた作用は力と時間でしたが，力×時間（$F \times t$）を計算すると，いずれも 4.0 となっています．このときの力×時間のことを**力積**といいます．

| $m$ [kg] | 2 | 2 | 2 | 2 | 2 |
|---|---|---|---|---|---|
| $a$ [m/s²] | 0.1 | 0.2 | 0.5 | 1.0 | 2.0 |
| $t$ [s] | 20.0 | 10.0 | 4.0 | 2.0 | 1.0 |
| $F = ma$ [N] | 0.2 | 0.4 | 1.0 | 2.0 | 4.0 |
| $F \times t$ [N·s] | 4.0 | 4.0 | 4.0 | 4.0 | 4.0 |

▶**力積**　$F \times t$ [N·s]

運動量の変化は，力とその作用時間を加味した力積により生じるといえます．

**運動量の変化と力積**　上の説明で，もし，速度変化をもたらす作用が**一定の力 $F$ が作用する**ということだとすると，次のようにして力積と運動量の変化がつながります．

まず，一定の力 $F$ が作用する物体の運動方程式 $F = ma$ の両辺に $t$ を掛けると，

$$Ft = mat$$

となります．ところで，$F$ が加わることで，その時間だけは物体が等加速度運動をするので，$v = v_0 + at$ より $at = v - v_0$ となります．$Ft = mat$ にこれを代入して，

$$Ft = m(v - v_0) = mv - mv_0$$

となります．この式の左辺は力積を表し，右辺は運動量の変化を表しています．力も成

分に分解できるので，力の矢印でもこの式は成立します．

▶**運動量の変化は力積に等しい**　$Ft = mv - mv_0$，あるいは，$\vec{F}t = m\vec{v} - m\vec{v_0}$

これを使うと，力の大きさや力のはたらく時間がわからなくても，運動量の変化により力積を求めることができます．なお，力積の単位[N·s]と運動量の単位[kg·m/s]は同じものです．[N] = [kg·m/s²]の関係を用いて，確かめてみましょう．

---

**基本例題 ● 13-2**　[1] 摩擦のない机の上を質量 3 kg の物体が滑っている．この物体が 4 m/s の速さで壁に垂直に衝突したところ，はねかえって逆向きに 2 m/s の速さとなった．このとき，物体が壁から受けた力積を求めよ．

**解答**　この問題では，物体と壁が接触したときに，**壁が物体を押し戻そうとする力 $F$ と接触している時間 $t$** の積が力積に相当する．力積を $F$ と $t$ から直接求めることはできないが，運動量の変化から求めることができる．

$$Ft = mv - mv_0 = 3 \times (-2) - 3 \times (+4) = -18\,[\text{N·s}]$$

[2] 右図に示すように，500 g のボールが壁と 60° の角度をなして，$|\vec{v_0}| = 2\sqrt{3}$ m/s の速さで衝突した．その後，衝突したところから壁と 30° の角度をなして反対方向に $|\vec{v}| = 2$ m/s の速さで進んだ．このとき，物体が壁から受けた力積の大きさと方向を求めよ．

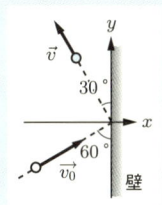

**解答**　速度の変化が一直線上で起こっていないので，成分で考える．速度の成分を扱う場合，二つの速度の大きさ・向きの正負を同時に扱うので，整理しつつ段階的に行うのがよい．速度・運動量の成分は下表のとおり．

$$\vec{F}t = m\vec{v} - m\vec{v_0}$$
$$= (-2, 0)$$

力積の大きさは，力の合成と同様に行えばよく，

$$|\vec{F}t| = \sqrt{(-2)^2 + 0^2}$$
$$= 2\,\text{kg·m/s}$$

|  | $x$ 成分 | $y$ 成分 |
| --- | --- | --- |
| $\vec{v_0}$ [m/s] | +3 | $+\sqrt{3}$ |
| $\vec{v}$ [m/s] | −1 | $+\sqrt{3}$ |
| $m\vec{v_0}$ [kg·m/s] | +1.5 | $+0.5\sqrt{3}$ |
| $m\vec{v}$ [kg·m/s] | −0.5 | $+0.5\sqrt{3}$ |
| $m\vec{v} - m\vec{v_0}$ [kg·m/s] | −2.0 | 0 |

となる．また，$x$ 成分が負で $y$ 成分が 0 だから，$\vec{F}t$ の向きは壁と垂直に $x$ 軸の負の方向となる．

---

**確認問題 ● 13-02**　右図のような斜面に，質量 400 g のボールを 20 m/s の速さで水平方向に投げたら，斜面に衝突後，15 m/s の速さで真上にはねかえった．このとき，ボールが斜面から受けた力積の大きさ [N·s] を求めよ．

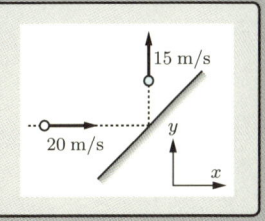

## 13-3 運動量保存の法則

**一直線上の2物体の衝突**　一直線上を等速度 $v_A$, $v_B$ [m/s] で移動する物体 A, B (質量 $m_A$, $m_B$ [kg]) を考えます．$v_A > v_B$ の場合，やがて A は B に追いついて，ぶつかることになります．

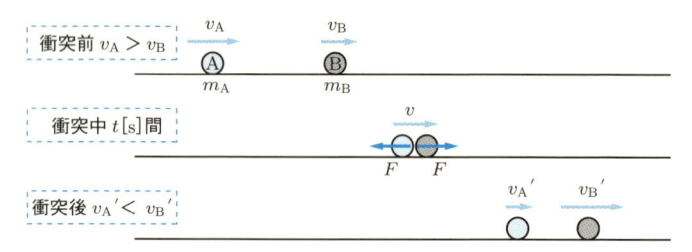

A と B がぶつかると，ごく短い時間，A と B は一体となって動きます．その時間を $t$ [s] とします．このとき二つの物体は接触しているので，作用・反作用の法則によって，大きさが等しく逆向きの力がはたらきます．この力の大きさを $F$ [N] とします．

これら 2 物体は $t$ [s] 間の接触状態ののち，再び離れ，それぞれ等速度 $v_A{}'$, $v_B{}'$ になったとします ($v_A{}' < v_B{}'$)．これらをふまえたうえで，衝突前後の運動量について考えてみましょう．

まず，衝突前の運動量は，A と B について，$m_A v_A$, $m_B v_B$ となります．また，衝突後は $m_A v_A{}'$, $m_B v_B{}'$ となります．

次に，2 物体が接触している状態について考えてみます．A と B が接触している $t$ [s] 間に，A と B の間には大きさ $F$ の力が互いに逆向きに作用しています．

ここで，上の図の A と B の動きを独立して描き直すと，下の図のようになります．すなわち，A は，衝突前後で速度が $v_A$ から $v_A{}'$ に変化していますが，その変化の際に B から大きさ $F$ の力を逆向きに $t$ [s] 間受けています．したがって，**力積 = 運動量の変化** を用いて，

$$-Ft = m_A v_A{}' - m_A v_A$$

となり，物体 B についても同様にして，

$$Ft = m_B v_B{}' - m_B v_B$$

となります．この 2 式から $F$ を消去して変形すれば，

▶ $m_A v_A + m_B v_B = m_A v_A' + m_B v_B'$

という式が得られます．この関係を**運動量保存の法則**といいます．

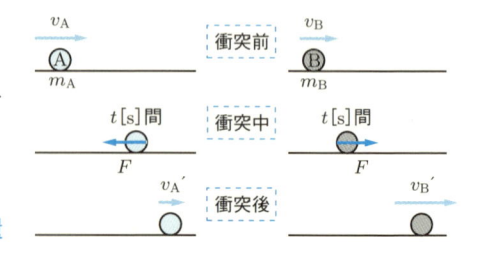

▶運動量保存の法則：

　衝突前の A と B の運動量の和 = 衝突後の A と B の運動量の和

**運動量保存の法則の成立条件**　さて，上記の運動量保存の法則の説明では，AとBにはたらく力として，接触時に作用する$F$による力積だけを考えました．これは，運動量保存の法則が成立するのは，**AとBの運動量を変化させる力積が，AとBの間にはたらく作用・反作用の力による場合だけ**という理由によります．以下ではこのことを考えてみます．

まず，力を物体AとBの間ではたらく力と，物体AとBの外からはたらく力に分類してみます．前者を物体A，Bの内力，後者を外力といいます．前頁で運動量保存の法則を導いたときの力積のやりとりは，物体A，Bの内力によるものだけでしたが，内力による力積は$Ft$と$-Ft$のように打ち消しあいます．そこに外力の力積が入ってくると，この前提条件が崩れるので，運動量保存の法則は成立しなくなります．つまり，外力による力積が無視できないときは，運動量保存の法則は成立しません．

ただし，外力が存在しても，運動方向に垂直に作用する外力の場合には運動量が保存されます．これは右の図で考えれば明らかでしょう．

▶**外力が存在する場合でも，外力と垂直な方向の運動量は保存される．**

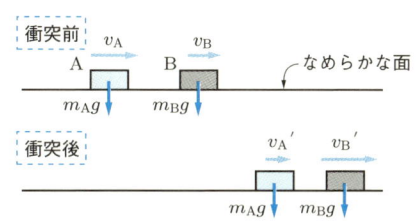

水平方向の速度に重力は関与しないので，水平方向の運動量は保存される

---

**基本例題●13-3**　質量10 kgの台車A，Bがある．Aに質量20 kgの土を入れ，摩擦のない床の上を$v_A = 4\,\text{m/s}$で走らせた．Aが静止しているBに衝突したところ，一体となって速さ$v\,[\text{m/s}]$で動いたという．$v$の値を求めよ．

**解答**　土を含めた台車A，Bの質量を
$$m_A = 30\,\text{kg},\ m_B = 10\,\text{kg}$$
とおく．
衝突前の運動量の和は，$m_A v_A + m_B v_B = 30 \times 4 + 10 \times 0 = 120\,\text{kg}\cdot\text{m/s}$
衝突後の運動量の和は，$m_A v + m_B v = 30 \times v + 10 \times v = 40v\,[\text{kg}\cdot\text{m/s}]$
となる．運動量保存の法則から，$120 = 40v$　∴ $v = 3\,\text{m/s}$となる．

---

**確認問題●13-03**　**基本例題●13-3**について，台車Bに$x\,[\text{kg}]$の土を入れて同じように台車を衝突させたら，一体となって$v = 2\,\text{m/s}$で動いた．$x$の値を求めよ．

## 13-4 平面上の2物体の衝突

**平面上の2物体の運動量保存の法則**　静止しているボールBにボールAが衝突すると，Bは運動を始めます。Aの質量を $m_A = 0.5\,\text{kg}$，Bの質量を $m_B = 2\,\text{kg}$ とします。また，Aが右上図の $y$ 軸から $60°$ の角度をなして，$|\vec{v_A}| = 2\sqrt{3}\,\text{m/s}$ の速さで静止しているBに衝突したとします。その後，Aが衝突位置から $y$ 軸と $30°$ の角度をなして，図の方向に $|\vec{v_A'}| = 2\,\text{m/s}$ の速さで進んだ場合を考えます。

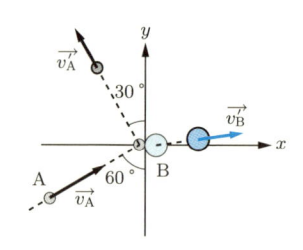

以上のことを，衝突前，衝突中，衝突後について分割して描いてみると，右下図になります。平面上での運動を考える場合の基本は，$x$ 成分と $y$ 成分に分解することですので，今回もその方法を適用してみましょう。

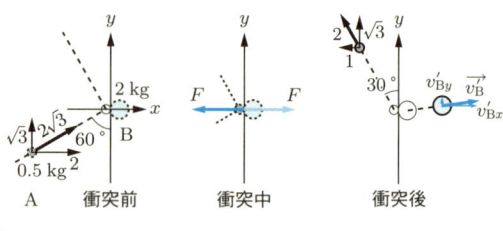

$$\begin{cases} 衝突前のボールAの速度を成分表示すると，\vec{v_A} = (+2, +\sqrt{3}) \\ 衝突後のボールAの速度を成分表示すると，\vec{v_A'} = (-1, +\sqrt{3}) \end{cases}$$

したがって，$x$ 方向と $y$ 方向の運動量の変化は，

$$\begin{cases} x\text{方向の運動量の変化}\quad 0.5 \times (-1) - 0.5 \times (+2) = -1.5\,\text{N}\cdot\text{m/s} \\ y\text{方向の運動量の変化}\quad 0.5 \times (+\sqrt{3}) - 0.5 \times (+\sqrt{3}) = 0 \end{cases}$$

となります。運動量の変化は力積に等しいので，力積を $x$ 成分と $y$ 成分に分けて考えると，

▶ **$x$ 方向の力積 = $x$ 方向の運動量の変化**

という関係が成立します。$y$ 方向も同様に考えることができます。したがって，この例で接触しているときの力積は，$\vec{F}t = (-1.5, 0)$ となります。

ところで，この $\vec{F}t$ はAがBから受けた力積を表しています。一方，作用・反作用の法則から，BはAから同じ力積を反対向きに受けることになるので，その力積は $-\vec{F}t = (+1.5, 0)$ となります。したがって，Bの運動量の変化を求めてみると，

$$\begin{cases} 衝突前のBの速度を成分表示すると，\vec{v_B} = (0, 0) \\ 衝突後のBの速度を成分表示すると，\vec{v_B'} = (v_{Bx}', v_{By}') \end{cases}$$

となります。したがって，$x$ 方向と $y$ 方向の運動量の変化は，

$$\begin{cases} x\text{方向の運動量の変化}\quad 2 \times v_{Bx}' - 2 \times 0 = 2v_{Bx}'\,[\text{N}\cdot\text{m/s}] \\ y\text{方向の運動量の変化}\quad 2 \times v_{By}' - 2 \times 0 = 2v_{By}'\,[\text{N}\cdot\text{m/s}] \end{cases}$$

となります。Bが受けた力積は，運動量の変化に等しいわけですから，

$$(+1.5, 0) = (2v_{Bx}', 2v_{By}')$$

となり，$v_{Bx} = +0.75$，$v_{By} = 0$と得られます．

この例では$v_{By} = 0$となっているので，Bは$x$軸方向に進んだことになりますが，$x$成分，$y$成分がわかればBの進行方向が明確にわかります．

このように，運動量保存の法則は，成分表示を用いることで，平面内においても適用できます．つまり，2物体A，B（質量$m_A$，$m_B$）について，衝突前の速度を$\vec{v}_A = (v_{Ax}, v_{Ay})$，$\vec{v}_B = (v_{Bx}, v_{By})$，衝突後の速度を$\vec{v'}_A = (v'_{Ax}, v'_{Ay})$，$\vec{v'}_B = (v'_{Bx}, v'_{By})$，とすると，

▶ $m_A \vec{v}_A + m_B \vec{v}_B = m_A \vec{v'}_A + m_B \vec{v'}_B$

となります．あるいは，成分表示を用いて，

▶ $m_A v_{Ax} + m_B v_{Bx} = m_A v'_{Ax} + m_B v'_{Bx}$

**かつ，** $m_A v_{Ay} + m_B v_{By} = m_A v'_{Ay} + m_B v'_{By}$

となります．

**基本例題●13-4** 質量3 kgの物体Aが$x$軸方向に+5 m/sで，質量1 kgの物体Bが$y$軸方向に+3 m/sで進行している．これら2物体は原点でちょうど衝突し，その後一体となって運動した．衝突後の速さ$v$ [m/s]を求めよ．

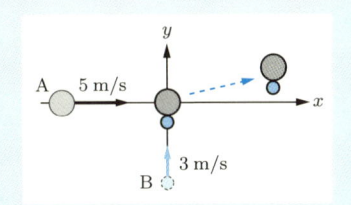

**解答** 衝突前後の運動量変化を$x$，$y$方向のそれぞれについて求める．

|  | 衝突前 |  | 衝突後 |  |
| --- | --- | --- | --- | --- |
|  | $x$方向 | $y$方向 | $x$方向 | $y$方向 |
| 物体A | $3\,\text{kg} \times 5\,\text{m/s}$ | 0 | $3\,\text{kg} \times v'_x$ | $3\,\text{kg} \times v'_y$ |
| 物体B | 0 | $1\,\text{kg} \times 3\,\text{m/s}$ | $1\,\text{kg} \times v'_x$ | $1\,\text{kg} \times v'_y$ |

衝突後の速度を$(v'_x, v'_y)$とすると，

$x$方向についての運動量保存から，$15 = 3v'_x + 1v'_x$ → $v'_x = 3.75\,\text{m/s}$

$y$方向についての運動量保存から，$3 = 3v'_y + 1v'_y$ → $v'_y = 0.75\,\text{m/s}$

よって衝突後の速度は，$(+3.75, +0.75)$ [m/s]となる．

∴ 速さは，$\sqrt{(+3.75)^2 + (+0.75)^2} = 3.824\,\text{m/s}$

**確認問題●13-04** **基本例題●13-4**で，物体Bを$y$軸方向に$v_B$ [m/s]で進行させたところ，2物体がちょうど原点で衝突し，その後一体となって$x$軸から45°の方向に進んだ．$v_B$を求めよ．

## 13-5 はねかえり係数(反発係数)

**はねかえり係数** 物体を床に自由落下させると、床に垂直に衝突し、垂直にはねかえってきます。

右図のように、衝突直前の速度を$v_0$、衝突直後の速度を$v$とすると、その大きさについて、$|v|$は$|v_0|$よりもふつうは小さくなります。ここで、$v$と$v_0$の比率のことを**はねかえり係数**(または、**反発係数**)といい、$e$という記号で表します。

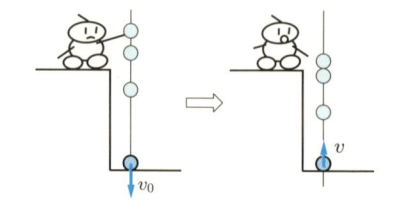

▶はねかえり係数 $\quad e = -\dfrac{v}{v_0} = \dfrac{|v|}{|v_0|}$

ここで、はねかえり係数を正にするために、速度の部分には、速度の向きを考慮した負号ないし絶対値記号がついています。

**はねかえり係数の大きさ** $e$の大きさによって、はねかえりの運動がどのようになるかを考えてみましょう。$e$の式から、はねかえったあとの速さは$|v| = e|v_0|$となります。すると、

$e = 1$のとき　$|v| = |v_0|$
$e = 0.5$のとき　$|v| = 0.5|v_0|$
$e = 0$のとき　$|v| = 0$

となります。したがって、$e$の値によって、完全にはねかえる場合、不完全にはねかえる場合、はねかえらない場合に分類できます(右図)。これらを次のようによびます。

▶$e = 1$：(完全)弾性衝突
▶$0 < e < 1$：非弾性衝突
▶$e = 0$：完全非弾性衝突

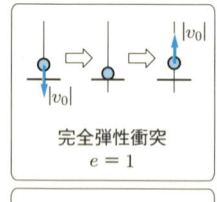

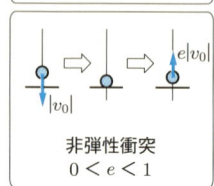

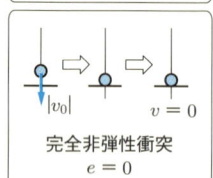

---

**基本例題●13-5** [1]高さ$1.6$ mの位置からボールを自由落下させたら、床ではねかえって、高さ$0.9$ mに達した。この床とボールのはねかえり係数を求めよ。

**解答** 重力加速度を$g$ [m/s²]とする。自由落下なので、初速度$0$、加速度$g$の等加速度運動になる。初速度$v_0$、終速度$v$、加速度$a$、移動距離$S$のとき、$v^2 - v_0^2 = 2aS$であるから(→演習問題 8-08)、床と衝突する直前の速度を$v_0$(下向きを正)として、

$$v_0{}^2 - 0^2 = 2g \times 1.6$$

となる。また、床との衝突直後の速度を$v$(下向きを正)として、

$$0^2 - (-v)^2 = 2 \times g \times (-0.9)$$

となる．これらから，$v_0 = \sqrt{3.2\,g}$，$v = -\sqrt{1.8\,g}$ となる．

よって，$e = \dfrac{|v|}{|v_0|} = \sqrt{\dfrac{1.8}{3.2}} = \dfrac{3}{4} = 0.75$ となる．

---

[2] なめらかな床に，図のような方向から速さ $6\sqrt{2}$ m/s で衝突するボールがある．このボールと床のはねかえり係数が $e = \dfrac{1}{\sqrt{3}}$ であるとき，図の $\theta[°]$ および衝突直後の速さ $v$ [m/s] を求めよ．

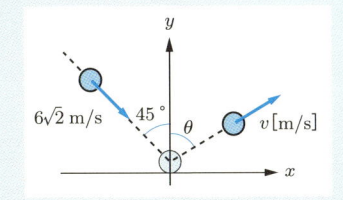

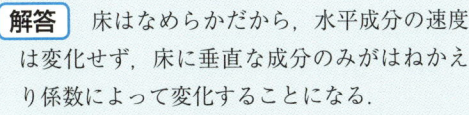

**解答** 床はなめらかだから，水平成分の速度は変化せず，床に垂直な成分のみがはねかえり係数によって変化することになる．
衝突直前の速度の水平成分を $v_{0x}$，鉛直成分 $v_{0y}$ とすると， 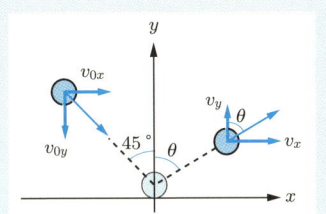

$$v_{0x} = 6\,\text{m/s},\ v_{0y} = -6\,\text{m/s}$$

となる．衝突直後の速度の水平成分を $v_x$，鉛直成分を $v_y$ とすると，

$$v_x = v_{0x} = +6$$
$$v_y = -e \cdot v_{0y} = -\dfrac{1}{\sqrt{3}} \times (-6) = 2\sqrt{3}$$

となる．図から，$\tan\theta = \dfrac{|v_x|}{|v_y|} = \dfrac{6}{2\sqrt{3}} = \sqrt{3}$ となる．したがって，$\theta = 60°$ となる．

$$v = \sqrt{v_x{}^2 + v_y{}^2} = \sqrt{(+6)^2 + (2\sqrt{3})^2} = 4\sqrt{3}$$
$$\theta = 60°,\ v = 4\sqrt{3}\ [\text{m/s}]$$

---

**確認問題 ● 13-05** ボールを床の上の高さ 3.6 m のところから自由落下させるとき，以下の問いに答えよ．

(1) ボールと床とのはねかえり係数が $e = \dfrac{1}{2}$ であるとき，ボールがはねかえって上昇する高さ [m] を求めよ．

(2) はねかえり係数の異なる床の上で同じように自由落下させたところ，はねかえって高さ 0.4 m まで上昇した．この床とボールの間のはねかえり係数を分数で求めよ．

## 基本 A 問題

**13-06** 静止している質量 $m$ [kg] の物体に，力積 $Ft$ [N·s] を与えて $v$ [m/s] の速度にする．$m$ と $v$ が次のようであるとき，必要な力積 $Ft$ を求めよ．
(1) $m = 5\,\text{kg}$, $v = 4\,\text{m/s}$   (2) $m = 2\,\text{kg}$, $v = -3\,\text{m/s}$
(3) $m = 50\,\text{g}$, $v = 40\,\text{m/s}$   (4) $m = 3\,\text{kg}$, $v = 72\,\text{km/h}$

**13-07** 速度 $+3\,\text{m/s}$ で運動している質量 $m$ [kg] の物体に，力 $F$ [N] を $t$ [s] 間作用させて，$v$ [m/s] の速度にする．$m$, $v$, $t$ が次のようであるとき，必要な力 $F$ [N] を求めよ．
(1) $m = 5\,\text{kg}$, $v = +5\,\text{m/s}$, $t = 2\,\text{s}$   (2) $m = 2\,\text{kg}$, $v = +6\,\text{m/s}$, $t = 0.5\,\text{s}$
(3) $m = 4\,\text{kg}$, $v = -6\,\text{m/s}$, $t = 0.9\,\text{s}$   (4) $m = 500\,\text{g}$, $v = -3\,\text{m/s}$, $t = 0.3\,\text{s}$

**13-08** 速さ $30\,\text{m/s}$ で水平に飛んできたボールを，バットで打ち返したところ，ボールは飛んできた方向から $60°$ の角をなして $40\,\text{m/s}$ ではねかえされた．ボールの質量が $150\,\text{g}$ であるとき，バットがボールに与えた力積の大きさ [N·s] を小数第 2 位まで求めよ．

**13-09** 質量 $50\,\text{kg}$ の A 君が，$5\,\text{kg}$ の荷物を持って氷の上に立っている．A 君がその位置から動こうとしたら，足下が滑って動けないことがわかった．そこで A 君は，荷物を自分の体の正面に向かって放り出したところ，後ろ向きに動くことができた．
　いま，放り出した荷物の速さが $15\,\text{m/s}$ であったとき，A 君は後ろ向きに何 [m/s] の速さで移動するか．氷と A 君の間には摩擦がないものとする．

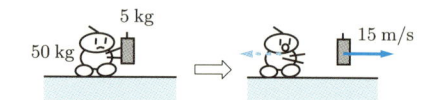

**13-10** 同一の直線上を運動する物体 A（質量 $m_A$ [kg]）と物体 B（質量 $m_B$ [kg]）がある．物体 A, B の速度がそれぞれ $v_A$ [m/s], $v_B$ [m/s] であるとき，A と B が衝突したあと静止したという．$v_A$ を $v_B$, $m_A$, $m_B$ を用いて表せ．

**13-11** ボールを床の上の高さ $h$ [m] から自由落下させたとき，ボールがはねかえって $h/2$ [m] の高さまで達する場合，床とボールのはねかえり係数 $e$ を求めよ．

**13-12** なめらかな水平面上で，質量 $\sqrt{3}\,\text{kg}$ の物体 A を速度 $+3\,\text{m/s}$ で $x$ 軸上を運動させた．$x$ 軸上には質量 $3\,\text{kg}$ の物体 B が静止していて，物体 A が衝突したところ，物体 A, B は下図のように進行したという．このとき，衝突直後の物体 A, B の速さ $v_A$, $v_B$ をそれぞれ求めよ．

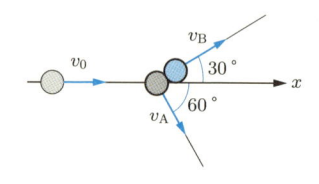

## 実力 B 問題

**13-13** 質量 2 kg のボールを高さ 10 m から床の上に自由落下させたところ，何度かはねかえった． 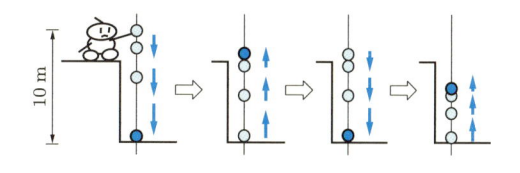
はねかえり係数を $e = 0.5$，重力加速度を $g = 9.8 \text{ m/s}^2$ として，以下の問いに答えよ．

(1) ボールが床に衝突する直前の速さ [m/s] を求めよ．
(2) ボールが床に衝突した直後の速さ [m/s] を求めよ．
(3) 1 回目の衝突でボールが床に与えた力積の大きさ [N·s] を求めよ．
(4) 1 回目の衝突後，ボールは何 [m] 上昇するか．
(5) さらにもう一度，ボールが床と衝突したとき，ボールは何 [m] 上昇するか．小数第 2 位まで求めよ．

**13-14** 右図のような，固定された鉛直な壁の立ったなめらかな床がある．その間に質量 $m$ の球 A と質量 $5m$ の球 B が静止している．いま，球 A と球 B をそれぞれ壁の側に向かって速さ $v$ で転がした．このとき，以下の問いに答えよ．

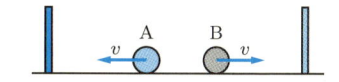

(1) 左側の壁と球 A のはねかえり係数を $e_A$，右側の壁と球 B のはねかえり係数を $e_B$ とする．球 A と球 B が壁に衝突した直後の速さ $v_A$，$v_B$ を求めよ．
(2) 球 A，球 B が壁に衝突したあと，向きを変えて進んで，互いに衝突した．そのときに球 A と球 B が停止したとすると，$e_A/e_B$ はいくつであるか．

## 応用 C 問題

**13-15** 人工衛星などの推進に使われるエンジンは，後方に高速ガスを噴射して推力を得ている．このことを簡単なモデルで考えてみる．以下の問いに答えよ．

(1) 最初，なめらかな水平面上に静止していた質量 $M$ の物体 A が，質量 $m$ の物体 B を速さ $u$ で後方に放出したとする．そのとき，放出後の物体 A の速度を $M$, $m$, $u$ を用いて表せ．
(2) 物体 A が最初，速度 $v_0$ で等速直線運動していたとき，(1) と同じことをしたら，物体 A の速さはどうなるか．$M$, $m$, $u$, $v_0$ を用いて表せ．

**ヒント▶ 13-09** 荷物を手放す前の段階では，運動をしていないから，速度は 0．すなわち運動量は 0． ▶ **13-12** $v_A$, $v_B$ を $x$, $y$ 成分に分けて考える．$v_0$ の $y$ 成分は 0．
▶ **13-15** (1) **13-09** の**ヒント**を参照．

# 確認問題・演習問題解答

## 第1章

**1-01** [1]

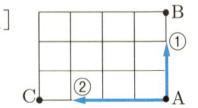

[2] $\vec{F_1}$：作用点 $(x, y) = (-4, -1)$，力の大きさ 10，$\vec{F_2}$：作用点 $(x, y) = (2, 1)$，力の大きさ $4\sqrt{2}$．

**解説** (2) 力の大きさは三平方の定理から求める．

**1-02** ① 20 kg ② 25 kg ③ 35 kg ④ 45 kg

**1-03** (1) 262.25 g (2) 454.40 g (3) 5.40 g (4) 1.12 kg (5) 50.00 cm³

**解説** (5) 体積を $V$ [cm³] とおくと，質量＝密度×体積 により $445\,\mathrm{g} = 8.90\,\mathrm{g/cm^3} \times V\,[\mathrm{cm^3}]$．

**1-04** (1) 9.8 kg·m/s² (2) 19.6 kg·m/s² (3) 55.7 kg·m/s² (4) 714.4 kg·m/s²

**解説** 単位は [N] と書いてもよい．(3) 質量は $11.36\,\mathrm{g/cm^3} \times 500\,\mathrm{cm^3} = 5680\,\mathrm{g} = 5.68\,\mathrm{kg}$．(4) 質量は $2.70\,\mathrm{g/cm^3} \times (30 \times 30 \times 30)\,\mathrm{cm^3} = 72\,900\,\mathrm{g} = 72.9\,\mathrm{kg}$．

**1-05** (1) 117.6 N (2) 4.9 N (3) 3307.5 N

**解説** (3) 体積は $(50\,\mathrm{cm})^3 = 125\,000\,\mathrm{cm^3}$ だから，質量は $2.7\,\mathrm{g/cm^3} \times 125\,000\,\mathrm{cm^3} = 337\,500\,\mathrm{g} = 337.5\,\mathrm{kg}$．

**1-06** (1) 60 kg (2) 60 kg (3) 60 kg

**解説** 質量はどこでも同じである．

**1-07** (1) 1 000 000 cm³ (2) 2.7 ton

**解説** (2) 質量＝密度×体積＝$2.7\,\mathrm{g/cm^3} \times 1\,\mathrm{m^3} = 2.7\,\mathrm{g/cm^3} \times 1\,000\,000\,\mathrm{cm^3} = 2\,700\,000\,\mathrm{g} = 2\,700\,\mathrm{kg} = 2.7\,\mathrm{ton}$

**1-08** 3226 g

**1-09** ②

**解説** 重力の作用は，地球が物体を引っ張る形で現れる．

**1-10** ① 117.6 N ② 147.0 N ③ 205.8 N ④ 176.4 N

**1-11** (1) 20 N (2) 3.2 N (3) 45 N

**解説** (2)(3) 単位が [kg][m][s] となるように変換すればよい．(3) $4500\,\mathrm{kg \cdot cm/s^2} = 4500\,\mathrm{kg} \times [\mathrm{cm/s^2}] = 4500\,\mathrm{kg} \times 0.01\,\mathrm{m/s^2} = 45\,\mathrm{kg \cdot m/s^2}$

**1-12** 85 cm³

**1-13** 2.55 g/cm³

**解説** 物体の体積は上昇した水の体積と等しい．上昇した水の体積は，$2.5 \times 2.5 \times \pi \times 1 = 19.625\,\mathrm{cm^3}$．これと質量が 50 g であることから求める．

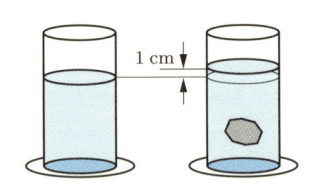

**1-14** $0.92\,\mathrm{m}^3$

**解説** 氷 $1\,\mathrm{m}^3 = 1\,000\,000\,\mathrm{cm}^3$ の質量は $920\,000\,\mathrm{g}$. この質量は凍らせる前と後で変わらないはずだから，水が $920\,000\,\mathrm{g}$ あればよい．その体積は $920\,000\,\mathrm{cm}^3$ となる．

**1-15** $4:3:2$

**解説** 物体 A，B，C の体積をそれぞれ $V_\mathrm{A}$，$V_\mathrm{B}$，$V_\mathrm{C}$，質量は同一だから $m$ とする．A，B，C の質量と体積の関係はそれぞれ，$m = 1.5\,V_\mathrm{A}$，$m = 2.0\,V_\mathrm{B}$，$m = 3.0\,V_\mathrm{C}$ となるから，$V_\mathrm{A} = \dfrac{m}{1.5}$，$V_\mathrm{B} = \dfrac{m}{2.0}$，$V_\mathrm{C} = \dfrac{m}{3.0}$．よって，次式となる．

$$V_\mathrm{A} : V_\mathrm{B} : V_\mathrm{C} = \dfrac{m}{1.5} : \dfrac{m}{2.0} : \dfrac{m}{3.0} = \dfrac{4\,m}{6} : \dfrac{3\,m}{6} : \dfrac{2\,m}{6} = 4 : 3 : 2$$

**1-16** $V_\mathrm{A} = \dfrac{\rho_\mathrm{B} \cdot V_\mathrm{B}}{\rho_\mathrm{A}}$

**解説** 上皿天秤でつりあうから，左右の質量が等しくなる．すなわち，$\rho_\mathrm{A} \cdot V_\mathrm{A} = \rho_\mathrm{B} \cdot V_\mathrm{B}$．

**1-17** $60.57\,\mathrm{ton}$

**解説** 二つの岩石が同じ性質だから，岩石を押す力（おもりに作用する重力）が同じになればよい．地球上での重力は，$10\,\mathrm{ton} \times 9.8\,\mathrm{m/s^2} = 10\,000\,\mathrm{kg} \times 9.8\,\mathrm{m/s^2} = 98\,000\,\mathrm{N}$．月の上で $m\,[\mathrm{kg}]$ の質量のおもりを載せると，作用する重力は，$m\,[\mathrm{kg}] \times g_\mathrm{moon}\,[\mathrm{m/s^2}] = 1.618\,m\,[\mathrm{N}]$．これらが等しくなる $m$ を求める．

**1-18** (1) 金 $75\,\mathrm{g}$，銀 $12.5\,\mathrm{g}$，銅 $12.5\,\mathrm{g}$　(2) $15.46\,\mathrm{g/cm^3}$

**解説** (2) 金，銀，銅の体積を $V = \dfrac{m}{\rho}$ の式からそれぞれ求めると，金：$\dfrac{75}{19.32} = 3.882\,\mathrm{cm^3}$，銀：$\dfrac{12.5}{10.49} = 1.192\,\mathrm{cm^3}$，銅：$\dfrac{12.5}{8.96} = 1.395\,\mathrm{cm^3}$．

# 第 2 章

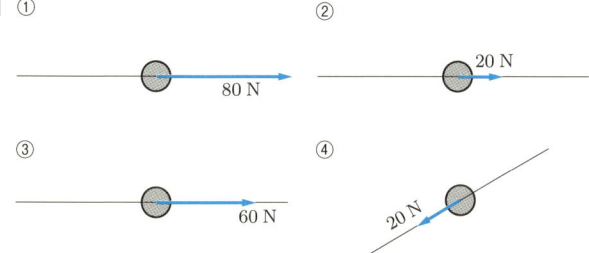

**2-01** [1] ① 80 N　② 20 N　③ 60 N　④ 20 N

[2] (1) $6.4\,\mathrm{kg}$　(2) $62.72\,\mathrm{N}$　(3) 上向きに $62.72\,\mathrm{N}$

**解説** [2] (1) 体積は，$0.2 \times 0.2 \times 0.2 = 0.008\,\mathrm{m^3}$．このように体積の単位を密度で用いられているものとそろえておくとよい．

**2-02** [1] ①　② 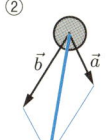　③

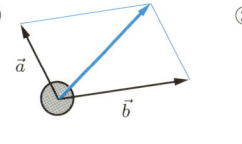

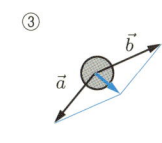

[2] ① ② ③

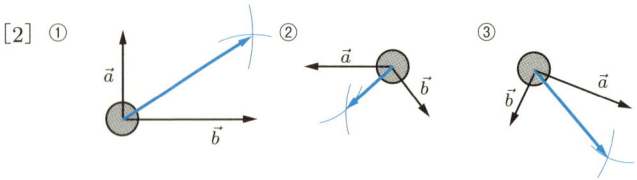

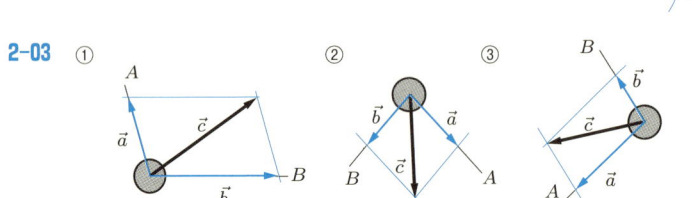

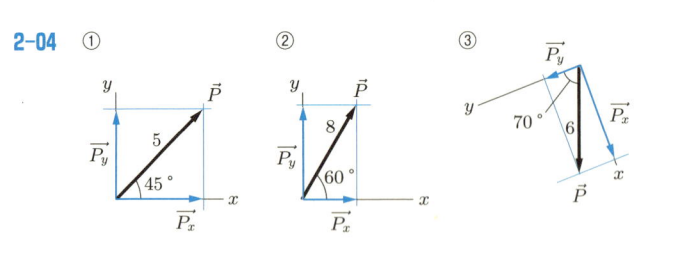

2-03 ① ② ③

2-04 ① ② ③

① $\vec{P} = \left(+\dfrac{5}{\sqrt{2}}, +\dfrac{5}{\sqrt{2}}\right)$  ② $\vec{P} = (+4, +4\sqrt{3})$  ③ $\vec{P} = (+5.638, +2.052)$

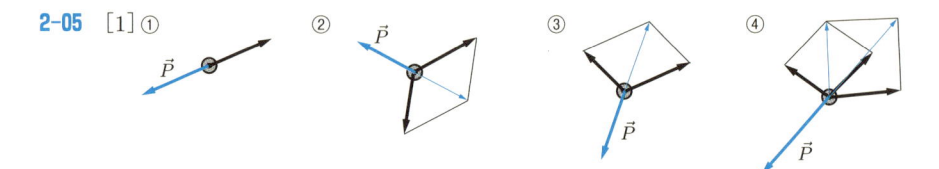

2-05 [1] ① ② ③ ④

[2] B, C

**解説** CとDについて，上の二つの合力を作図すると図の$\vec{P}$のようになる．$\vec{P}$と下向きの力がつりあうか判断する．

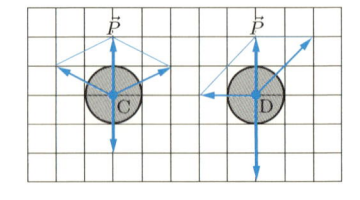

2-06 ① $x$方向分力：$-1.190\,\text{N}$，　$y$方向分力：$+29.617\,\text{N}$
　　② $x$方向分力：$+16.264\,\text{N}$，　$y$方向分力：$-5.859\,\text{N}$

**解説** それぞれの力を成分表示すると，(1) $\vec{P} = (+8.452, +18.126)$，$\vec{Q} = (-9.642, +11.491)$　(2) $\vec{P} = (+8.604, -12.287)$，$\vec{Q} = (+7.660, +6.428)$ となる．矢印の向きに注意して加減する．実際には，$x$成分どうし，$y$成分どうしを足せば，合力の$x$成分，$y$成分が得られる．

**2-07** ①  ②  ③  ④

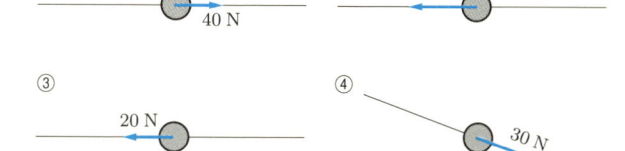

**2-08** ①  ②  ③

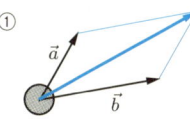

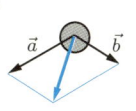

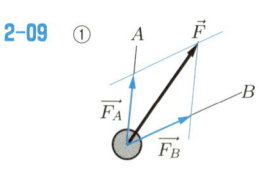

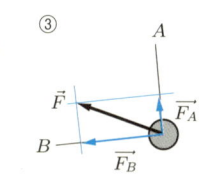

**2-09** ①  ②  ③

**2-10** ① $\vec{F}=(+3.86, +4.60)$　② $\vec{F}=(-3.29, +6.18)$　③ $\vec{F}=(+2.07, +7.73)$

**2-11** ① $|\vec{R_x}|=10.467\,\text{N}$，$|\vec{R_y}|=21.479\,\text{N}$　② $|\vec{R_x}|=7.660\,\text{N}$，$|\vec{R_y}|=6.428\,\text{N}$

[解説] それぞれの力を成分表示すると，(1) $\vec{P}=(+19.660, +13.766)$，$\vec{Q}=(-9.193, +7.713)$　(2) $\vec{P}=(+19.151, -16.070)$，$\vec{Q}=(-11.491, +9.642)$ となる．

**2-12** ①，④

[解説] ②，③，④について，上の二つの合力を作図すると図の $\vec{P}$ のようになる．$\vec{P}$ と下向きの力がつりあうか判断する．

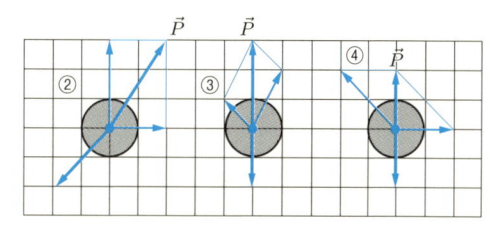

**2-13**

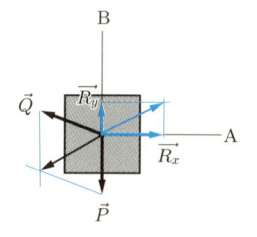

**2-14** A方向：50.73 N，B方向：71.74 N

[解説] A方向とB方向が垂直に交わってないことに注意する．A方向の力を $\vec{P}$，B方向の力を $\vec{Q}$ とすると，それらの成分表

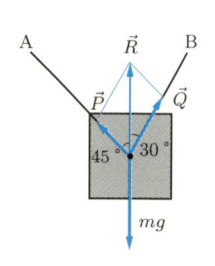

示は $\vec{P} = (-|\vec{P}|\cos 45°, |\vec{P}|\sin 45°)$, $\vec{Q} = (|\vec{Q}|\cos 60°, |\vec{Q}|\sin 60°)$. また, 重力は下向きに 98 N. 水平方向と鉛直方向の力のつりあいを考えると,

$$\begin{cases} -|\vec{P}|\cos 45° + |\vec{Q}|\cos 60° = 0 \\ |\vec{P}|\sin 45° + |\vec{Q}|\sin 60° - 98 = 0 \end{cases}$$

となる. この連立方程式を解いて, $|\vec{P}|$ と $|\vec{Q}|$ が求まる.

**2-15** $\cos\alpha = \dfrac{mg}{2F}$

[解説] $\theta = \alpha$ の状態で糸が $F$ [N] になるから, その状態を図にすると右のようになる. このとき, 図の三角形 ABC は二等辺三角形なので, 鉛直軸に垂線を下ろしたときの垂線の足の位置を D とすると, BD $= F\cos\alpha$ となる. これの 2 倍が $mg$ になっているはずだから, $2F\cos\alpha = mg$.

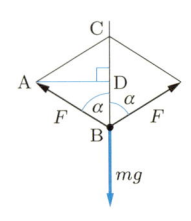

**2-16** 水平方向を $x$, 鉛直方向を $y$ とすると, 二つの力の $y$ 方向分力はそれぞれ, $|\vec{P}|\cos\theta$, $|\vec{Q}|\cos\theta$ となる. これらの和が物体に作用する下向きの重力 $mg$ と等しいから, $|\vec{P}|\cos\theta + |\vec{Q}|\cos\theta = mg$. ゆえに, $|\vec{P}| + |\vec{Q}| = \dfrac{mg}{\cos\theta}$. 右辺が最小になるのは $\cos\theta$ が最大になるときだから $\cos\theta = 1$. よって, $\theta = 0$. (証明終)

[解説] $\vec{P}$ と $\vec{Q}$ の鉛直軸となす角度がともに $\theta$ であるから, $\vec{P}$ と $\vec{Q}$ の大きさは等しくなる. このことは, $x$ 方向の力のつりあいを考えると容易に示すことができる. しかし, 力の方向が異なっているので, 問題では異なる記号で表している.

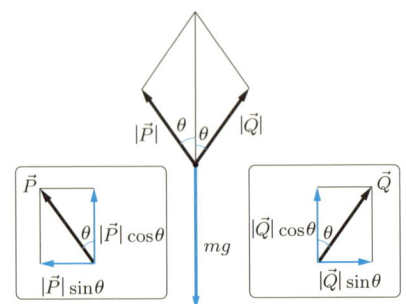

# 第 3 章

**3-01** ②, ③

**3-02** ①, ③

**3-03** $M_{\text{OA}} = +6\,\text{N}\cdot\text{cm}$, $M_{\text{OB}} = -6\,\text{N}\cdot\text{cm}$, $M_{\text{OC}} = +4\,\text{N}\cdot\text{cm}$, $M_{\text{OD}} = +5\,\text{N}\cdot\text{cm}$

[解説] $M_{\text{OB}}$ は右回りなので負. $M_{\text{OC}}$ の腕の長さは $2\sqrt{2}$, $M_{\text{OD}}$ の腕の長さは $\sqrt{5}$.

**3-04** $M_{\text{A}} = +30\,\text{N}\cdot\text{m}$, $M_{\text{B}} = -18\,\text{N}\cdot\text{m}$, $M_{\text{C}} = -30\,\text{N}\cdot\text{m}$

[解説] $M_{\text{A}} = +(3\times 6)+(4\times 3)$, $M_{\text{B}} = -(5\times 6)+(4\times 3)$, $M_{\text{C}} = -(5\times 6)$

**3-05** ① $X = 6$, $a = 3$  ② $X = 3$, $Y = 2$, $b = 6$

[解説] ① $X + 8 - 14 = 0$, 重心を回転中心と考えると, $-4X + 8a = 0$.
② $3 - X = 0$, $Y - 2 = 0$, 右下を回転中心と考えると, $-3\times 4 + 2\times b = 0$

**3-06** $(x_{\text{G}}, y_{\text{G}}) = (3.5, 2.6)$

**3-07** ②, ③

**3-08** (1) 中心A, 半径 4 cm の円弧 / 中心C, 半径 5 cm の円弧 / AC = 6 cm

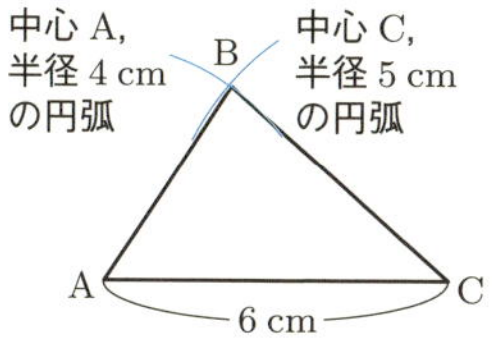

(2) 中心 A の円弧, 中心 C の円弧 ※円弧の半径は同一長さ

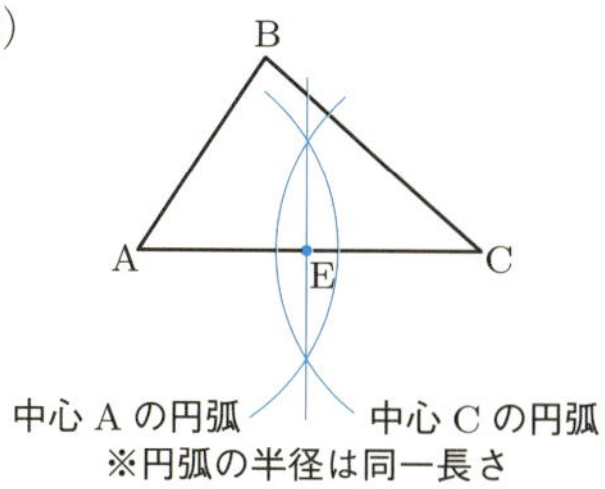

(3) 中心 A の円弧, 中心 B の円弧 ※円弧の半径は同一長さ

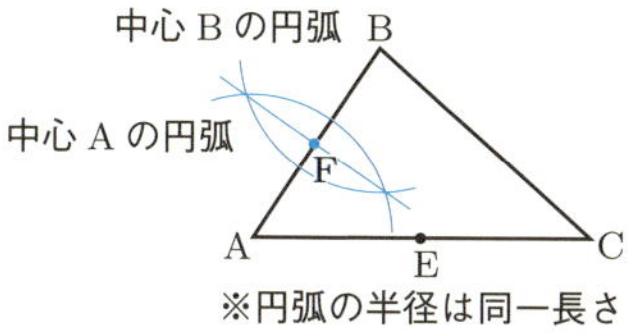

(4)

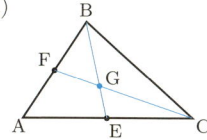

**3-09** ① $+8\,\text{N·m}$  ② $+12\,\text{N·m}$  ③ $+10\,\text{N·m}$

[解説] 腕の長さはそれぞれ, (1) $4\,\text{m}$ (2) $2\sqrt{2}\,\text{m}$ (3) $\sqrt{10}\,\text{m}$ である.

**3-10** ① $a = 6$, $b = 4$  ② $X = 12$, $Y = 6$

**3-11** ① $(x_G, y_G) = (2.86, 3.00)$  ② $(x_G, y_G) = (3.79, 2.36)$
③ $(x_G, y_G) = (3.10, 2.10)$

[解説] **3-6** 参照

**3-12** $(x_G, y_G) = (3.83, 3.17)$

[解説] 図形 A, B, C の重心座標はそれぞれ, $(3.0, 4.0)$, $(2.5, 2.0)$, $(5.0, 3.5)$. また, 面積は $4.5, 6.0, 10.0\,\text{m}^2$. よって, 問題の式を適用すると,

$$x_G = \frac{4.5 \times 3.0 + 6.0 \times 2.5 + 10.0 \times 5.0}{4.5 + 6.0 + 10.0}$$

$$y_G = \frac{4.5 \times 4.0 + 6.0 \times 2.0 + 10.0 \times 3.5}{4.5 + 6.0 + 10.0}$$

**3-13** 2倍

[解説] 重力を考えると図のようになるので, 支点まわりの力のモーメントを考えると, $2V_A g \times 30 - 1.5 V_B g \times 20 = 0$. これより, $V_B = 2V_A$ となる.

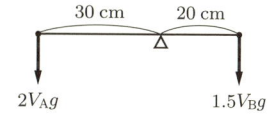

**3-14** $(x_G, y_G) = (4.50, 3.75)$

[解説] 厚さを $t$ としたとき, 重力は右の図のようになる. 支点まわりの力のモーメントのつりあいより,

$-2 \times 24\,tg \times 3 - 2 \times 4\,tg \times 6 - 5 \times 8\,tg \times 6 + 96\,tg \times x_G = 0$

$y_G$ は, $y$ 軸が横軸になるように回転させて, 同様に考えればよい.

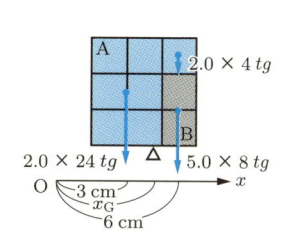

**3-15** $a = 6 + 6\sqrt{3}$

**解説** 台形を右図のように長方形と三角形に分けると，それぞれの重心位置に作用する重力は，下向きに $54\rho tg$，$\dfrac{9b}{2}\rho tg$ となる．また，糸の位置から各図形重心までの腕の長さは，$3\,\mathrm{cm}$ および $\dfrac{b}{3}\,[\mathrm{cm}]$ となる．糸の付け根まわりの力のモーメントが $0$ になればよいから，次式となる．

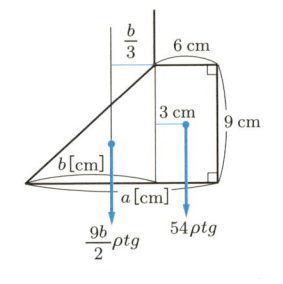

$$-54\rho tg \times 3 + \dfrac{9b}{2}\rho tg \times \dfrac{1}{3}b = 0. \quad \text{よって，} b = 6\sqrt{3}.$$

**3-16** $1.47\,\mathrm{N}$

**解説** 等脚台形を，二つの三角形と一つの正方形とみると，体積と質量および重心位置は下図のようになる．重力加速度を $g\,[\mathrm{m/s^2}]$ とすると，$G_1$ 位置に下方向に $0.180\,g\,[\mathrm{N}]$，$G_2$ に $0.360\,g\,[\mathrm{N}]$，$G_3$ に $0.180\,g\,[\mathrm{N}]$ であるから，A 点における力のモーメントの合計が $0$ になることを考えると，次式となる．

$$0.180\,g \times 1 + 0.360\,g \times 1.5 + 0.180\,g \times 1 - F \times 6 = 0$$

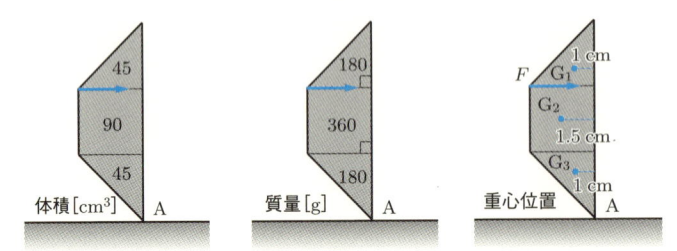

これから，$F = 0.150\,g = 1.47\,\mathrm{N}$ となる．

**別解** 等脚台形の重心の位置は，A から左方向に

$$x_G = \dfrac{45 \times 1 + 90 \times 1.5 + 45 \times 1}{45 + 90 + 45} = 1.25\,\mathrm{cm}$$

または，

$$x_G = \dfrac{180 \times 1 + 360 \times 1.5 + 180 \times 1}{180 + 360 + 180} = 1.25\,\mathrm{cm}$$

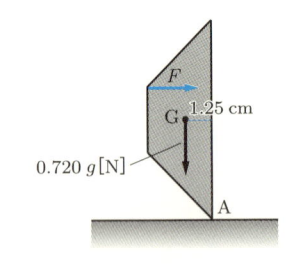

この位置に等脚台形に作用する全重力 $0.720\,g\,[\mathrm{N}]$ が作用すると考え，A 点でのモーメントの和が $0$ になるとして立式すると，$0.720\,g \times 1.25 - F \times 6 = 0$ となる．
これから，$F = 0.150\,g = 1.47\,\mathrm{N}$ となる．

# 第 4 章

**4-01** (1) 塑性挙動 (2) 弾性挙動 (3) 塑性挙動

**4-02** (1) $\vec{W_1}$ と $\vec{W_2}$ (2) A：$\vec{W_1}$ と $\vec{Q_1}$，B：$\vec{W_2}$ と $\vec{P_1}$ と $\vec{Q_2}$ (3) $\vec{P_1}$ と $\vec{Q_1}$，$\vec{P_2}$ と $\vec{Q_2}$

**4-03** (1) $24\,\mathrm{N}$ (2) $14.5\,\mathrm{cm}$ (3) $16\,\mathrm{N}$

**4-04** ①

| 不動面 | ばね A | おもり a | ばね B | おもり b |

(力の図: 不動面がばねAを引く力、ばねAの弾性力が不動面を引く力、ばねAの弾性力がおもりaを引く力、おもりaがばねを引く力、地球がおもりaを引く力、ばねBの弾性力がおもりaを引く力、おもりaがばねBを引く力、ばねBの弾性力がおもりbを引く力、おもりbがばねBを引く力、地球がおもりbを引く力)

②

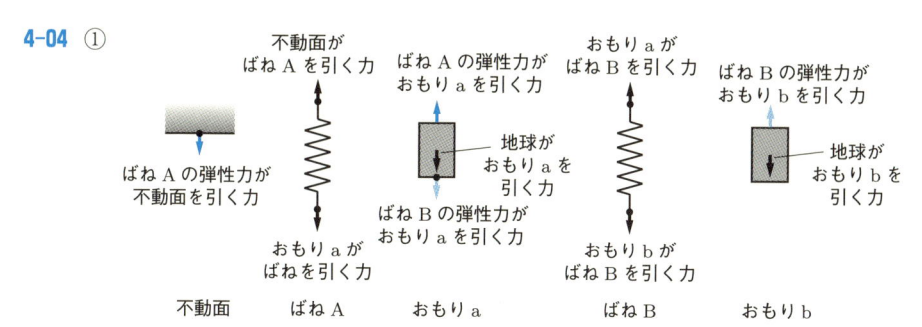

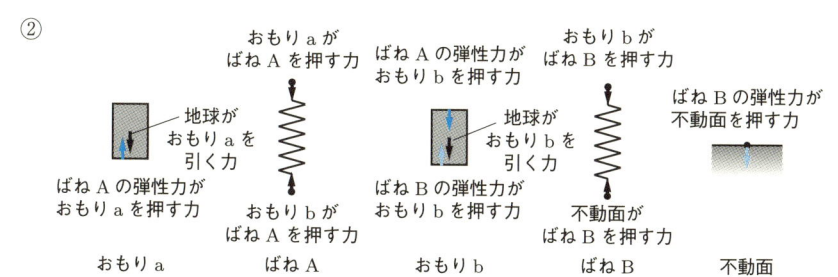

| おもり a | ばね A | おもり b | ばね B | 不動面 |

(力の図: おもりaがばねAを押す力、地球がおもりaを引く力、ばねAの弾性力がおもりaを押す力、ばねAの弾性力がおもりbを押す力、おもりbがばねAを押す力、おもりbがばねBを押す力、地球がおもりbを引く力、ばねBの弾性力がおもりbを押す力、ばねBの弾性力が不動面を押す力、不動面がばねBを押す力)

**4-05** 10 cm

[解説] 合成ばね定数 $K_S$ は,$\dfrac{1}{K_S} = \dfrac{1}{20} + \dfrac{1}{30} = \dfrac{1}{12}$ より 12 N/cm

**4-06** ① $mg$ [N]　② $mg$ [N]　③ $30\,g$ [N]

**4-07** (1) $\vec{W_1}$ と $\vec{W_2}$ と $\vec{W_3}$　(2) $\vec{W_2}$ と $\vec{Q_2}$　(3) $\vec{P_1}$ と $\vec{Q_1}$, $\vec{P_2}$ と $\vec{Q_2}$, $\vec{P_3}$ と $\vec{Q_3}$

**4-08** (1) 2 N/cm　(2) 9 cm　(3) 11 cm

[解説] (2)(3)これらの考え方については,**4-3** の解説を参照.

**4-09** 36 cm

[解説] 作用・反作用の法則を,立方体とばねの接合位置において描くと,右のようになる.ばねは両側から 10 N の力で押される.1 本のばねについて,$F = 10$,$k = 5$ であるから,縮む量は $x = 2$ cm.したがって,ばねは 1 本 13 cm になる.立方体は剛体なので変形しない.よって,$5 + 13 + 5 + 13 = 36$ cm.

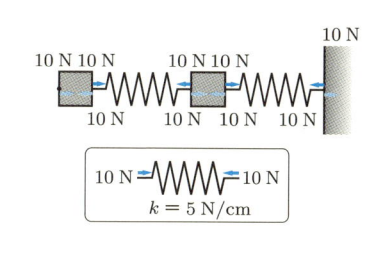

**4-10** 3 倍

[解説] 3 本直列につないだ合成ばね定数は,$K_s = \dfrac{4}{3}$ N/cm.

**4-11** 1/3 倍

[解説] 3 本並列につないだときの合成ばね定数は,$K_p = 12$ N/cm.

**4-12** 5 : 1

[解説] ばねの伸びを $X$ とすると,ばね A が棒を引く力は $10X$ [N],ばね B が棒を引く力は $50X$ [N].力のつりあい条件より,

鉛直方向：$10X + 50X - mg = 0$

回転方向：$-mga + 50X(a+b) = 0$

これらから $X$ を消去すると，$a = 5b$ が得られる．

**4-13** $m = 10$

[解説] 基本例題 ●4-6 [2]を参照．

**4-14** 21 cm

[解説] 左側 2 本のばねの合成ばね定数は $10\,\text{N/cm}$．3 本の合成ばね定数は $10\,\text{N/cm}$ のばねと $5\,\text{N/cm}$ のばねを直列に合成するから，$\dfrac{10}{3}\,\text{N/cm}$ と得られる．題意より，これが全体で 6 cm 伸びているから，ばねに生じている弾性力は，$F = \dfrac{10}{3} \times 6 = 20\,\text{N}$．演習問題 4-09 の解説と同じ理由で，右のばねは 20 N で両側から引っ張られていることになる．したがって，右のばね（$k = 5\,\text{N/cm}$）だけで考えると，伸びを $x$ として，$20 = 5x$．もとのばねの長さに $x$ を足せばよい．

**4-15** $5:7$

[解説] 図形を左右に分割して考えると，左側の質量を $m$ としたとき，右側の質量は $2m$ になるから，底面が $X$ だけ下がったときの重力とばねの弾性力は右図のようになる．力のつりあい条件より，

鉛直方向：$k_1 X + k_2 X - mg - 2mg = 0$

回転方向：$-15mg - 45 \times 2mg + 60 \times k_2 X = 0$

これらから $X$ を消去すると，$\dfrac{k_1}{k_2} = \dfrac{5}{7}$．

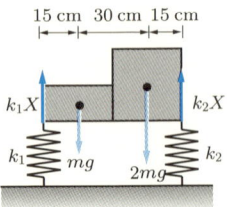

**4-16** $h_\text{A} = h_\text{B} = a - \dfrac{mg}{3k}$

[解説] どちらも，立方体には下向きに $mg$ の重力が作用する．また，立方体が下向きに $X$ だけ下がったとすると，それぞれのばねには $kX$ の弾性力が発生する．それぞれのばねが立方体に及ぼす力はいずれも上向きに $kX$ であるから，鉛直方向の力のつりあいより，$3kX - mg = 0$．ゆえに，$X = \dfrac{mg}{3k}$．

# 第 5 章

**5-01** (1) 47.3 N  (2) 42.4 N  (3) 34.6 N

**5-02** 静止摩擦力，最大静止摩擦力の順に ① 2 N, 8.82 N  ② 3 N, 8.82 N  ③ 4 N, 8.82 N

[解説] 水平方向の力 $T$ が最大静止摩擦力 $F_0$ に達するまでは，$T$ に応じて $F_f$ は変化する．

**5-03** $T_1$ の位置

[解説] 垂直抗力の作用位置での力のモーメントのつりあい式を立てる．不動面から引っ張る位置までの距離を

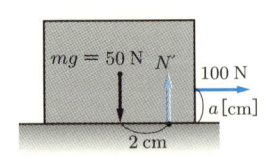

$a$ [cm] としたとき，垂直抗力の作用位置を回転の中心とすると，$50 \times 2 - 100 \times a = 0$ となる．

**5-04** 垂直抗力　$98\sqrt{3}$ N，静止摩擦力　98 N

**5-05** (1) $\mu = \dfrac{1}{\sqrt{3}}$ 　(2) $\dfrac{5}{\sqrt{3}} g$ [N]

[解説] (1) $\mu = \tan 30°$ 　(2) 動き出すとき，引っ張る力 $T$ と最大静止摩擦力 $F_0$ は等しい．$T = F_0 = \mu N' = \mu mg$．

**5-06** ① 静止する，10 N 　② 動く，19.6 N 　③ 動く，29.4 N

[解説] $F_0$ と $T$ を比較して，静止するか動くかを判定する．$F_0 > T$ のときは物体は静止し，静止摩擦力は $F_f = T$．$F_0 < T$ のときは物体は動き，動摩擦力は $F_f = \mu' N'$．

**5-07** ① 29.0 N 　② 27.6 N 　③ 25.5 N

**5-08** (1) 3 N 　(2) 7.84 N

**5-09** (1) 24.5 N 　(2) $98 - \dfrac{T_B}{2}$ [N] 　(3) 24.7 N

[解説] (2) $T_B$ の水平成分は $T_B \cos 30°$，鉛直成分は $T_B \sin 30°$．したがって，物体の垂直抗力は $mg - T_B \sin 30°$ となる．(3) 水平方向の力のつりあいを考えると，$T_B \cos 30° - 0.25 \times \left(98 - \dfrac{T_B}{2}\right) = 0$ となる．

**5-10** 垂直抗力，静止摩擦力の順に，① 144.8 N，25.5 N 　② 138.1 N，50.3 N 　③ 127.3 N，73.5 N となる．

[解説] 静止している物体に作用する静止摩擦力は，物体に作用する重力の斜面に平行な成分と大きさが等しい．

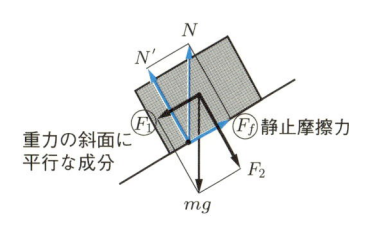

**5-11** (1) $\mu = 0.364$ 　(2) $m = 1.092$

[解説] (2) 最大静止摩擦力 $F_0 = \mu N' = 0.364 \times (3g) = 1.092 g$ [N]．これが糸に発生する張力 $mg$ [N] に等しくなると動き出す．

**5-12** (1) $T_1 = 0.2 g$ 　(2) $T_2 = 0.6 g$ 　(3) $T = 0.2(1 + m) g$

**5-13** (1) $mg \sin \theta$ 　(2) $\dfrac{10}{\sin \theta + \mu \cos \theta} < m < \dfrac{10}{\sin \theta - \mu \cos \theta}$

[解説] 物体を引っ張る糸の張力は $10 g$ [N] …①．斜面に沿って物体が滑ろうとする力は $mg \sin \theta$ …②．物体に作用する垂直抗力は $mg \cos \theta$．ところで，①と②の大小関係によって，図のように摩擦力 $F_f$ の向きが変わるので，それぞれについて最大静止摩擦力に達する $m$ を求める．

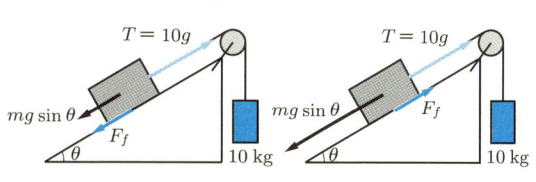

①＞②の場合：$10 g - mg \sin \theta - \mu N' = 10 g - mg \sin \theta - \mu mg \cos \theta = 0$

①＜②の場合：$10\,g - mg\sin\theta + \mu N' = 10\,g - mg\sin\theta + \mu mg\cos\theta = 0$

**5-14** (1) 19.6 [N]　(2) 2 L 未満

**[解説]**　(1) $F_0 = \mu N' = 0.1 \times 20 \times g$ となる.
(2) 水 1 L $= 1000\,\text{cm}^3$ は 1 kg. 片側が $a$ [L] 多く入っているとき, 張力の差が $ag$ [N] となる. 静止摩擦力 $F_f = ag$ が最大静止摩擦力 $F_0$ になると動き出すから, $F_0 = ag$ となる.

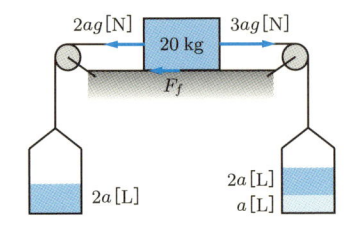

# 第 6 章

**6-01**　A を下にしたとき：$3.136\,\text{N/cm}^2$, B を下にしたとき：$3.920\,\text{N/cm}^2$, C を下にしたとき：$4.704\,\text{N/cm}^2$.

**6-02**　[1] (1) 30 000 Pa　(2) 30 000 N/m²　(3) 3 N/cm²　(4) 0.03 N/mm²
[2] 45.08 kPa

**[解説]**　(2) 立方体の体積は $2 \times 2 \times 2 = 8\,\text{m}^3$. よって, 質量は $8\,[\text{m}^3] \times 2.3\,[\text{ton/m}^3]$ $= 18.4\,\text{ton} = 18\,400\,\text{kg}$. 地面に作用する重力は $18\,400\,[\text{kg}] \times 9.8\,[\text{m/s}^2] =$ 180 320 N. 圧力は $\dfrac{180\,320\,[\text{N}]}{4.0\,[\text{m}^2]} = 45\,080\,\text{N/m}^2$.

**6-03**　A：$3000\,g$ [Pa], 左向き　B：$4000\,g$ [Pa], 下向き　C：$3000\,g$ [Pa], 上向き　D：$2000\,g$ [Pa], 左向き　E：$1000\,g$ [Pa], 右向き

**[解説]**　水圧の方向は, その位置に穴をあけたときにどちら向きに水が出るか考えるとわかる.

**6-04**　(1) $460\,g$ [N]　(2) $0.5\,\text{m}^2$　(3) $1000\,V_2\,g$ [N]　(4) $V_1 = 0.04\,\text{m}^3$, $V_2 = 0.46\,\text{m}^3$

**[解説]**　(2) 質量 = 密度 × 体積 だから, $460 = 920 \times (V_1 + V_2)$. (3) 押しのけた水の質量は $1000\,V_2$ [kg]. アルキメデスの原理より, この質量に作用する重力の大きさが浮力になる. (4) 氷に作用する下向きの重力と, 上向きの浮力がつりあうので, $460\,g = 1000\,V_2\,g$ となる.

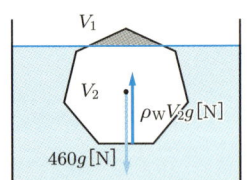

**6-05**　(1) $0.4\,g$ [N]　(2) 1.3 倍

**[解説]**　(2) $F_1 = 0.52\,g$ [N]

**6-06**　① $0.002\,g$ [N/cm²]　② $0.004\,g$ [N/cm²]　③ $0.006\,g$ [N/cm²]

**6-07**　2 倍

**[解説]**　圧力が最大になるのは $20 \times 30\,\text{cm}^2$ の面を下にしたとき. $p_{\max} = \dfrac{mg}{600}$. 最小になるのは $30 \times 40\,\text{cm}^2$ の面を下にしたとき. $p_{\min} = \dfrac{mg}{1200}$.

**6-08**　(1) $0.025\,\text{N/mm}^2$　(2) 4 MPa　(3) 120 000 000 Pa

**[解説]**　(3) $120\,[\text{N/mm}^2] = x\,[\text{N/m}^2]$ のように, 単位つきで式を立てて $x$ を求める. この式は, $120\left[\dfrac{\text{N}}{\text{mm}^2}\right] = x\left[\dfrac{\text{N}}{(1000\,\text{mm})^2}\right]$ と単位を変換すればよい.

**6-09** A：$2000\,g$ [Pa]，左向き　B：$1000\,g$ [Pa]，上向き　C：$4000\,g$ [Pa]，下向き　D：0，向きなし　E：$3000\,g$ [Pa]，右向き

**6-10** ① 32 cm　② 24 cm　③ 16 cm

**[解説]**（1）水面から $x$ [m] 沈んだとすると，押しのけた水の体積は $V = 0.3 \times 0.2 \times x$ [m$^3$]．このとき浮力は，上向きに $V\rho_\mathrm{w} g$ [N]．これが直方体に作用する重力とつりあう．（2），（3）も同様．

**6-11** 4 cm

**6-12** $2.0\,\mathrm{g/cm^3}$

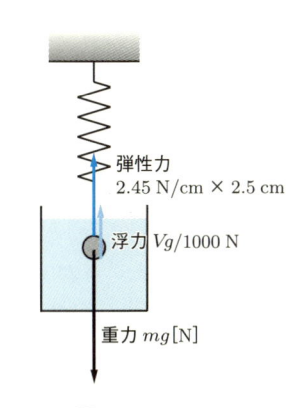

**[解説]** 空中で吊るしたときに 5 cm 伸びているから，$F = kx$ において $F = mg$，$k = 2.45$，$x = 5$ を代入すると，$m = 1.25\,\mathrm{kg}$ となる．

次に，水中に沈めた状態では，ばねが自然長より 2.5 cm 伸びているので，弾性力は上向きに $F = 2.45 \times 2.5 = 6.125\,\mathrm{N}$ となる．

水中で押しのけた水の体積が $V$ [cm$^3$] なので，浮力は上向きに，$1\,\mathrm{g/cm^3} \times V$ [cm$^3$] $\times g$ [m/s$^2$] $= Vg$ [g・m/s$^2$] $= \dfrac{Vg}{1000}$ [kg・m/s$^2$] $= \dfrac{9.8V}{1000}$ [N] となる．

弾性力 $2.45\,\mathrm{N/cm} \times 2.5\,\mathrm{cm}$
浮力 $Vg/1000$ N
重力 $mg$ [N]

重力は下向きに $mg = 1.25 \times 9.8 = 12.25\,\mathrm{kg・m/s^2} = 12.25\,\mathrm{N}$．

鉛直方向の力のつりあいを考えると，$6.125 + 0.0098V - 12.25 = 0$ となる．これから $V = 625$ となる．得られた $V$ と $m = 1250\,\mathrm{g}$ から密度を計算する．

**6-13** $\rho_\mathrm{B} = \rho_\mathrm{A} + \rho$

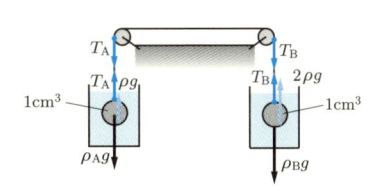

**[解説]** A に作用する重力は $\rho_\mathrm{A} \cdot g$ [g・m/s$^2$]，浮力は $\rho \cdot g$ [g・m/s$^2$]．B に作用する重力は $\rho_\mathrm{B} \cdot g$ [g・m/s$^2$]，浮力は $2\rho \cdot g$ [g・m/s$^2$]．したがって，A 側の糸の張力は左向きに $T_\mathrm{A} = \rho_\mathrm{A} \cdot g - \rho \cdot g$，B 側の糸の張力は右向きに $T_\mathrm{B} = \rho_\mathrm{B} \cdot g - 2\rho \cdot g$．力のつりあいを考え，$T_\mathrm{A} = T_\mathrm{B}$ とおいて，$\rho_\mathrm{B}$ について解く（ここで記した [g・m/s$^2$] も，力の単位である．[N] の単位にするとかえってややこしくなる場合には，[質量×加速度] の単位にした状態で計算を進めればよい）．

**6-14** $V = 800$

**[解説]** 押しのけた水の体積は $1000\,\mathrm{cm^3}$ だから，浮力は上向きに $V\rho_\mathrm{w}g = 1000\,g$ [g・m/s$^2$] となる．立方体の質量を $m$ [g] とすると重力は $mg$ [g・m/s$^2$] であるから，鉛直方向の力のつりあいから $m = 1000\,\mathrm{g}$ が得られる．ここで，質量＝密度×体積の関係を使うと，$1000\,\mathrm{g} = 5\,\mathrm{g/cm^3} \times (1000 - V)$ [cm$^3$] となる．

**6-15** $0.9\,\mathrm{g/cm^3}$

**[解説]** 上面に作用する力は，上面より上にある液体の質量×重力加速度 $g$ となる．下面に作用する力は，立方体の部分にも液体が同様に存在する場合の，下面よりも上

にある液体の質量×重力加速度 $g$ となる．これらの差が浮力になるから，右のように計算できて，浮力は $5.292\,g$ [N] と得られる．物体の質量を $m$ [kg] とすると，重力と浮力がつりあうから，$mg = 5.292\,g$ となる．ゆえに，$m = 5.292$ kg．密度は $\rho = \dfrac{5.292}{21 \times 14 \times 20} = 0.0009\,\text{kg/cm}^3 = 0.9\,\text{g/cm}^3$ となる．

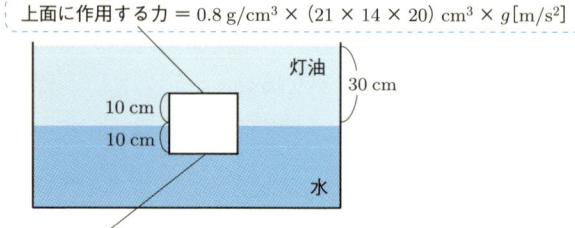

上面に作用する力 $= 0.8\,\text{g/cm}^3 \times (21 \times 14 \times 20)\,\text{cm}^3 \times g\,[\text{m/s}^2]$

下面に作用する力 $= 0.8\,\text{g/cm}^3 \times (21 \times 14 \times 30)\,\text{cm}^3 \times g\,[\text{m/s}^2]$
$\qquad\qquad\qquad + 1.0\,\text{g/cm}^3 \times (21 \times 14 \times 10)\,\text{cm}^3 \times g\,[\text{m/s}^2]$

# 第 7 章

**7-01** (1) 

| 時刻 | 位置 | 時間 | 変位 |
|---|---|---|---|
| 15:00 | $-200$ m | 10 分間 | $-700$ m |
| 15:10 | $-900$ m | | |

(2) $+500$ m

**7-02** [1] 48 km/h　[2] (1) 3 m/s　(2) 800 m/min　(3) 5 m/s

**7-03** [1] ① $|\vec{v}| = \sqrt{17}$ cm/s, $v_x = +4$ cm/s, $v_y = +1$ cm/s　② $|\vec{v}| = 5$ cm/s, $v_x = -3$ cm/s, $v_y = -4$ cm/s　③ $|\vec{v}| = 2$ cm/s, $v_x = 0$, $v_y = +2$ cm/s

[2] 分速 525 m

**[解説]** 電車の速度は，$30\,\text{km/h} = \dfrac{30\,000\,\text{m}}{60\,\text{min}} = 500\,\text{m/min}$．A さんは地面に対して 1 分間に $500\,\text{m} + 25\,\text{m}$ だけ進む．

**7-04** $\dfrac{20\sqrt{3}}{3}$ m/s

**[解説]** 雨の落下の速さを $v$ とすると，電車の速度は $\vec{v_A} = (+20, 0)$，雨の速度は $\vec{v_B} = (0, -v)$ と表される．A 君が見た雨の相対速度は，$\vec{v_{AB}} = \vec{v_B} - \vec{v_A} = (-20, -v)$．この相対速度 $\vec{v_{AB}}$ が垂直から $60°$ 傾いて見えたから，右の図のようになる．したがって，$\tan 60° = \dfrac{20}{v}$ より $v = \dfrac{20}{\tan 60°}$ となる．

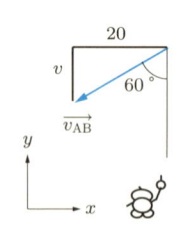

**7-05** (1) $+0.5\,\text{km/min}^2$　(2) 13 時 30 分

**[解説]** $90\,\text{km/h} = 1.5\,\text{km/min}$

**7-06** (1) $S_{Ax} = +420$ m, $S_{Bx} = -1020$ m　(2) $v_{Ax} = +35$ m/min, $v_{Bx} = -85$ m/min
(3) 7:17

**7-07** (1) 600 m/min　(2) 2.4 km/h　(3) 1.8 m/min　(4) 40 m/s　(5) 2 cm/s
(6) 1.8 km/h

**7-08** (1) 15 km/h　(2) 90 km/h　(3) 9 min

**[解説]** 求める時間を $t$ [h] とすると，$200\,\text{km/h} \times t\,[\text{h}] = 30\,\text{km}$．よって，$t = \dfrac{3}{20}$ h．

$1\,\mathrm{h} = 60\,\mathrm{min}$ より，$t = \dfrac{3}{20} \times 60 = 9\,\mathrm{min}$．

**7-09** ① $|\vec{v}| = 2.06\,\mathrm{cm/s}$, $v_x = +0.50\,\mathrm{cm/s}$, $v_y = +2.00\,\mathrm{cm/s}$
② $|\vec{v}| = 2.12\,\mathrm{cm/s}$, $v_x = +1.50\,\mathrm{cm/s}$, $v_y = -1.50\,\mathrm{cm/s}$
③ $|\vec{v}| = 2.50\,\mathrm{cm/s}$, $v_x = -2.50\,\mathrm{cm/s}$, $v_y = 0.00$

**7-10** ① $\vec{v} = (+3\sqrt{3}, +3)\,[\mathrm{cm/s}]$, $|\vec{v}| = 6\,\mathrm{cm/s}$ ② $\vec{v} = (+2\sqrt{2}, -2\sqrt{2})\,[\mathrm{cm/s}]$, $|\vec{v}| = 4\,\mathrm{cm/s}$ ③ $\vec{v} = (-1.55, +5.80)\,[\mathrm{m/s}]$, $|\vec{v}| = 6\,\mathrm{cm/s}$

**7-11** (1) $+20\,\mathrm{m/s^2}$ (2) $-20\,\mathrm{m/s^2}$ (3) $-20\,\mathrm{m/s^2}$ (4) $+20\,\mathrm{m/s^2}$

**7-12** (1) $v_{\mathrm{CA}} = +720\,\mathrm{m/min}$, $v_{\mathrm{CB}} = +670\,\mathrm{m/min}$ (2) $v_{\mathrm{AC}} = -720\,\mathrm{m/min}$
(3) $v_{\mathrm{AB}} = -50\,\mathrm{m/min}$

**解説** この問題のように，多くの速度が絡んでいる場合には，地面を基準にした速度をあらかじめ求めておくのがよい．電車の速度は $42\,\mathrm{km/h} = 700\,\mathrm{m/min}$ であるから，地面を基準にした場合，$v_{\mathrm{A}} = 720\,\mathrm{m/min}$, $v_{\mathrm{B}} = 670\,\mathrm{m/min}$, $v_{\mathrm{C}} = 0\,\mathrm{m/min}$ となる．(3) については，$v_{\mathrm{AB}} = v_{\mathrm{B}} - v_{\mathrm{A}} = 670 - 720$ となる．

**7-13** (1) $10\,\mathrm{cm/s^2}$ (2) $a_x = 5\sqrt{3}\,\mathrm{cm/s^2}$ (3) $30°$

**解説** (1) $|\vec{a}| = \dfrac{(1800-600)\,[\mathrm{cm/s}]}{120\,[\mathrm{s}]} = 10\,\mathrm{cm/s^2}$
(2) 問題文と (1) の答から，右図が得られるので，三平方の定理を用いる．(3) $\sin\theta = \dfrac{5}{10}$ または $\tan\theta = \dfrac{5}{5\sqrt{3}}$

**7-14** (1) $800\,\mathrm{m}$ (2) $30\,\mathrm{m/min}$ (3) $202.2\,\mathrm{m/min}$

**解説** (3) 速度の合成を用いるか，4 分間で $\sqrt{800^2 + 120^2} = 808.95\,\mathrm{m}$ 移動することから，1 分あたりの移動距離を求める．

# 第 8 章

**8-01** [1] $10\,\mathrm{s}$ 後
[2] $S_{\mathrm{A}} = +7.5\,\mathrm{m}$, $S_{\mathrm{B}} = -7.5\,\mathrm{m}$，グラフは右図．

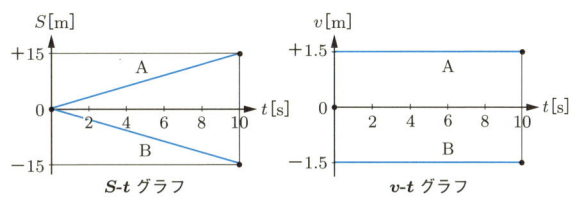

**8-02** (1) $-0.25\,\mathrm{m/s^2}$
(2) グラフは右図
(3) $2475\,\mathrm{m}$

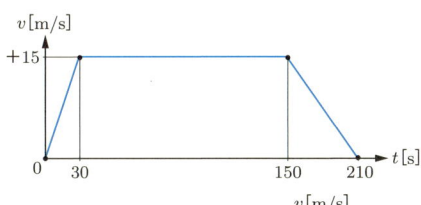

**8-03** $t_0 = 4\,\mathrm{s}$, $t_1 = 8\,\mathrm{s}$, グラフは右図．

**解説** $t_0$ で速度が $0$ になるから，$v = v_0 + at$ に代入すると，$0 = -6 + 1.5 t_0$ となる．また，再び

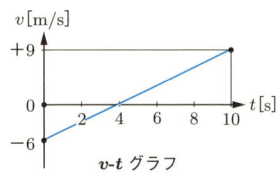

原点を通るときは変位が 0 のはずだから，$S = v_0 t_1 + \frac{1}{2} a t_1^2$ に代入して，$0 = -6 t_1 + \frac{1}{2} \times 1.5 \times t_1^2$ となる．

**8-04** 39.37 m，2.83 s

**[解説]** $100 \,\mathrm{km/h} = \frac{100\,000}{3600}\,[\mathrm{m/s}]$

**8-05** (1) 2 s　(2) $S = 19.6\,\mathrm{m}$　(3) 4 s 後

**[解説]** (1) 最高点では速度が 0，(3) もとの位置では変位が 0．

**8-06** (1) 24 m
(2) グラフは右図
(3) 6 s

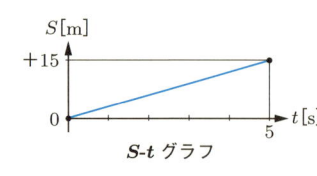

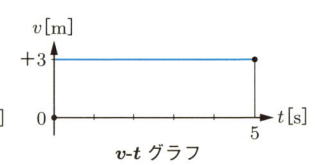

**8-07** (1) $S_\mathrm{A} = t^2$，$S_\mathrm{B} = -3 t^2$　(2) 5 s　(3) 25 m　(4) $v_\mathrm{A} = 10\,\mathrm{m/s}$，$v_\mathrm{B} = -30\,\mathrm{m/s}$

**[解説]** (2) A と B の変位の絶対値の和が 100 m になればよい．$S_\mathrm{A} = 0 + \frac{1}{2} \times 2 \times t^2 = t^2$，$S_\mathrm{B} = \frac{1}{2} \times (-6) \times t^2 = -3 t^2$ から，$t^2 + 3 t^2 = 100$ となる．よって，$t = 5\,\mathrm{s}$ 後にぶつかる．

**8-08** $v = v_0 + at$ より，$t = \frac{v - v_0}{a}$．これを，$S = v_0 t + \frac{1}{2} a t^2$ に代入して変形すると，$v^2 - v_0^2 = 2 a S$ が得られる．

**8-09** (1) [v-t グラフ]　(2) $S = 8 t - t^2$

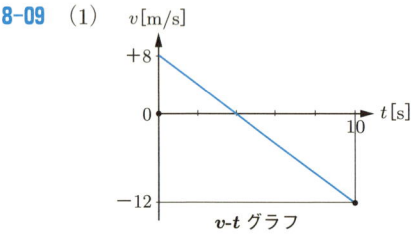

(3)

| $t$ [s] | 0 | 1 | 2 | 3 | 4 | 5 | 6 | 7 | 8 | 9 |
|---|---|---|---|---|---|---|---|---|---|---|
| $s$ [m] | 0 | 7 | 12 | 15 | 16 | 15 | 12 | 7 | 0 | $-9$ |

(4) [S-t グラフ]

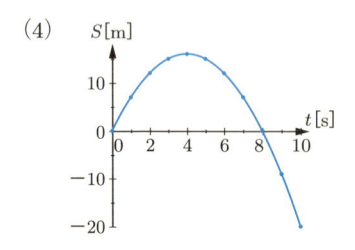

**8-10** 速度：下向きに 14 m/s，$t = \frac{10}{7}\,\mathrm{s}$ (1.43 s)

**8-11** 1.5 s 後，$v_\mathrm{B} = 14.7\,\mathrm{m/s}$

**[解説]** PQ の中央でぶつかったので，二つのボールがぶつかるまでに，自由落下する

ボールは $y = \dfrac{22.05}{2} = 11.025\,\mathrm{m}$ 落下する．$y = \dfrac{1}{2}gt^2$ から $t = 1.5\,\mathrm{s}$ と得られる．そうすると，投げ上げた物体は 1.5 s 間に 11.025 m 上昇するわけだから，$y = v_\mathrm{B} t - \dfrac{1}{2}gt^2$ より $v_\mathrm{B}$ が得られる．

8-12  $a = 0.25$

**解説**  $v_0 = +5\,\mathrm{m/s}$，加速度 $a\,[\mathrm{m/s^2}]$ で 60 s 間に $650 + 100 = 750\,\mathrm{m}$ 変位したわけだから，$750 = 5 \times 60 + \dfrac{1}{2} \times a \times 60^2$．

8-13  (1) 1.3 s 後   (2) $-2.6\,\mathrm{m/s}$   (3) 2.81 s 後

**解説**  (1) $v = v_0 + at$ で $v_0 = 2.6$, $a = -2.0$, $v = 0$ を代入．
(2) $S = v_0 t + \dfrac{1}{2}at^2$ で，$S = 0$, $v_0 = 2.6$, $a = -2.0$ を代入すると $t = 2.6$ が得られる．これを $v = v_0 + at$ に代入．(3) $S = v_0 t + \dfrac{1}{2}at^2$ に $S = -0.6$, $v_0 = +2.6$, $a = -2.0$ を代入すると，$-0.6 = 2.6\,t - t^2$ となる．この二次方程式を解く．

8-14  (1) $t_1 = 2$   (2) 2 s 後，19.6 m   (3) 4 s 後

**解説**  (1) グラフの $t_1$ は，速度が 0 になっている点なので，$v = v_0 + at$ で $v_0 = 19.6$, $a = -9.8$ を代入する．(2) 上方向に最も遠ざかる位置では，最高点に達するため，速度が 0 になる．(3) 変位が 0．

8-15  $t_2 = 160$，加速度 $-0.4\,\mathrm{m/s^2}$

**解説**  $v$–$t$ グラフの面積が変位を表すことを使えばよい．
$\left(20 \times 20 \times \dfrac{1}{2}\right) + \{(t_2 - 20) \times 20\} + \left\{(210 - t_2) \times 20 \times \dfrac{1}{2}\right\} = 3500$ より求める．

# 第9章

9-01  (1) $+50\,\mathrm{m}$   (2) 静止した状態を保つ   (3) 動く

9-02  [1] (1) $+0.5\,\mathrm{m/s^2}$   (2) $+20\,\mathrm{m/s^2}$   (3) $+5\mathrm{m/s^2}$   [2] (1) $+4\,\mathrm{N}$   (2) $+10\,\mathrm{N}$
     (3) $+20\,\mathrm{N}$

9-03  [1] 24 m   [2] 4 N   [3] $m = 4$

**解説**  [1] 運動方程式は，上向きを正にとると，$25.6 - 2g = 2a$．よって，加速度は $a = +3\,\mathrm{m/s^2}$ となる．

9-04  (1) $\mu = \dfrac{1}{\sqrt{3}}$   (2) $2.45\,\mathrm{m/s^2}$

**解説**  (1) 静止摩擦係数 $\mu$ と摩擦角 $\theta$ の関係は $\mu = \tan\theta$ である．

9-05  (1) 5.302 s 後   (2) 79.5 m   (3) 30.0 m/s

**解説**  (1) 変位の $y$ 成分が 0 になるまでの時間だから，$S_y = 30\sin 60° \times t - \dfrac{1}{2} \times 9.8 \times t^2 = 0$   (2) 水平方向に $v_x = 30\cos 60°\,[\mathrm{m/s}]$ で 5.302 s 間に進んだ距離を求める．(3) 5.302 s 後の速度は，$(v_x, v_y) = (15.00, -25.98)$．これから，三平方の定理を使って速度を合成する．

9-06  (1) $+12\,\mathrm{N}$   (2) 49 N   (3) $+0.75\,\mathrm{m/s^2}$   (4) $-6\,\mathrm{N}$

**9-07** (1) 0.894 s 後  (2) 3.129 m/s

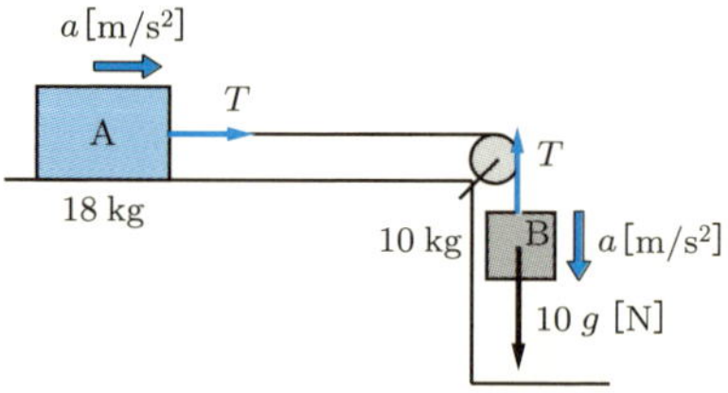

**[解説]** (1) B の下向き加速度を $a$ とすると，A の加速度は右向きに $a$ となる．糸の張力を $T$ とすると，運動方程式は

物体 A： $T = 18\,a$

物体 B： $10\,g - T = 10\,a$

となる．これらから $T$ を消去すれば，$10\,g - 18\,a = 10\,a$．(2) 物体 B が着地したあとは，物体 A に張力がはたらかないので，0.894 s 以降は等速直線運動になる．

**9-08** (1) A： $T - m_A g = m_A a_A$，B： $T - m_B g = m_B a_B$   (2) $a_B = -a_A$

(3) $a_A = \dfrac{-m_A + m_B}{m_A + m_B} g$，$a_B = \dfrac{m_A - m_B}{m_A + m_B} g$   (4) $T = \dfrac{2 m_A m_B}{m_A + m_B} g$

**9-09**

| $t$ [s] | 0 | 0.5 | 1.0 | 1.5 | 2.0 | 2.5 | 3.0 | 3.5 | 4.0 |
|---|---|---|---|---|---|---|---|---|---|
| $S_x$ [m] | 0 | 17.0 | 33.9 | 50.9 | 67.9 | 84.9 | 101.8 | 118.8 | 135.8 |
| $S_y$ [m] | 0 | 8.6 | 14.7 | 18.4 | 19.6 | 18.4 | 14.7 | 8.6 | 0 |

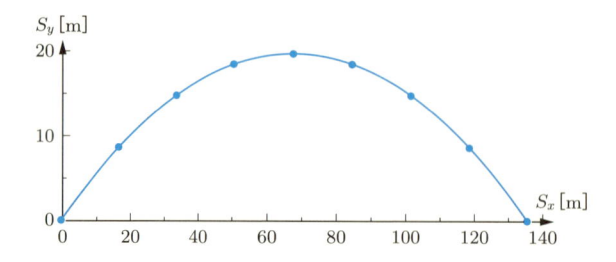

**[解説]** $x$ 方向には初速の水平成分の速さでの等速直線運動なので，$S_x = (39.2 \cos 30°)\,t$，$y$ 方向には初速の鉛直成分での投げ上げなので，$S_y = (39.2 \sin 30°)\,t - \dfrac{1}{2} g t^2$ となる．

**9-10** (1) $a = 0.5\,\text{m/s}^2$   (2) $T = 2\,\text{N}$

**9-11** $a = \dfrac{g}{4\sqrt{2}}\,[\text{m/s}^2]$

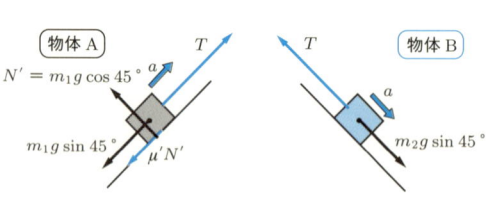

**[解説]** 物体 A，B の運動方程式は，右図を参照して，

A： $T - m_1 g \sin 45° - \mu' N' = m_1 a$

B： $m_2 g \sin 45° - T = m_2 a$

となる．これらから $T$ を消去し，$m_2 = 2\,m_1$ を代入する．

**9-12** 3.03 s 後

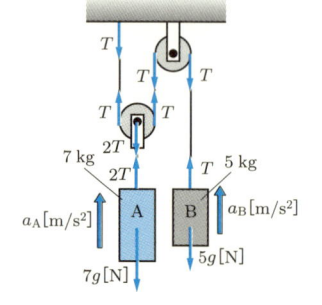

**[解説]** B につながる糸の張力を $T$ とすると，

Aの運動方程式：$2T - 7g = 7a_A$

Bの運動方程式：$T - 5g = 5a_B$

となる．また，$2a_A = -a_B$．以上より，$a_A = \dfrac{g}{9}$．Aが 5 m 上昇するのに $t$ [s] かかったとして，$S = v_0 t + \dfrac{1}{2} a_A t^2$ に $S = 5$，$v_0 = 0$，$a_A = \dfrac{g}{9}$ を代入する．

**9-13** $\mu_1' = 0.25$

[解説] 物体Aと物体Bについて，作用する力をすべて描くと右図のようになる．AとBの間の摩擦力は，作用反作用の法則によって，互いに逆向きで等しい大きさとなる．これをもとに運動方程式を立てると，

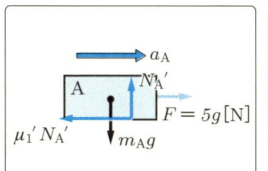

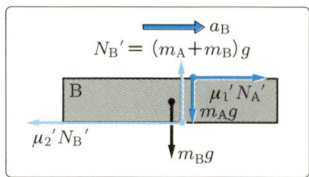

A：$5g - \mu_1' N_A' = m_A a_A$ → $5g - \mu_1' m_A g = m_A a_A$

B：$\mu_1' N_A' - \mu_2' N_B' = m_B a_B$ → $\mu_1' m_A g - \mu_2'(m_A + m_B)g = m_B a_B$

となる．これらから，$a_A = (1 - \mu_1')g$，$a_B = \dfrac{(\mu_1' - 3\mu_2')g}{2}$ が得られる．この方程式を，$\dfrac{a_A}{a_B} = 15$，$\mu_2' = 0.05$ を用いて解く．

# 第10章

**10-01** [1] 20 J  [2] $W_T = 147$ J，$W_g = -147$ J

**10-02** (1) $W_A = mgh$ [J]  (2) $F_B = \dfrac{1}{2}mg$ [N]  (3) $W_A = F_B \cdot S_B$ [J]

(4) $S_B = 2h$ [m]  (5) $P_B = \dfrac{mgh}{t}$ [W]

**10-03** [1] (1) 50 J  (2) 160 J  [2] +9 m/s

**10-04**

| 高さ基準 | A | | B | | 差 |
|---|---|---|---|---|---|
| | $h_A$ [m] | $U_A$ [J] | $h_B$ [m] | $U_B$ [J] | $U_A - U_B$ [J] |
| $L_4$ | 0 | 0 | $-1$ | $-49$ | 49 |
| $L_3$ | 1 | 49 | 0 | 0 | 49 |
| $L_2$ | 2 | 98 | 1 | 49 | 49 |
| $L_1$ | 3 | 147 | 2 | 98 | 49 |

**10-05** (1) 2 J  (2) 2 J  (3) 18 J  (4) 18 J  (5) 0.08 J  (6) 0.32 J

[解説] [J] = [N × m] なので，最初に力の単位を [N]，長さの単位を [m] にしておくとよい．

**10-06** (1) $\dfrac{7}{\sqrt{2}}$ [m/s]  (2) $h_C = 21.25$ m

[解説] (1) $v_0$ の水平成分になる．(2) 力学的エネルギー保存の法則を，点Aと点Cで適用すると，

点 A では，$E_A = \frac{1}{2}mv_0^2 + mgh_0 = \frac{49}{2}m + 196\,m$

点 C では，$E_C = \frac{1}{2}mv_C^2 + mgh_C = \frac{49}{4}m + 9.8\,mh_C$

となる．$E_A = E_C$ より $h_C$ を求める．

**10-07** ① 20 J　② 0　③ $-24$ J　④ $-24$ J

**解説**　(4) 6 N の水平方向の成分は左向きに $6\cos 60°$ である．移動方向と逆向きなので，$W = -6\cos 60° \times 8 = -24$ [J]．または，$W = FS\cos 120°$ で直接求めてもよい．

**10-08** (1) $W_1 = mgh$ [J]　(2) $W_2 = -mgh$ [J]

**10-09** (1) ともに 1176 J　(2) $P_A = 29.4$ W，$P_B = 14.7$ W

**10-10** (1) $K = 32$ J　(2) $K = 128$ J　(3) $K = 64$ J

**10-11** $U_A = 39.2$ J，$U_B = 19.6$ J，$U_C = 0$，$U_D = -19.6$ J，$U_E = 98.0$ J

**10-12** (1) 10 J　(2) 10 J　(3) 10 J

**解説**　弾性エネルギーは，ばね定数 $k$ と伸び（縮み）量 $x$ のみによって決まるので，質量は関係ない．なお，エネルギーを計算するときには，単位を [N/m] などのように，力の単位 [N] と長さの単位 [m] に変換して計算すること．

**10-13** (1) 0.64 J　(2) 4 m/s　(3) 32 cm

**解説**　(1) $\frac{1}{2}kx^2 = \frac{1}{2} \times 200 \times 0.08^2$　(2) 自然長の位置では，ばねの伸び縮みは生じていないから，位置エネルギーは 0．そのときの質量の速さを $v$ [m/s] とすれば，運動エネルギーは $\frac{1}{2}mv^2$．力学的エネルギー保存の法則より，(1)のエネルギーはそのまま保存されているから，$\frac{1}{2}mv^2 = 0.64$ となる．

**10-14** (1) 16.12 m/s　(2) $\cos\theta = 0.496$

**解説**　(2) B 点では $v_x = +8$ m/s だから，$\cos\theta = v_x/v$．

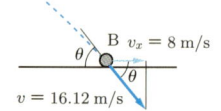

**10-15** (1) 4.0 J　(2) $-1.47$ J　(3) 2.53 J　(4) 1.033 m

**解説**　(2) 動摩擦力は $\mu'N' = 0.1 \times mg = 0.49$ N．この力が物体の進行方向と逆向きに 3 m の区間で作用するから，$W = -F \cdot S = -0.49 \times 3$ となる．
(3) $4.0 - 1.47 = 2.53$ J　(4) 点 B での力学的エネルギーがすべて重力による位置エネルギーに変化すると，運動は停止する．したがって，停止する高さを $h$ [m] とすると，$mgh = 2.53$．よって，$h = 0.5163$ m．$\frac{h}{L} = \sin 30°$ より求める．

# 第 11 章

**11-01** $\omega = \frac{\pi}{2}$ [rad/s]，$v = 5\pi$ [m/s]，$T = 4$ s，$n = 0.25$ Hz

**11-02** (1) $\omega = \pi$ [rad/s]，$v = 5\pi$ [m/s]，$a = 5\pi^2$ [m/s$^2$]

(2) $\omega = \frac{\pi}{3}$ [rad/s]，$v = \pi$ [m/s]，$a = \frac{\pi^2}{3}$ [m/s$^2$]

(3) $\omega = 4\pi$ [rad/s], $v = 24\pi$ [m/s], $a = 96\pi^2$ [m/s²]

(4) $\omega = 2\pi$ [rad/s], $v = 2\pi$ [m/s], $a = 4\pi^2$ [m/s²]

11-03 (1) $8\pi^2$ [N] (2) $5\pi^2$ [N] (3) $6\pi^2$ [N] (4) $\pi^2$ [N] (5) $600\pi^2$ [N]
(6) $20\pi^2$ [N] (7) $10\pi^2$ [N] (8) $4\pi^2$ [N]

11-04 $1.982 \times 10^{20}$ N

【解説】 $F = G\dfrac{Mm}{r^2} = 6.674 \times 10^{-11} \times \dfrac{5.974 \times 10^{24} \times 7.346 \times 10^{22}}{(3.844 \times 10^8)^2}$

11-05 4.0 h

【解説】 人工衛星の質量を $m$ [kg] とすると，万有引力は $F = \dfrac{GmM}{(2R)^2} = 2.450\,m$ [N] となる．これが向心力になっているから，$m \times 2R \times \omega^2 = 2.450\,m$．$\omega$ と $T$ の関係 $\omega = \dfrac{2\pi}{T}$ を用いると，$T = 1.434 \times 10^4$ s $= 3.983$ h となる．

11-06 (1) 右図 (2) $v = \dfrac{2}{3}\pi$ [m/s] (3) $T = 12$ s

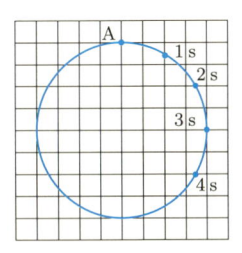

11-07 (1) $\pi$ [rad/s] (2) $r = 6$ m (3) $6\pi^2$ [m/s²]

11-08 

| $\theta$ [rad] | 0.5 | 0.1 | 0.05 | 0.01 | 0.005 | 0.001 |
|---|---|---|---|---|---|---|
| $\sin\theta$ | 0.4794 | 0.09983 | 0.04998 | 0.01000 | 0.005000 | 0.001000 |

11-09 (1) 2.4 N (2) $1.5\pi$ [N] (3) 4 N (4) $2\pi$ [N] (5) $2\pi$ [N] (6) $100\pi^2$ [N]

11-10 $\dfrac{H}{R} = 3.173$

【解説】 地球の中心から人工衛星までの距離を $r$ とすると，万有引力が向心力になっているから，$\dfrac{GmM}{r^2} = mr\omega^2$．よって，$r = \sqrt[3]{\dfrac{GM}{\omega^2}}$．$\omega$ は地球の自転の角速度の 2 倍だから，$\omega = \dfrac{4\pi\,[\text{rad}]}{24\,[\text{h}]} = \dfrac{4\pi\,[\text{rad}]}{24 \times 60 \times 60\,[\text{s}]} = 1.454 \times 10^{-4}$ [rad/s]．$r = 2.662 \times 10^7$ [m]．$H = r - R$ で算出する．

11-11 5323 倍

【解説】 地球からの万有引力 $F_E$ と月からの万有引力 $F_L$ を，それぞれ人工衛星の質量 $m$ を用いて求める．$F_E = \dfrac{GmM_E}{r^2}$，$F_L = \dfrac{GmM_L}{(d-r)^2}$ から

$$\dfrac{F_E}{F_L} = \dfrac{M_E(d-r)^2}{M_L r^2}$$

と計算すれば，比率を求められる．

11-12 (1) $\omega = 7$ rad/s (2) $\omega = 2.04$ m/s

【解説】 糸の長さを $L$ とすると，等速円運動の半径は $r = L\sin\theta$．角速度 $\omega$ を用い

ると，向心力は $F = mr\omega^2$ となる．また，糸の張力 $T$ と重力 $mg$ の合力が向心力となって現れているから，$F$ と $T$ と $mg$ は，右図のような関係になる．よって，$\tan\theta = \dfrac{F}{mg} = \dfrac{r\omega^2}{g} = L\sin\theta \cdot \dfrac{\omega^2}{g}$ が得られる．

(1) $\theta = 45°$，$r = \dfrac{1}{5}$ を代入して解けばよい．

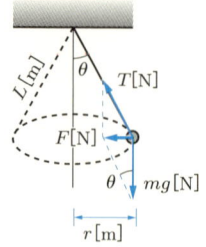

(2) 図から $T = \dfrac{mg}{\cos\theta}$．$T = 4g$ となる $\theta$ を求めると，$\theta = 60°$．また，$\tan\theta = \dfrac{r\omega^2}{g} = \dfrac{v^2}{gr}$ と変形して，$r = \dfrac{\sqrt{2}}{5} \times \sin\theta$ の関係を用いて $v$ が得られる．

**11-13** (1) $K_0 = \dfrac{1}{2}mv_0{}^2$，$U_0 = -G\dfrac{mM}{R}$  (2) $K_1 = \dfrac{1}{2}mv^2$，$U_1 = -G\dfrac{mM}{r}$

(3) $\dfrac{1}{2}mv_0{}^2 - G\dfrac{mM}{R} = \dfrac{1}{2}mv^2$  (4) $v_0 = \sqrt{\dfrac{2GM}{R}}$

[解説] (3) $U_1$ の式で $r$ を無限に大きくすると，$GmM$ は一定の値だから，$U_1$ は 0 に近づく．(4) 方程式を変形すると，$v_0{}^2 = v^2 + 2G\dfrac{M}{R}$．$v \geq 0$ であるから，$v_0$ が最小となるのは $v = 0$ のとき．

**11-14** $\tan\theta = 0.0797$

[解説] $90\,\text{km/h} = 25\,\text{m/s}$．$r = 800\,\text{m}$ であるから，向心力 $F = \dfrac{mv^2}{r} = \dfrac{25^2}{800}m$ [N]．また，電車には垂直抗力がはたらく．すなわち，右図のように重力と垂直抗力の合力として向心力が現れていることになる（ここでは合力をわかりやすくするために，あえて垂直抗力を重心の作用位置に描いている）．図から $\tan\theta = \dfrac{F}{mg}$ となる．

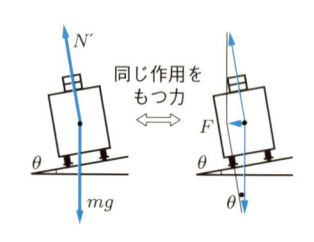

## 第 12 章

**12-01** $A = 4\,\text{m}$，$T = 1\,\text{s}$，$f = 1\,\text{Hz}$，$\omega = 2\pi$ [rad/s]

**12-02**

| $t$ [s] | 0 | 1 | 2 | 3 | 4 | 5 | 6 | 7 | 8 | 9 | 10 | 11 | 12 |
|---|---|---|---|---|---|---|---|---|---|---|---|---|---|
| $\omega t$ [rad] | 0 | $\dfrac{\pi}{6}$ | $\dfrac{\pi}{3}$ | $\dfrac{\pi}{2}$ | $\dfrac{2\pi}{3}$ | $\dfrac{5\pi}{6}$ | $\pi$ | $\dfrac{7\pi}{6}$ | $\dfrac{4\pi}{3}$ | $\dfrac{3\pi}{2}$ | $\dfrac{5\pi}{3}$ | $\dfrac{11\pi}{6}$ | $2\pi$ |
| $v = A\omega\cos\omega t$ | 2.09 | 1.81 | 1.05 | 0.00 | $-1.05$ | $-1.81$ | $-2.09$ | $-1.81$ | $-1.05$ | 0.00 | 1.05 | 1.81 | 2.09 |

| $t$ [s] | 13 | 14 | 15 | 16 | 17 | 18 | 19 | 20 | 21 | 22 | 23 | 24 |
|---|---|---|---|---|---|---|---|---|---|---|---|---|
| $\omega t$ [rad] | $\dfrac{13\pi}{6}$ | $\dfrac{7\pi}{3}$ | $\dfrac{5\pi}{2}$ | $\dfrac{8\pi}{3}$ | $\dfrac{17\pi}{6}$ | $3\pi$ | $\dfrac{19\pi}{6}$ | $\dfrac{10\pi}{3}$ | $\dfrac{7\pi}{2}$ | $\dfrac{11\pi}{3}$ | $\dfrac{23\pi}{6}$ | $4\pi$ |
| $v = A\omega\cos\omega t$ | 1.81 | 1.05 | 0.00 | $-1.05$ | $-1.81$ | $-2.09$ | $-1.81$ | $-1.05$ | 0.00 | 1.05 | 1.81 | 2.09 |

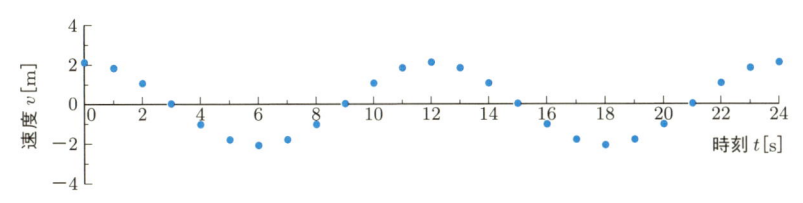

[解説] $v = \dfrac{2}{3}\pi \cos \dfrac{\pi}{6} t$

**12-03**

| $t$ [s] | 3 | 4 | 5 | 6 | 7 | 8 | 9 |
|---|---|---|---|---|---|---|---|
| $S = A \sin \omega t$ | 4.00 | 3.46 | 2.00 | 0.00 | $-2.00$ | $-3.46$ | $-4.00$ |
| $v = A\omega \cos \omega t$ | 0.00 | $-1.05$ | $-1.81$ | $-2.09$ | $-1.81$ | $-1.05$ | 0.00 |

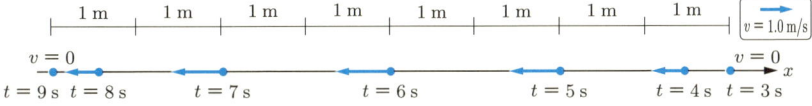

**12-04** $T_1 = T_2 = T_3 = 0.04\pi$ [s]

[解説] $k = 2\,\text{N/cm} = 200\,\text{N/m}$, $m = 0.08\,\text{kg}$. ばね振り子の周期は最初の変位（振幅）に関係しない.

**12-05** $\dfrac{L_\text{B}}{L_\text{A}} = 4$

[解説] 問題から $T_\text{B} = 2T_\text{A}$ である. $T_\text{A} = 2\pi \sqrt{\dfrac{L_\text{A}}{g}}$, $T_\text{B} = 2\pi \sqrt{\dfrac{L_\text{B}}{g}}$.

**12-06** 0.94 m/s

[解説] ばね定数を $k$ [N/m], おもりの質量を $m$ [kg] とすると, $mg = k \times 0.04$. 状態②から, $m = 0.2\,\text{kg}$, $g = 9.8\,\text{m/s}^2$ を代入して, $k = 49\,\text{N/m}$.

ばねの自然長での位置を位置エネルギーの基準にとると, 運動エネルギー, 重力による位置エネルギー, 弾性エネルギーは以下の表のようになるので, $-0.196 + 0.245 = 0.1v^2 - 0.0784 + 0.0392$ となる.

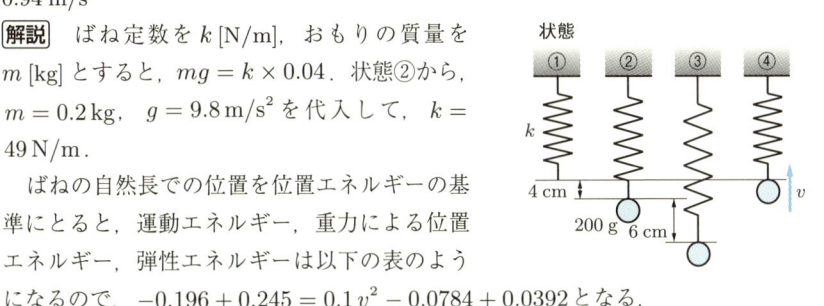

| エネルギー [J] | 状態③ | 状態④ |
|---|---|---|
| 運動エネルギー | 0 | $\dfrac{1}{2} \times 0.2 \times v^2 = 0.1v^2$ |
| 重力による位置エネルギー | $0.2 \times 9.8 \times (-0.1) = -0.196$ | $0.2 \times 9.8 \times (-0.04) = -0.0784$ |
| 弾性エネルギー | $\dfrac{1}{2} \times 49 \times 0.1^2 = 0.245$ | $\dfrac{1}{2} \times 49 \times 0.04^2 = 0.0392$ |

**12-07** (1) 3 m  (2) 5 s  (3) 0.2 Hz  (4) $0.4\pi$ [rad/s]

12-08 (1) 0.5 s  (2) 2 Hz  (3) $4\pi$ [rad/s]  (4) 2 m  (5) $8\pi$ [rad]

12-09 (1) 60 N/m  (2) $\dfrac{\pi}{10}$ [s]  (3) 20 rad/s

**解説** (3) $\omega = \dfrac{2\pi}{T}$ より求める．

12-10 (1) 点O  (2) 点A  (3) 左向き  (4) 0.8 N  (5) $0.5\pi$ [s]  (6) 1.6 m/s²

**解説** (4) 弾性力が最大になるのは変位が最大の位置だから，10 cm 伸びた（縮んだ）ときの弾性力を求める．(5) $F = ma$ を利用して $0.8\,\text{N} = 0.5\,\text{kg} \times a\,[\text{m/s}^2]$ となる．ゆえに，$a = 1.6$ となる．

12-11 (1) $v_0 = 1.4\,\text{m/s}$  (2) $h' = 7.5\,\text{cm}$

**解説** (1) ぶら下げた状態でのおもりの高さを，重力による位置エネルギーの基準とし，最下点での速さを $v$ [m/s] とすると，力学的エネルギー保存の法則により，$mg \times 0.1 = \dfrac{1}{2}mv^2$ となる．(2) 持ち上げた最初の状態と $h'$ の高さにあるときの力学的エネルギーが等しいので，$mg \times 0.1 = \dfrac{1}{2}m\left(\dfrac{1}{2}v_0\right)^2 + mgh'$．これに (1) で得られた $v_0$ を代入して求める．

12-12 (1) 下図  (2) $A = 2$，$B = \dfrac{\pi}{6}$  (3) $C = \dfrac{\pi}{2}$

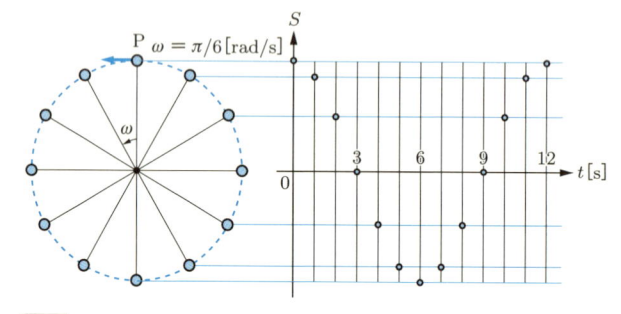

**解説** (2) $A$ は振幅なので2．$S = 2\cos Bt$ で $t = 12$ で $S = 2$ だから，$2 = 2\cos 12B$．ゆえに，$\cos 12B = 1$．すると，$12B = 0, 2\pi, 4\pi, \cdots$ となるが，$t = 12$ が $S = 2$ となる最初の時刻なので，$12B = 2\pi$．(3) $S = 2\sin\left(\dfrac{\pi}{6}t + C\right)$ において，$t = 0$ で $S = 2$ だから，$2 = 2\sin C$．

12-13 $h = 186$ mm

**解説** 釘がないときの周期は，$T_1 = 2\pi\sqrt{\dfrac{0.35}{g}}$．釘に引っ掛かったときの振り子の長さを $L$ [m] とすると，その周期は $T_2 = 2\pi\sqrt{\dfrac{L}{g}}$．問題の振り子の周期は $\dfrac{T_1}{2} + \dfrac{T_2}{2} = 1$ s だから，これから，$L = 0.164$ m．よって，$h = 350 - 164$ となる．

# 第13章

13-01 (1) $+12\,\text{kg}\cdot\text{m/s}$  (2) $-15\,\text{kg}\cdot\text{m/s}$  (3) $+6\,\text{kg}\cdot\text{m/s}$  (4) $+30\,\text{kg}\cdot\text{m/s}$

**13-02** $10\,\text{N}\cdot\text{s}$

[解説] $m\vec{v_0} = (0.4 \times 20, 0)$, $m\vec{v} = (0, 0.4 \times 15)$ だから，運動量の変化は $\vec{F}t = m\vec{v} - m\vec{v_0} = (-8, +6)$．$|\vec{F}t| = \sqrt{(-8)^2 + 6^2}$．

**13-03** $x = 20\,\text{kg}$

[解説] 運動量保存の法則より，$30 \times 4 + (10 + x) \times 0 = (40 + x) \times 2$ となる．

**13-04** $15\,\text{m/s}$

[解説] 衝突後の速さを $v$ として，$x$ 方向，$y$ 方向に分けて考えると，以下のようになる．

|  | 衝突前 | | 衝突後 | |
| --- | --- | --- | --- | --- |
|  | $x$ 方向 | $y$ 方向 | $x$ 方向 | $y$ 方向 |
| 物体 A | $3 \times (+5)$ | $0$ | $3 \times v\cos 45°$ | $3 \times v\sin 45°$ |
| 物体 B | $0$ | $1 \times v_B$ | $1 \times v\cos 45°$ | $1 \times v\sin 45°$ |

$x$ 方向の運動量保存により，$15 + 0 = \dfrac{3v}{\sqrt{2}} + \dfrac{v}{\sqrt{2}}$

$y$ 方向の運動量保存により，$v_B = \dfrac{3v}{\sqrt{2}} + \dfrac{v}{\sqrt{2}}$

となる．これらから $v_B$ を求める．

**13-05** (1) $0.9\,\text{m}$  (2) $1/3$

[解説] (1) 下向きを正にとると，衝突直前の速度は，$v^2 - v_0{}^2 = 2aS$ に $v_0 = 0$, $a = 9.8$, $S = 3.6$ を代入して，$v = 8.4\,\text{m/s}$．$e = \dfrac{1}{2}$ だから，衝突直後の速度は $-4.2\,\text{m/s}$．衝突後，高さ $h\,[\text{m}]$ まで上昇したとすると，高さ $h$ で速度 $0$ であるから，$0^2 - (-4.2)^2 = 2 \times 9.8 \times (-h)$．(2) 衝突直前の速度は (1) と同じだから $8.4\,\text{m/s}$．はねかえり係数を $e$ とすれば，衝突直後の速度は $-8.4\,e\,[\text{m/s}]$．この初速度で $h = 0.4\,\text{m}$ まで上昇したわけだから，$0^2 - (-8.4\,e)^2 = 2 \times 9.8 \times (-0.4)$．よって，$e = \pm 1/3$ となる．

**13-06** (1) $+20\,\text{kg}\cdot\text{m/s}$  (2) $-6\,\text{kg}\cdot\text{m/s}$  (3) $+2\,\text{kg}\cdot\text{m/s}$  (4) $+60\,\text{kg}\cdot\text{m/s}$

**13-07** (1) $+5\,\text{N}$  (2) $+12\,\text{N}$  (3) $-40\,\text{N}$  (4) $-10\,\text{N}$

**13-08** $9.13\,\text{N}\cdot\text{m/s}$

[解説] 速度の変化は，$\Delta\vec{v} = (-40\cos 60°, +40\sin 60°) - (+30, 0) = (-50, +20\sqrt{3})$．$\vec{F}t = m\Delta\vec{v} = (-7.50, +5.20)$ だから，$|\vec{F}t| = \sqrt{(-7.5)^2 + (+5.20)^2} = 9.13$ となる．

**13-09** $1.5\,\text{m/s}$

[解説] 最初は A 君も荷物も動いていないので，運動量は $0$．荷物を放り出したあとの A 君の速度を $v$ とすると，$0 = 50v + 15 \times 5$．**演習問題 13-15** の解説も参照．

**13-10** $v_A = -\dfrac{m_B}{m_A} v_B$

**13-11** $e = \dfrac{1}{\sqrt{2}}$

[解説] 下向きを正とする．衝突直前の速さを $v_1$ とすると，$v_1{}^2 - 0^2 = 2gh$．よって，$v_1 = \sqrt{2gh}$．また，衝突直後の速さを $v_2$ とすると，$0^2 - (-v_2)^2 = 2g \times \left(-\dfrac{h}{2}\right)$．よって，$v_2 = \sqrt{gh}$．$e = \dfrac{|v_2|}{|v_1|}$ となる．

**13-12** $v_\mathrm{A} = v_\mathrm{B} = 1.5\,\mathrm{m/s}$

[解説] **13-4** の解説参照．

**13-13** (1) $14\,\mathrm{m/s}$ (2) $7\,\mathrm{m/s}$ (3) $42\,\mathrm{N \cdot s}$ (4) $2.5\,\mathrm{m}$ (5) $0.63\,\mathrm{m}$

[解説] 演習問題 **13-11** の解説参照．

**13-14** (1) $v_\mathrm{A} = e_\mathrm{A} v$, $v_\mathrm{B} = e_\mathrm{B} v$ (2) $\dfrac{e_\mathrm{A}}{e_\mathrm{B}} = 5$

[解説] (2) 右向きを正とすると，衝突前の運動量の和は，$m \times e_\mathrm{A} v - 5m \times e_\mathrm{B} v$，衝突後は 0．よって，$m e_\mathrm{A} v - 5 m e_\mathrm{B} v = 0$ となる．

**13-15** (1) $v = \dfrac{m}{M} u$ (2) $v = v_0 + \dfrac{m}{M} u$

[解説] この問題は，相対速度の概念を厳密に扱う必要がある．質量 $M$ の物体 A から後ろ方向に速度 $u$ で発射したということは，物体 A を基準にして後ろ向きに速度 $u$ で進行したという意味である．これをふまえて静止座標で考えると，下図のようになる．

(1) 放出前は静止していたから，運動量の和は 0．よって，$0 = (M-m)v + m(v-u)$ となる．(2) 放出前の運動量は $Mv_0$，放出後の物体 A の速さを $V$ とすると，質量 $m$ の物体 B は 1 秒あたり $V-u$ だけ変位する．運動量は $Mv_0 = (M-m)V + m(V-u)$ と表される．

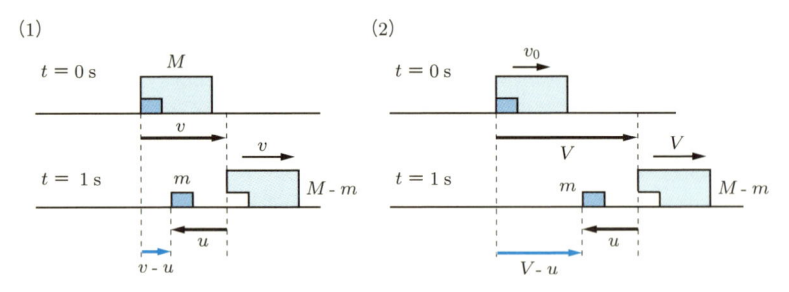

# 索　引

## ■ 英数字
$F$-$S$ グラフ　98
$F$-$x$ グラフ　105
$S$-$t$ グラフ　78，81，125
$v$-$t$ グラフ　79，80，82

## ■ あ 行
圧力　58
アーム長　26
アルキメデスの法則　62
位相　123
位置　68
移動距離　83
腕の長さ　26
運動エネルギー　102
運動方程式　89
運動量　136
運動量保存の法則　140
エネルギー　102
エネルギーの原理　103
遠心力　114
オメガ $\omega$　110

## ■ か 行
回転数　111
外力　141
角振動数　123
角速度　110
加速度　74
滑車　44
慣性　88
慣性の法則　88
慣性力　115
完全非弾性衝突　144
偶力　29
経路　106
ケプラーの法則　116
向心加速度　113
向心力　114
合成速度　70
合成ばね定数　42

剛体　25
剛体が静止している条件　30
抗力　48，52
合力　10

## ■ さ 行
最大静止摩擦力　49，50
作用・反作用の関係　37
作用・反作用の法則　37
作用線　3
作用点　2
三角関数　124
三角比　16
三角形の重心位置　29
三平方の定理　3
時間　68
時刻　68
仕事　98
仕事の原理　100
仕事率　100
支持　2
自然長　46
質点　25
質量　4
支点　24
周期　111，123，131
重心　24
終速度　86
自由落下運動　84
重量　4，6
重力　6
重力加速度　6，84
重力による位置エネルギー　104
ジュール [J]　98
初速度　80
人工衛星　118
振動数　123
振幅　123
水圧　61
推進力　101
垂直抗力　48，52

173

水平投射　94
正弦波　126
静止衛星　118
静止摩擦係数　49
静止摩擦力　49
正射影　122
相対運動　72
相対加速度　75
相対速度　72
速度　69
速度の合成　70
速度の分解　71
塑性　36

■ た 行

第1宇宙速度　118
第2宇宙速度　119，121
単位体積　5
単位体積質量　5
単位面積　58
単振動　122
弾性　36
弾性エネルギー　105
弾性衝突　144
弾性力　36
弾性力による位置エネルギー　105
単振り子　130
単振り子の長さ　130
単振り子の力学的エネルギー　133
力　2
力の大きさ　3，12
力の合成　10
力の成分表示　16
力の分解　14
力の平行四辺形　12
力のモーメント　26
力の矢印　3
張力　44
直列　42
つりあいの状態　18
定滑車　44
等加速度直線運動　80
動滑車　45
等速円運動　110
等速直線運動　78

等速度運動　69，78
動摩擦係数　55
動摩擦力　55

■ な 行

内力　141
投げ上げ　85
投げおろし　85
なめらかでない面　55
なめらかな面　55
ニュートン [N]　7
任意の点　30

■ は 行

パスカル [Pa]　60
はねかえり係数　144
ばね定数　38
ばね振り子　128
ばね振り子の力学的エネルギー　132
速さ　69
反発係数　144
万有引力定数　116
万有引力による位置エネルギー　117
万有引力の法則　116
非弾性衝突　144
非保存力　106
復元力　128
複合図形の重心　32，35
フックの法則　38
不動点　37
不動面　37
浮力　62
分力　14
並列　42
ヘルツ [Hz]　111
変位　68
放物運動　95
保存力　106

■ ま 行

摩擦角　54
摩擦力　49
水の密度　61
密度　5
メガ　60

面積速度一定の法則　　116

## や 行

有効数字　121
余弦波　126

## ら 行

ラジアン [rad]　110

力学的エネルギー　　106, 132, 133
力学的エネルギー保存の法則　107
力積　138

## わ 行

ワット [W]　100

### 著者略歴

中野　友裕（なかの・ともひろ）
　1971年　静岡県浜松市に生まれる
　1995年　名古屋大学工学部土木工学科卒業
　2003年　博士（工学）（名古屋大学）
　2007年　東海大学工学部准教授
　　　　　現在に至る

| | |
|---|---|
| 編集担当 | 千先治樹，二宮　惇（森北出版） |
| 編集責任 | 富井　晃（森北出版） |
| 組　　版 | dignet |
| 印　　刷 | ワコープラネット |
| 製　　本 | 協栄製本 |

大学新入生のためのやさしい力学　　　　　　　© 中野友裕　2012

2012年3月5日　第1版第1刷発行　　　【本書の無断転載を禁ず】
2021年3月1日　第1版第4刷発行

著　者　　中野友裕
発行者　　森北博巳
発行所　　森北出版株式会社
　　　　　東京都千代田区富士見1-4-11（〒102-0071）
　　　　　電話 03-3265-8341／FAX 03-3264-8709
　　　　　https://www.morikita.co.jp/
　　　　　日本書籍出版協会・自然科学書協会　会員
　　　　　JCOPY ＜（一社）出版者著作権管理機構　委託出版物＞

落丁・乱丁本はお取替えいたします．

Printed in Japan／ISBN978-4-627-15461-2

# MEMO